U0192143

新型微纳传感器前沿技术丛书

总主编　桑胜波

新型磁致伸缩材料的传感技术及其生物检测应用

郭星　著

西安电子科技大学出版社

内 容 简 介

本书在新型磁弹性传感器制备及其生物检测应用，传感器的表面生物功能化、传感机制以及分析测试技术等方面，系统介绍了磁弹性生物传感技术。首先，介绍了磁致伸缩材料及磁致伸缩效应等理论基础；其次，介绍了基于铁基非晶合金 Metglas 2826MB 的磁弹性生物传感器的制备方法及其共振频率测试系统；最后，介绍了不同类型的磁弹性生物传感器的设计方法以及磁弹性传感器在环境检测、医疗诊断等领域的应用。

本书注重基础知识和实验的结合，旨在为我国传感技术各个相关基础学科和技术领域的科技工作者、研究生、本科生以及感兴趣的其他读者提供参考。

图书在版编目(CIP)数据

新型磁致伸缩材料的传感技术及其生物检测应用/郭星著. —西安：西安电子科技大学出版社，2022.7(2022.9 重印)
ISBN 978-7-5606-6426-2

Ⅰ. ①新… Ⅱ. ①郭… Ⅲ. ①压磁材料—生物传感器—研究②压磁材料—生物鉴定—研究 Ⅳ. ①TM271②TP212

中国版本图书馆 CIP 数据核字(2022)第 072641 号

策　　划　张紫薇
责任编辑　高　樱
出版发行　西安电子科技大学出版社(西安市太白南路 2 号)
电　　话　(029)88202421　88201467　　邮　　编　710071
网　　址　www.xduph.com　　电子邮箱　xdupfxb001@163.com
经　　销　新华书店
印刷单位　陕西天意印务有限责任公司
版　　次　2022 年 7 月第 1 版　　2022 年 9 月第 2 次印刷
开　　本　787 毫米×960 毫米　1/16　　印张　13.25
字　　数　194 千字
印　　数　501～1500 册
定　　价　39.00 元
ISBN 978-7-5606-6426-2/TM

XDUP　6728001-2

＊＊＊＊＊**如有印装问题可调换**＊＊＊＊＊

前　言
PREFACE

传感技术是将非电量的被检测量转换成便于检测和处理的电学量的一种技术。传感器如同能感知外界信息的人造器官，人脑通过五官感知并从外界环境中获取信号，计算机也必须通过传感器收集各种信号才能工作。传感器不仅能在人不能到达或对人体有危险的场所起到人的感官作用，还能感受到人的感官所不能感受到的外界信息，从而丰富和加深人们对外部世界的认识。随着现代微电子技术、微机电系统、纳米材料、无线通信技术、信号处理技术、计算机网络技术、无线充电技术、能量收集技术及快速充电技术等的迅速发展，传感技术的创新和升级受到各界研究人员的广泛关注，成为获取信息的重要技术之一。

磁弹性传感器是一种基于磁致伸缩效应的新型传感器，它通过测量共振频率的变化来实现生物分子检测。经过多年的发展，磁弹性传感器作为一种无线无源的生物传感器，其研究遍及无损检测、生物活体检测、环境监测和食品安全等诸多应用领域。与传统传感器相比，磁弹性传感器具有高灵敏度、无线无源测量、低成本、快速检测等优势，尤其在生物医学测试领域具有良好的发展趋势和广阔的应用前景。

从 20 世纪 90 年代起，磁弹性传感技术作为一种新兴的传感技术，受到了国内外研究学者的广泛关注。科研工作者采用基于磁弹性传感技术的物理传感器可以对物质的压力、质量负载、温湿度和液体的黏度、密度等物理量进行检测。由于磁弹性传感器表面质量负载的变化会引起其共振频率的改变，因此对磁弹性传感器的表面进行功能化修饰，利用化学反应可实现对氨气、甲烷等各类化学量的测定。相似地，采用生物特异性探针对传感器表面进行功能化修饰可以构成生物传感器，实现对鼠伤寒沙门氏菌、大肠杆菌等微生物的检测。显然，磁弹性传感器作为一种新型无线无源共振传感器，在密闭空间的无损检测和生物检测中有着广泛的应用。

本书共七章，主要论述了磁弹性传感器的工作原理、结构、性能和实际应用。第 1 章从生化传感器的基本原理、分类和应用现状出发，介绍了磁弹性传感器的原理、结构、特点、应用以及研究现状；第 2 章简要介绍了磁学基本理论和概念，重点介绍了几类典型的磁致伸缩材料以及磁致伸缩材料的物理特性和功能特性；第 3 章介绍了磁弹性传感器的表面优化处理方法以及共振频率测量方法，并基于此详细介绍了三种磁弹性传感器检测系统的设计方案；第 4 章介绍了磁弹性传感器在环境检测领域的应用；第 5 章介绍了磁弹性传感器在癌胚抗原检测中的应用；第 6 章介绍了磁弹性传感器在人血清白蛋白检测中的应用；第 7 章介绍了磁弹性传感器在基因检测中的应用。本书注重基础知识和实验的结合，目的是加深读者对知识的理解，提高读者的动手能力。

本书在编写过程中参阅了一些国内外公开发表的相关文献资料，在此向所有参考文献的作者表示诚挚的谢意。

由于作者水平和经验有限，书中难免有不妥之处，恳请广大读者批评指正。

作　者

2022 年 3 月

目 录

CONTENTS

第1章 绪　　论

1.1 引　　言

随着物质文明的极大丰富以及社会经济和科学技术的不断发展，人类对自身健康以及环境问题等的关注和要求都达到了前所未有的高度，因此，生物和化学领域的相关检测研究也引起了越来越多人的重视[1]。在很多情况下，传统的分析方法已经不能满足日益增长的生物化学检测需求，各种形式生化传感器的研究成了当前的研究热点。由生物学、化学、物理科学、电力电子技术、医药学、半导体技术等多种技术学科互相交叉融合渗透所形成的生化传感器，具有高灵敏度、低成本、快速响应、特异性识别、在线监测、微型化以及集成化等优点[2]，在化学、生命科学、生物医药学、生态环境学、食品安全和军事军工等不同领域展现出突出的技术优势和良好的应用前景[3]。近年来，微纳制造技术和生物技术的不断进步与交叉融合[4]，对生化传感器的进一步发展起到了关键性的推动作用。对生化传感器不断的深入研究和开发利用，已经掀起了世界科技发展新浪潮，该技术的成熟应用将推动高科技产业的发展，具有非常重要的战略意义。

生化传感器涉及生物、化学、物理、医学等多个学科，它以生物化学特异性识别元件为基础识别生物分子和化学量，产生与生物分子和化学量浓度成比例的信号。生化传感器最早起源于1962年Clark提出的葡萄糖酶电极，后来在应用中人们发现酶电极的寿命比较短，价格也较为昂贵，而酶大多来自微生物和动植物蛋白，因此科学家很自然地想到了以酶电极为衍生，开发更多的生化传感器，如微生物电极、细胞器电极、免疫电极等，这就使生化传感器的种类得到极大的丰富，并广泛应用于科学研究、生产和生活中[5]。

近几年，基于磁致伸缩材料的磁弹性传感器作为一种新型生化传感器备受关注和青睐。磁弹性传感器因具有无线无源检测、实时监测、易于微型化、高灵敏度且低成本等非常突出的优异特性，在生化检测领域得到了广泛的应用和发展。

1.2 生化传感器

生化传感器指能够对生物、化学量变化做出感应或响应，同时依照一定规律将其转换成电信号、光信号等可用的量化信号输出的元件或者装置[6]。与传统方法相比，生物传感器具有一些显著的优势，包括时间效率高，成本低，可实时传感与现场监测，特异性和敏感度高等。因此，生物传感器在国防、国土安全、农业和食品安全、环境监测、医学、药理学、工业等各个领域得到了应用，在社会和现实环境中的作用不断扩大，在世界各地的研发工作呈指数级增长。

1.2.1 生化传感器的原理

生化传感器通常由两个主要部件组成：敏感元件(接收器)和信号转换器(换能器)。敏感元件通常由具备识别生化分子能力的敏感材料构成，如由酶、微生物、组织切片、抗原和抗体、核酸等形成的生物敏感层和由有机大分子、半导体材料等构成的化学敏感层。信号转换器主要包括磁致伸缩装置、电化学电极、光学检测元件、压电石英晶体等[7]。生化传感器检测原理如图 1－1 所示，当敏感元件特异性地识别待测物后，立即与之发生相应的生物化学反应，反应产生的复合物经由信号转换器转换成可测量的特征检测信号(电流、电导、电势等)，然后传输给末端的信号检测处理系统，进行检测、滤波、放大和转换等处理，最后输出可以反映待测物的浓度、构成成分等生物化学量的有用电信号，从而实现对特定物质的分析检测。生化传感器同时具备接收器与换能器的功能[8]。

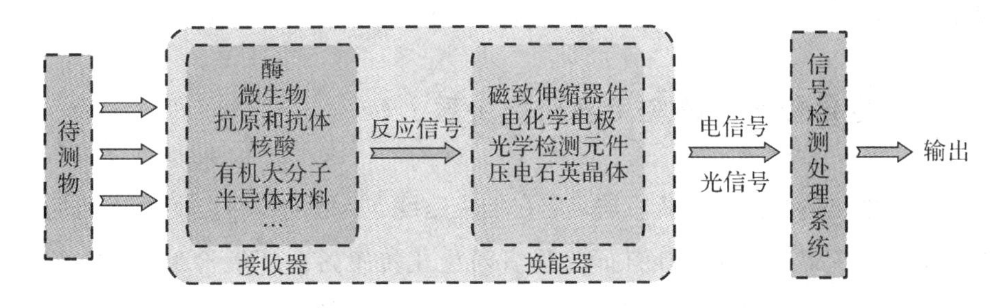

图 1-1　生化传感器检测原理示意图

1.2.2　生化传感器的分类

生化传感器可以根据待检测对象的不同分为两类：生物量传感器和化学量传感器[9]。

生物量传感器通常有以下三种分类方式：

(1) 根据敏感元件的不同，可分为酶、微生物、细胞器、抗原和抗体、动植物组织传感器[10]。

(2) 根据换能器的不同可分为磁弹性换能器、电极换能器、半导体换能器、光电转换换能器、热敏电阻换能器、压电晶体换能器等[11]。

(3) 根据被测物质和生物敏感物质之间相互作用的方式可分为亲和型传感器和代谢型传感器。

化学量传感器通常有以下两种分类方式：

(1) 根据传感方式的不同分为接触式传感器和非接触式传感器两种类型[12]。非接触式传感器就是在完成了光电信号的转换之后，接收器和换能器之间并无直接的联系，二者是分离的，这种形式便于对其相应的功能分别进行优化；接触式传感器则是接收器和换能器组装一体化，其有利于实现微型化。

(2) 根据待检测对象的不同可分为气体传感器、湿度传感器、pH 传感器以及离子传感器等[13]。气体传感器的敏感元件一般为氧化物半导体，即 N 型半导体或者 P 型半导体，用于测量 O_2、CO_2 等气体的含量；湿度传感器用于测量环境中水分的含量；pH 传感器用于测定 pH 值；离子传感器用于测量各种离子的浓度，如 Na^+、K^+、Ca^+ 和重金属离子等。

1.2.3 生化传感器的应用及研究进展

随着生化传感器的不断发展，它在响应速度、灵敏度和精度等方面的性能都有了很大的提升。国内外科研工作者对生化传感器在环境检测、畜牧业生产、食品安全、生物医学等领域的应用开展了大量的研究。

1. 在环境检测中的应用

环境污染是现代社会面临的一项重大问题，环境检测对防治污染问题至关重要，因此生化传感器被广泛应用于环境检测中。CO_2 是引起温室效应的主要气体。Cammaroto 等[14]研制了一种基于碳酸酐酶(CA)的新型电化学生物传感器，使用 CA 作为生物成分，再加上对苯醌(PBQ)作为氧化还原介质，实现了对空气中 CO_2 的检测。炼油、造纸等工厂的废水中常含有酚类化合物。Liu 等[15]研制了一种新型的可再生酪氨酸生物传感器，将酪氨酸酶固定在胶体金修饰的碳糊电极上，在固定化酪氨酸酶的作用下，对酚的氧化产物具有灵敏的电化学响应，从而实现了对酚的检测。Leth 等[16]利用微生物和生物发光体测量技术，在铜离子的诱导下使得细菌发光，通过测量发光强度实现了对污水中重金属离子的检测，检测极限为 1 nmol/L。韩恩等[17]基于农药阿特拉津对酪氨酸酶的强烈抑制作用，在玻碳电极表面固定酪氨酸酶，设计了一种电化学生物传感器，实现了对阿特拉津的测定。这种传感器的检测极限为 4 ng/mL，线性区间为 0.01～0.8 μg/mL。Andreescuer 等[18]采用乙酰胆碱酯酶(AChE)和酪氨酸酶的耦合物作为分子识别元件构建了电化学双酶生物传感器并对农药中的对氧磷和氯吡硫磷进行了测定，检测极限分别为 5.2×10^{-9} g/mL 和 0.56×10^{-9} g/mL。生化需氧量(BOD)是衡量水质受有机物污染程度的关键性指标，也是水质处理工程的主要设计参数。李花子等[19]选用了酵母菌种作为敏感元件，并运用了稳态呼吸速率法，实现了BOD参数的短时间测定，线性范围为0～200 mg/L。目前，国内外科研工作者已对其他用于水质污染检测的生化传感器进行了大量的研究[20-21]。上述检测方法虽然实现了对污染物质的快速检测，但是检测极限普遍较高，而且由于酶易受环境因素和抑制剂的干扰，因此其特异性较差，无法满足在线实时监测和微量检测的要求。

2. 在畜牧业生产中的应用

畜牧业的安全生产严重影响着社会经济和饮食健康，生化传感器技术在畜牧业生产领域发挥着重要的作用。猪瘟是猪的一种重要的传染病，我国将其列为一类动物疫病。胡杰等[22]通过免疫荧光试验、RT-PCR、CSFV ELISA、CSFV Erns ELISA四种方法实现了对猪瘟病毒(CSFV)的检测。对比以上四种方法的测试结果可以发现，免疫荧光试验的检出率最高，但是该方法对于设备和操作人员的专业性要求较高，不易推广使用。马超英等[23]利用IHA、间接ELISA、Dot-ELISA、胶体金免疫试纸四种方法实现了对猪瘟抗体的检测，测试结果显示IHA方法的准确度较高，成本较低，操作相对简单，但是试剂中其他物质对结果的干扰较大，特异性较差。

3. 在食品安全方面的应用

食品安全直接关乎消费者的生命安全，食品安全的检测也是全社会关注的问题之一。生物传感器在食品成分、食品添加剂和有害物质等的测量分析上发挥了重要作用。葡萄糖的含量是食品工业中衡量水果成熟度和存储时间的一个重要指标。Wu等[24]合成了一种以葡萄糖氧化酶/Pt/功能石墨烯/壳聚糖(GOD/Pt/FGS/壳聚糖)组成的葡萄糖传感生物膜复合材料，其利用FGS和Pt纳米粒子对过氧化氢的电催化协同作用，研制了一种灵敏度为0.6 Hz/(μmol/L)的葡萄糖生物传感器。亚硫酸盐通常作为食品工业中的防腐剂和漂白剂。Mustafa等[25]研制了一种用于检测食品中亚硫酸盐的生物传感器，以含有亚硫酸盐氧化酶的组织匀浆为生物材料，用戊二醛与明胶交联将生物材料固定在经预处理的特氟龙膜上，亚硫酸盐在溶解氧的存在下经酶解转化为硫酸盐，用安培计量法进行监测，实际样品的分析结果与酶标法测定结果较吻合。金黄色葡萄球菌导致的食物中毒是最常见的食源性疾病之一。Xiong 等[26]研制了一种无标签且方便的基于适配体的电化学生物传感器来检测金黄色葡萄球菌肠毒素B(SEB)，检出极限为 0.17 ng/mL($S/N=3$)。

4. 在生物医学中的应用

生化传感器在临床医疗、疾病探测、生物医药等方面均具有广泛的应用。TANG 等[27]设计了一种电化学免疫测定电极，用来检测癌症标记物癌胚抗原(CEA)，通过共价键合作用将癌胚抗原抗体(CEAAb)连接到谷胱甘肽修饰的纳米金颗粒(AuNPs)表面，形成 CEAAb-AuNPs，CEAAb-AuNPs 通过与邻氨基苯酚(OAP)的电共聚合固定在 Au 电极上。测定 CEA 形成的 CEA 抗体-抗原复合物增加了$[Fe(CN)_6]^{3-/4-}$氧化还原对在 poly-OAP/CEAAb-AuNPs/Au 电极上的电子转移电阻，从而通过阻抗光谱和循环伏安法实现了对不同浓度 CEA 的测定，检测极限为 0.1 ng/mL，线性区间为 0.5～20 ng/mL。彭图治等[28]研制了一种基于 TPD 修饰的电化学生物传感器，用于测定艾滋病和乙肝病毒的 DNA 片段序列。刘芳等[29]通过将单链 DNA 固定于石英晶体的表面，研制了压电晶体生物传感器，实现了对血清中 HBV 病毒基因的准确测定。BAEUMNER 等[30]研制了一种血清型 RNA 生物传感器，用于测定登革热(一种热带传染病)病毒。上述传感器虽然实现了对各类型病毒的基础测试，但是仍存在成本高昂、操作复杂、检测极限不理想等问题。

以第一代葡萄糖酶电极生物传感器的研制成功为标志，生化传感器取得了突飞猛进的发展。在各种新原理、新技术不断发展的时代背景下，生化传感器也逐渐呈现出微型化、产品集成化、功能多样化的发展趋势，进入一个崭新的发展阶段。当前，市场对生化传感器提出了更高的标准和要求：更小的体积、更快的速度、更好的可靠性、更高的灵敏度和精度。传统的生化传感器已经无法满足日益增长的需求，这就要求我们研发更加高灵敏、便携、快速、低成本和具有实时在线测定功能的新型生化传感器。磁弹性传感器具有无线无源、高灵敏度、低成本、实时测量、微型化等独特的突出优势，可作为一种新型生化传感器广泛应用于生物化学检测领域。

1.3 磁弹性传感技术

磁弹性传感技术是近几年发展起来的一种新兴传感技术，由于其具有无线无源检测等突出特性，因此引起了研究者极大的兴趣，在当前的生化传感技术研究背景下逐渐发展成为传感技术领域的一个新兴分支。

1.3.1 磁弹性传感器的结构

基于磁弹性无定形非晶合金薄膜的磁弹性传感器可作为一种新型生化传感器广泛应用于生物化学检测领域。其敏感元件为表面修饰的生物化学分子识别元件，信号转换器为磁弹性无定形非晶合金薄膜，通常使用非晶态铁/镍基合金薄膜，如 Metglas 2826MB($Fe_{40}Ni_{38}Mo_4B_{18}$)。Metglas 2826MB 材料具有良好的软磁特性，在低磁场中该材料的磁致伸缩系数会明显提高，可以被网络分析仪或者阻抗测量仪输出的交流电压信号所产生的交变磁场进行周期性磁化和消磁，从而用于磁弹性传感器的制备[31]。基于磁致伸缩效应，磁弹性无定形非晶合金薄膜内部的磁畴结构在交变磁场的激励作用下会跟随交变磁场的频率变化而进行周期性位移，其长度发生周期性的伸缩，从而产生周期性的振动。同时，由于磁弹性效应，其伸缩振动引起内部应力变化，导致其磁畴结构改变，从而引起材料的磁化强度变化，即磁导率会发生剧烈变化。如果在材料周围绕有线圈，则其磁导率的变化会引起线圈电感和阻抗的变化，使得输出电势发生改变，因此可以通过线圈的电信号对磁弹性传感器的响应信号进行测量。信号测量通常采用网络分析仪、信号发生器、锁相放大器等仪器。

1.3.2 磁弹性传感器的工作原理

在外加交变磁场的作用下，磁弹性无定形非晶合金薄膜受磁场激发会将磁能转换为机械能，产生与长度方向一致的伸缩振动，并且当薄膜伸缩振动的频率和外部施加的交变磁场的变化频率一致时会产生共振现象。磁弹性传感器的工作原理是：当自身负载质量发生变化或者受到外部环境因素的影响时，非晶合金薄膜的共振频率会发生偏移，待测物质的浓度、数量以及其他待测参数的大小都可以由共振频率的偏移量直接反映。因此，共振频率的测量是磁弹性传感技术的核心。磁弹性传感器的共振频率实质上就是磁弹性无定形非晶合金薄膜的共振频率，而非晶合金薄膜的共振频率的大小又直接取决于薄膜本身的物理属性和几何尺寸。基于磁致伸缩效应，在外加交变磁场的作用下，磁弹性传感器会产生与磁场方向一致的伸缩振动，当频率变化至某一数值时，传感器振动幅值达到最大，那么该频率值即为磁弹性传感器的共振频率。

假设将矩形磁弹性传感器置于 xy 坐标平面内(其中，x 轴表示传感器的振动方向)，在 x 轴方向上施加一个交变的磁场，那么磁弹性传感器的振动方程可表示如下[32]：

$$\frac{\partial^2 \boldsymbol{u}(x,t)}{\partial t^2}=\frac{E}{\rho(1-\sigma^2)}\frac{\partial^2 \boldsymbol{u}(x,t)}{\partial x^2} \tag{1-1}$$

式中，ρ 表示磁致伸缩材料的密度；σ 为泊松比；E 为杨氏模量；$\boldsymbol{u}(x,t)$表示传感器沿 x 轴方向振动的位移矢量，可以表示为

$$u(x,t)=\cos\frac{n\pi x}{L}\mathrm{e}^{-\mathrm{j}\omega t} \tag{1-2}$$

其中，ω 表示磁致伸缩材料的角频率。将式(1-2)代入式(1-1)中，解方程可得磁弹性传感器的共振频率为

$$f_n=\frac{n}{2L}\sqrt{\frac{E}{\rho(1-\sigma^2)}}\quad (n=1,2,3,\cdots) \tag{1-3}$$

其中，L 表示磁致伸缩材料的长度，n 表示谐波次数。由式(1-3)可知，影响磁弹性传感器的共振频率的因素包括磁致伸缩材料的长度 L、泊松比 σ、杨氏模量 E 以及磁致伸缩材料的密度 ρ。当 $n=1$ 时，f_1 为磁致伸缩材料的基频。在本书中，磁致伸缩材料在空气中的基频用 f_0 表示。通常情况下，基频所含的能量远大于其他谐波频率，因此一般选用磁弹性传感器信号更强的基频 f_0：

$$f_0=\frac{1}{2L}\sqrt{\frac{E}{\rho(1-\sigma^2)}} \tag{1-4}$$

如果有其他物质附着于磁弹性传感器的表面，则等效于负载质量增加，将会导致传感器共振频率变化。设负载质量为 Δm，传感器本身质量为 $M(\Delta m \ll M)$，则在该条件下传感器的共振频率可表示为[33]

$$f_n = \frac{n}{2L}\sqrt{\frac{EA(d+\Delta d)}{(M+\Delta m)(1-\sigma^2)}} \tag{1-5}$$

其中，A 表示磁致伸缩材料的面积，d 表示磁致伸缩材料的厚度，Δd 表示由于负载质量 Δm 所导致的材料厚度的变化。Δd 相对于自身厚度 d 非常小，可忽略不计，因此可表示如下：

$$f \approx \frac{n}{2L}\sqrt{\frac{1}{\left(1+\frac{\Delta m}{M}\right)}\frac{EAd}{M(1-\sigma^2)}} = f_0\sqrt{\frac{1}{\left(1+\frac{\Delta m}{M}\right)}} \tag{1-6}$$

将式(1-6)右侧根据泰勒级数展开，将二次方以上的项舍去，可得

$$\sqrt{\frac{1}{\left(1+\frac{\Delta m}{M}\right)}} \approx 1-\frac{1}{2}\left(\frac{\Delta m}{M}\right) \tag{1-7}$$

将式(1-7)代入式(1-6)，解方程可得由于负载质量 Δm 变化导致的磁弹性传感器的共振频率的偏移量 Δf 为

$$\Delta f = f - f_0 = -f_0\left(\frac{\Delta m}{2M}\right) \tag{1-8}$$

由式(1-8)可知，Δf 是一个负值。也就是说，磁弹性传感器的共振频率会随着其负载质量 Δm 的递增而递减，而且其共振频率的偏移量 Δf 与其负载质量 Δm 之间呈现近似的线性关系。

基于以上分析，磁弹性传感器的传感原理是：将生物活性物质功能化修饰在传感器表面作为敏感元件，特异性识别待测物质，引起传感器表面负载质量的改变，进而引起共振频率的变化，从而将待测物质的浓度信息转换为可量化的电信号。因此，通过测量磁弹性传感器检测待测物前后的共振频率偏移量，可以获得待测对象的浓度和数量等信息。磁弹性传感器正是通过磁场进行信号的激励与传输，利用共振频率的偏移实现对待测物的检测的。

1.3.3 磁弹性传感器的特点

相比较于传统的生物化学分析方法，磁弹性传感器显示出如下优点：

(1) 无线无源检测。利用磁场感应，磁弹性传感器便可实现信号的激励与传送。因此，传感器和测量仪器之间不需要借助任何形式的物理连接便可以测得传感器信息，而且由于其磁致伸缩效应，不需要提供内部电源，属于完全的无线无源传感技术[34]。这种无线无源特性使得磁弹性传感器能够实现在密闭不透明的容器中进行监测，因此其在无损检测、活体分析以及在线分析等领域具有良好的应用前景。

(2) 体积小。非晶合金薄膜材料可以通过激光切割技术切割成尺寸很小的薄片，其结构简单，携带方便，易于实现微型化、集成化与小型化。

(3) 成本低。美国 Honeywell 公司出售 Metglas 2826MB 材料的价格为大约每千克 500 美元，如果单个传感器尺寸为 6 mm×2 mm×28 μm，则每个传感器薄膜材料的成本仅为 0.0013 美元[35]。这种低成本特性允许将磁弹性传感器开发为一次性传感器件进行应用。传感器连同测试系统的设备造价远远低于一些大型的分析设备仪器，这有利于市场化应用。

(4) 可实现连续在线监测。由于磁弹性传感器的体积小，同时具有无线无源的特性，因此其可实现连续性在线监测。

此外，磁弹性传感器还具有灵敏度高、操作过程简单便捷、实时监测、快速测量、所需样品量少、测定范围宽等优点，它成为国内外的研究热点。

1.3.4 磁弹性传感器的应用及研究现状

自 20 世纪 90 年代以来，随着磁弹性传感器的不断发展以及研究的不断深入，磁弹性传感器被先后应用于物理传感、化学传感和生物传感，在环境检测、食品安全、生化探测、人体疾病监测等众多领域的工程技术中均有良好的应用前景。

1. 物理量的测量

磁弹性传感器最早应用于简单的物理量测量，包括压力/应力、液体黏度/密度、流体流速等方面的测量。

1）应力/压力测量

基于磁致伸缩材料的压磁效应，即在机械应力(应变)的作用下，其磁性会发生改变，因此可将磁弹性传感器应用于压力或者应力测量。研究者针对应力/压力的测量开展了大量的研究工作。

Thomas Huber 课题组[36]设计了一种磁弹性应力测量装置，主要包括三个部分：转换器、共振器、磁铁。如图 1－2(a)所示，磁铁用于提供偏置磁场，转换器和共振器都均由磁致伸缩材料构成，转换器直接与待测样品连接，将待测应力转换为磁场特性的改变。为了使得共振器发生自由的机械振动，共振器被放置于塑料盒内。磁铁提供的偏置磁场和转换器提供的磁场共同作用于共振器，直接影响共振器的共振频率。当作用于转换器的待测应力改变时，根据压磁效应，其磁场特性也会相应地变化。因此，作用于共振器的有效磁场为待测应力的函数，通过测量其共振频率的改变即可实现对应力的测量。如图 1－2(b)所示，待测应力与共振频率之间呈线性正相关关系，其应变系数为 380，比标准金属箔应变计的应变系数大，同时成本较低，操作简单方便。

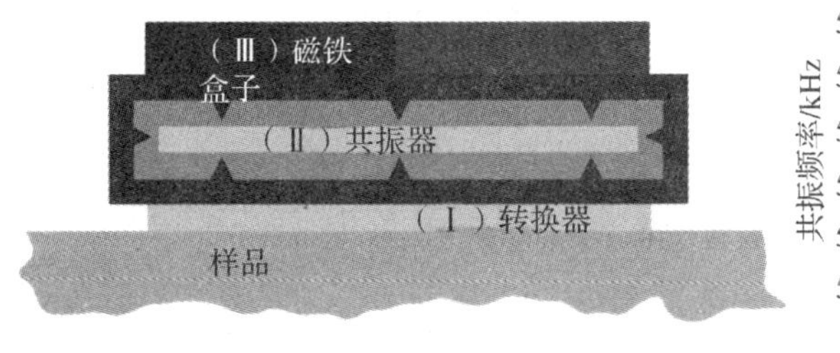

(a) 装置结构示意图

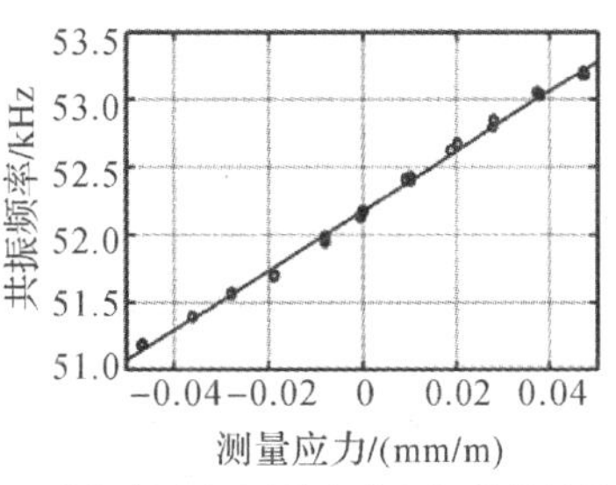

(b) 共振频率与测量应力之间的线性关系

图 1－2　磁弹性应力测量装置[36]

Grimes 等[37]课题组设计了以树脂玻璃作为支撑的压力测量装置，该装置通过亥姆霍兹线圈提供磁场，如图 1－3(a)所示。传感器与环境直接接触，加压氮气、真空或者大气作为有效质量负荷，用于改变传感器的共振频率。为了避免由于传感器与测试室壁之间的机械摩擦而产生阻尼作用，传感器被放置在有机玻璃支架内，沿其横向中心线夹紧。如图 1－3(b)所示，磁弹性传感器的共振频率与测量压力呈现近似线性负相关的关系，线性拟合系数为 0.998 94，测量误差为 0.5 Hz，灵敏度约为 5 Hz/psi，测量精度约为 0.2 psi。

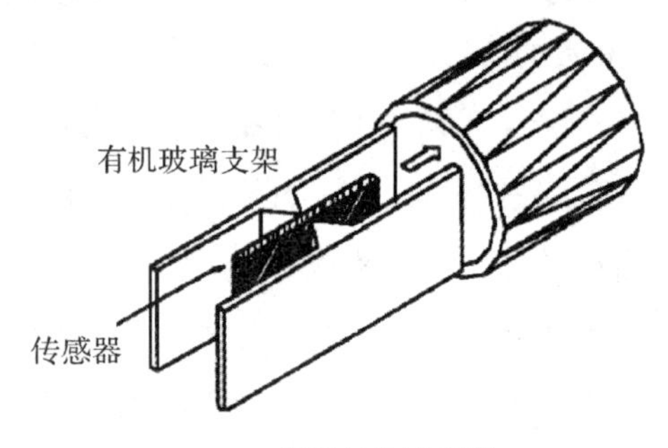

(a) 装置结构示意图

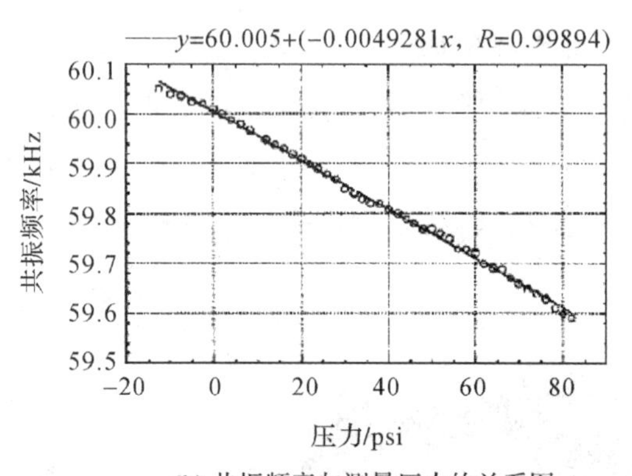

(b) 共振频率与测量压力的关系图

图 1－3　磁弹性压力测量装置[37]

2) 液体黏度/密度测量

磁弹性传感器浸入黏性液体时，其共振频率和幅度会受到阻尼力的作用而减弱，所以可以通过监测共振频率以及幅度的改变来测量液体黏度和密度。K. T. Loiselle[38]和 C. A. Grimes[39]对磁弹性黏度传感器进行了研究，测量装置如图 1－4(a)所示。将传感器以可控距离浸入液体中，为了防止过度衰减，传感器悬挂在U形截面上的蜡线之间，通过螺丝旋钮调节传感器升高或者降低。测量结果表明，传感器的共振频率与待测液体的密度和黏度乘积的二次方根呈线性正相关关系，如图1－4(b)所示。浸入液体中的传感器的共振频率的偏移量 Δf 可以表示为

$$\Delta f = -\frac{\sqrt{\pi f_0}}{2\pi\rho_s d}\sqrt{\eta\rho_l} \tag{1-9}$$

式中，f_0 为传感器在空气中的共振频率，ρ_s 和 d 分别为传感器的密度和厚度，ρ_l 和 η 分别为液体的密度和黏度。

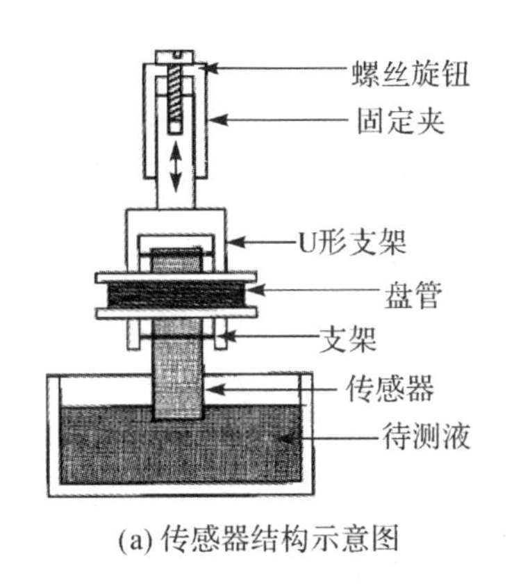

(a) 传感器结构示意图

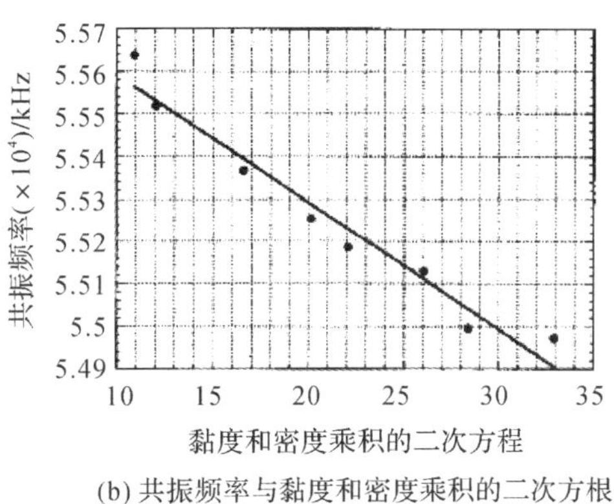

(b) 共振频率与黏度和密度乘积的二次方根之间的关系图

图1－4 磁弹性黏度传感器[38]

3）流体流速测量

通过传感器表面的流体产生的摩擦力取决于流体的速度。磁弹性传感器受到的摩擦力会影响其共振频率，因此利用该原理可实现流体流速的测量。将体积大小为42 mm×3 mm×30 μm的Metglas 2826MB磁弹性传感器浸入与水循环系统相连接的直径为2 cm的聚乙烯水管中，如图1－5(a)所示。传感器以类似旗杆上悬挂旗帜的方式放置，液体流过磁弹性传感器的表面，如图1－5(b)所示。在流体中传感器的固定很重要，必须保证传感器不被液体冲走，不被迫贴壁。如图1－5(c)所示，磁弹性传感器的共振频率与液体的流速呈现近似V字形关系。图1－5(c)显示了传感器在不同水流速度下测量的共振频率。在层流体流动状态($n<116$ cm/s)下，更快的流体速度会导致传感器表面上的摩擦

阻力增大，从而降低了共振频率。该结果清楚地显示了从大约 116 cm/s 的层流流体到湍流流体的流速变化。

上述介绍的多种磁弹性传感器实现了各种物理量的测量，但都只是基于磁致伸缩材料本身的物理性质，实现了简单的基本测试，并未对其进行表面处理，因此其应用范围有限。同时，上述磁弹性传感装置普遍体积较大，无法满足当前人们对传感器件设计所需的微型化、便携式等新的要求。

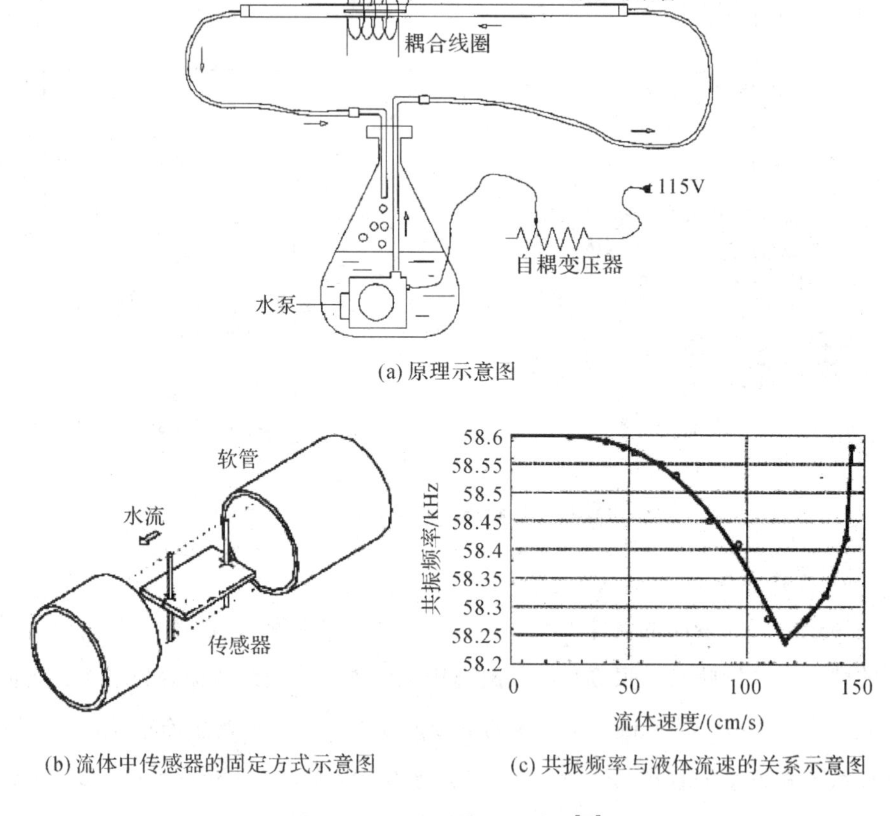

图 1-5 流速测量实验装置[40]

因此，迫切需要对磁弹性传感器的表面处理工艺和小型便携化进行研究，从而更加充分地发挥磁致伸缩材料的优良特性，实现其更加广泛的应用。

2. 化学量的测量

基于前期磁弹性传感器在物理量测试方面的研究基础，国内外学者针对磁弹性传感器在化学量测试方面的应用展开了探索研究，发现对材料表面进行功能化处理之后，通过监测传感器表面修饰的敏感层与待测化学量之间发生的物理化学反应，即可实现对化学量的测定。

1）气体测量

磁弹性传感器在表面吸附气体之后，其表面负载质量会产生变化，进而导致共振频率的改变。因此，可以通过改变传感器表面修饰针对不同气体的化学敏感层来实现用于检测乙烯、CO_2、NH_3 等不同气体的磁弹性传感器的构建。

Zhang 等[41]通过在 Metglas 2826MB(6 mm×0.028 mm)材料表面修饰 Pt－TiO_2构建了磁弹性乙烯传感器。该测试系统的实验装置图如图 1－6(a)所示。他们通过试验测试了不同 TiO_2 涂层厚度(31～155 nm)所对应的传感器的频率响应，发现较厚的涂层会导致较大的频率偏移，但响应时间较长。当乙烯气体浓度小于 10×10^{-6}时，传感器的共振频率的偏移量与乙烯的浓度呈线性关系，如图 1－6(b)所示。

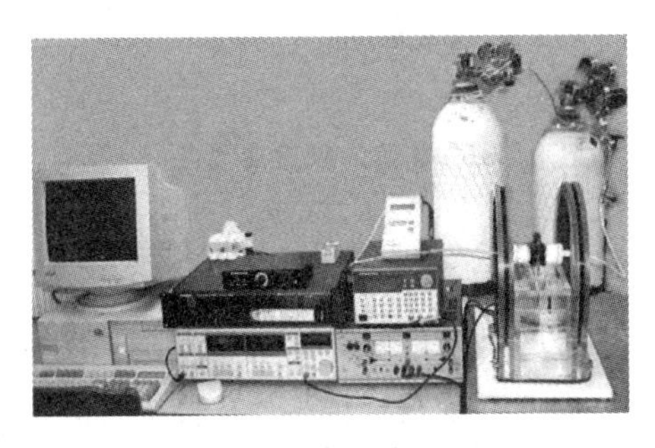

(a) 实验装置图

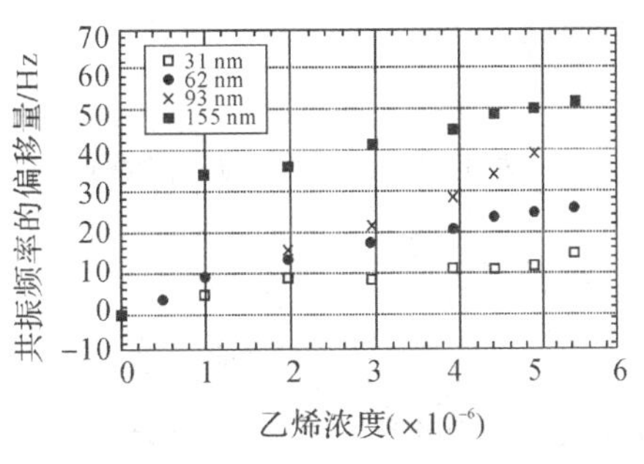

(b) 共振频率的偏移量与乙烯浓度的关系曲线

图 1－6 磁弹性乙烯传感器[41]

Cai 等[42]利用丙烯酰胺与异辛基丙烯酸酯共聚物作为敏感层设计了磁弹性 CO_2 传感器。该物质作为化学敏感层能够提供氨基，而氨基可对 CO_2 气体选择性地吸附，从而引起传感器负载质量的改变，最终导致其共振频率的改变。同样地，Cai 等[43]还利用对 NH_3 敏感的聚合物(acrylic acid-co-isooctyl-acrylate)作为敏感层构建磁弹性 NH_3 传感器。

2) pH 测量

在磁致伸缩材料表面修饰一层对 pH 具有质量响应的 pH 敏感聚合物，如丙烯酸和异辛基丙烯酸酯聚合物，即可获得磁弹性 pH 传感器[44-46]。当传感器浸入溶液中时，pH 敏感聚合物会受液体 pH 的影响而发生膨胀或者收缩。若溶液呈碱性，则 pH 敏感聚合物发生膨胀，传感器的负载质量增大，导致共振频率降低；若溶液呈酸性，则 pH 敏感聚合物发生收缩，传感器负载质量减小，导致其共振频率升高。传感器的共振频率对溶液 pH 值的响应变化如图 1-7 所示，在强酸性溶液(pH＜4)中响应很小，在 pH 值为 4.4～8.5 的范围内呈线性变化。

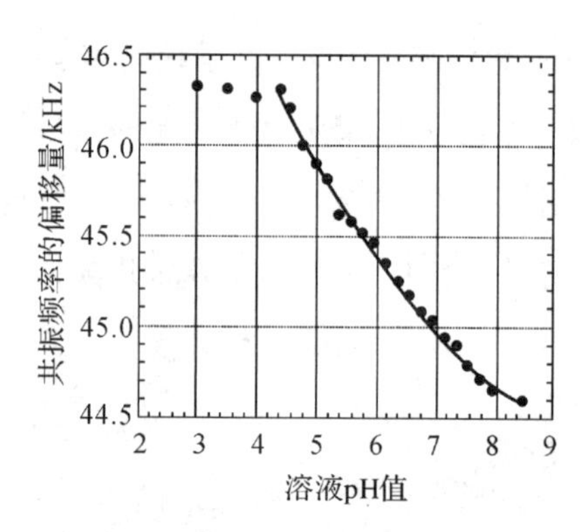

图 1-7　磁弹性传感器的共振频率偏移量对溶液 pH 值的响应曲线[45]

3) 葡萄糖测量

根据 pH 敏感聚合物随溶液 pH 值变化而产生膨胀或者收缩的原理，将葡萄糖氧化酶修饰于 pH 敏感聚合层上构成了磁弹性葡萄糖传感器。若待测液中存在葡萄糖，可在葡萄糖氧化酶的催化作用下经氧化反应生成葡萄糖酸，酸性促使 pH 敏感聚合物收缩，导致传感器负载质量减小，共振频率增大，从而实现对葡萄糖的检测[47-48]。为了提高检测的灵敏度，P. Pang 等[49]设计了基于辣根过氧化物酶和葡萄糖氧化酶的磁弹性葡萄糖传感器，葡萄糖在葡萄糖氧化酶的催化作用下经氧化反应产生葡萄糖酸和 H_2O_2，H_2O_2 氧化辣根过氧化物酶的底物产生沉淀附着于传感器表面，从而引起其共振频率下降。磁弹性传感器的共振频率偏移量在葡萄糖浓度为5～50 mol/L之间呈线性变化，检测极限为2 mol/L，两者的关系曲线如图 1-8 所示。

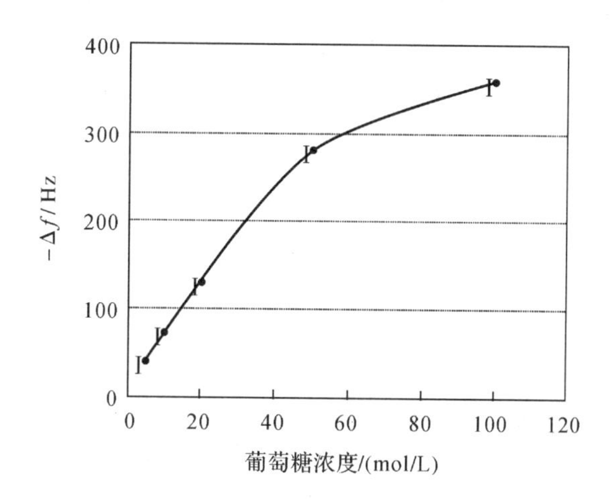

图 1-8 磁弹性葡萄糖传感器的共振频率偏移量对葡萄糖浓度的响应曲线[49]

4）多环芳烃检测

多环芳烃(PAH)是在森林火灾中，石油、煤炭、天然气和其他有机材料(如树木)不完全燃烧时释放的一类复杂的烃类化合物。多环芳烃是一种天然或人工合成的有机化合物，具有持久有机污染性，能够抵抗光、化学和生物降解。有的多环芳烃具有诱变、致癌和内分泌干扰等特性，对环境污染与人体健康具有较高的潜在危害。

Chen 等人采用腐植酸修饰的磁性 Fe_3O_4 纳米颗粒(HMNP)作为信号放大标签，建立了一种以蒽(一种碳氢化合物)为目标检测物的无线磁弹性检测多环芳烃的装置。涂覆聚氨酯的传感器表面上的腐植酸/壳聚糖复合自组装膜和 HMNPs 在检测到蒽后构成三夹式检测系统，如图 1-9 所示。结合了 HMNPs 的蒽被捕获到传感器表面时，传感器的负载质量增加，从而导致其共振频率降低。

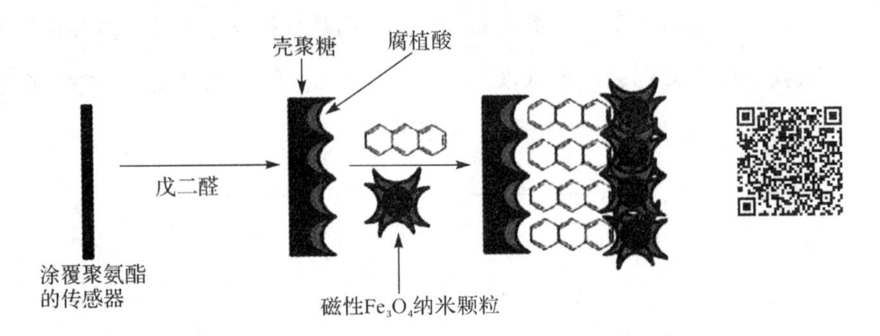

图 1-9　以蒽为模型检测多环芳烃的传感器表面改性方法的原理图

上述研究表明，在磁致伸缩材料表面进行化学聚合物的修饰，利用表面聚合物与待测物之间的化学物理反应导致磁弹性传感器表面负载质量的改变，从而引起共振频率发生偏移，可以实现对各类化学量的测定。基于此，国内外研究学者对磁弹性传感器的表面处理工艺做了进一步的探索和研究，在材料表面进行生物功能化修饰，利用生物免疫反应原理实现对生物量的检测。

3. 生物量的测量

1）检测大肠杆菌

利用抗原抗体特异性结合的原理，在磁致伸缩材料表面修饰大肠杆菌O157：H7抗体，通过酶催化放大质量信号的方法构建三夹式结构，实现对大肠杆菌O157：H7的检测[50]。传感器修饰及检测过程如图1-10(a)所示，在磁弹性基底引入氨基，通过交联剂戊二醛与抗体反应形成共价键，从而实现大肠杆菌抗体的固定，将大肠杆菌O157：H7溶液滴于传感器的表面，待其与抗体反应完成后再结合碱性磷酸酶标记的抗体，这样就形成了三夹式结构。当碱性磷酸酶催化底物BCIP形成蓝色不溶沉淀物附着于传感器的表面，使得传感器的负载质量增加共振频率减小，从而实现对大肠杆菌O157：H7的检测。利用磁弹性传感器测定大肠杆菌O157：H7的共振频率的实时响应曲线如图1-10(b)所示，线性区间$10^2 \sim 10^6$ cell/mL，检测限为10^2 cell/mL。

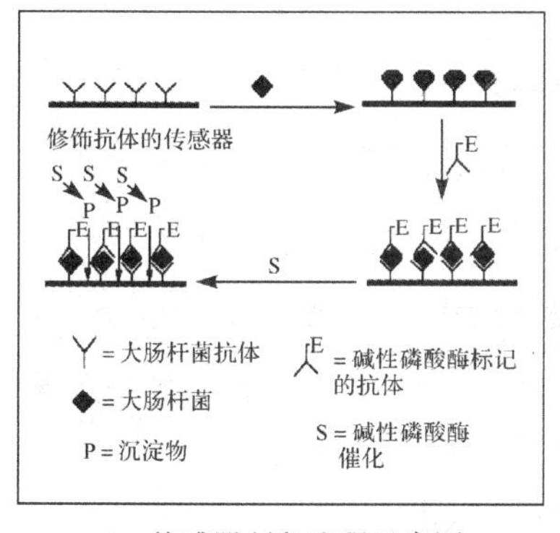

(a) 传感器制备流程示意图

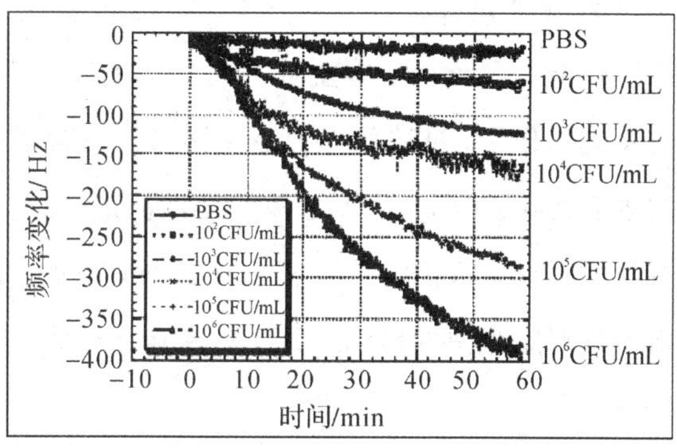

(b) 磁弹性传感器检测大肠杆菌O157：H7实时频率响应曲线[50]

图 1-10 磁弹性检测大肠杆菌 O157∶H7传感器装置[50]

Lin 等[51]采用壳聚糖包覆的 Fe_3O_4 磁性纳米颗粒(CMNP)作为标记物设计了磁弹性大肠杆菌 O157：H7 传感器。这种方法不需要对基底进行表面功能化，在合适的 pH 环境中，大肠杆菌 O157：H7 通过静电吸引作用吸附到磁性粒子表面，然后通过磁性作用吸附到磁弹性基底，这会引起传感器的负载质量增大共振频率降低，检测原理如图 1-11 所示。

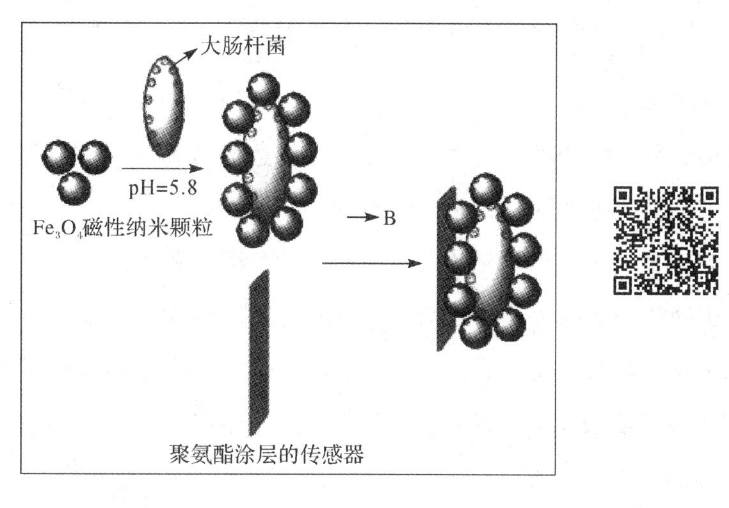

图 1-11 通过 CMNP 将大肠杆菌吸附到磁弹性传感器表面的检测原理示意图[51]

2）脂蛋白检测

脂蛋白颗粒是人体血液中胆固醇的主要载体并在胆固醇转运和代谢中起着关键性作用。准确量化血液中脂蛋白的含量对防治冠心病等疾病有非常重要的现实意义。Feng 等[52]利用化学沉淀剂（氯化钠、二价金属 Mg^{2+}）和脂蛋白的特异性反应生成沉淀物沉积于传感器的表面，这会引起其共振幅度的改变，从而实现对脂蛋白的检测。磁弹性传感器对低密度脂蛋白（LDL）的实时响应如图 1－12所示。

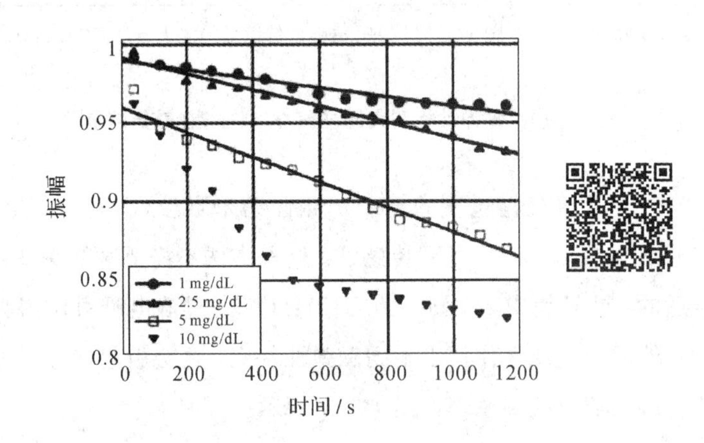

图 1－12　磁弹性传感器对低密度脂蛋白的实时响应曲线[52]

3）绿脓杆菌检测

绿脓杆菌是食品污染的一种主要致病菌，常造成食物中毒和肠道感染，特别对婴幼儿，会产生致命性的后果。Pang 等[53]研究了一种无需表面功能化的磁弹性传感器用于实时定量检测绿脓杆菌，表面涂覆聚氨酯保护基底不被腐蚀。由于绿脓杆菌的生长和繁殖会逐渐消耗液体培养基的营养物质，液体培养基的密度和黏度等特性会发生改变，从而改变传感器的共振频率，同时细菌附着于传感器表面也会导致其共振频率发生相应的变化。磁弹性传感器对不同浓度绿脓杆菌的实时响应曲线如图 1－13 所示，检测极限为10^3 cell/mL。

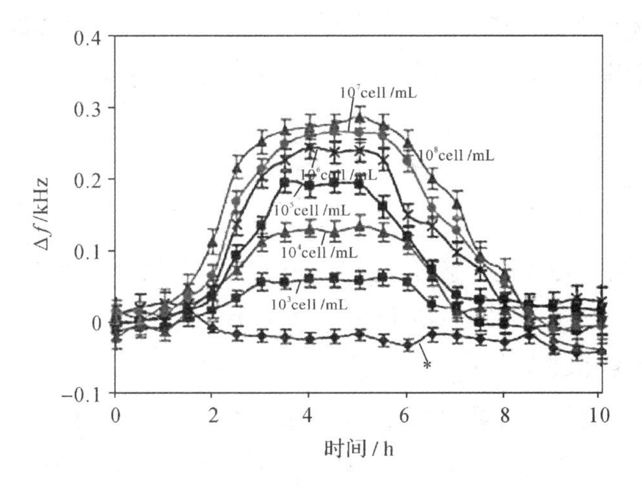

图1-13 磁弹性传感器对不同浓度绿脓杆菌的响应曲线[53]

(*表示采用无细菌培养基作为空白对照)

4) 其他检测

经过长期研究，国内外学者利用磁弹性传感器对很多其他生物量也实现了检测，其中包括蓖麻毒素[54]、葡萄球菌肠毒素[55]、金黄色酿脓葡萄球菌[56]、结核分枝杆菌[57]、滕黄微球菌[58]、α-淀粉酶[59]等。

综上所述，国内外研究学基于不同的设计思路，采用不同的微纳工艺对传感器进行表面处理，研制出各种类型的磁弹性传感器，并将其应用于各类化学量和生物量的检测中，取得了很大的进步。但是在磁弹性传感器的一致性、稳定性、高特异性和灵敏度以及低剂量检测等方面仍存在不足有待解决。例如，通过磁性静电吸附法测试生物分子，虽然不需要对传感器进行表面功能化修饰，但是需要制备粒径均一、性能一致的磁性粒子，其制备过程较为复杂，同时与共价键作用相比，静电吸附作用力较微弱，难以保证单个生物分子吸附磁性粒子数量的一致性；通过表面修饰无机物测试生物分子，虽然检测极限较高，但难以实现低剂量检测；通过表面涂覆聚氨酯并且利用细菌对培养基的消耗来测试细菌，虽然易于实现且操作简单，但是传感器的稳定性不高，并且无法实现特异性检测。以上问题严重制约了磁弹性传感器相关技术的应用，同时其在农药、猪瘟病毒和癌胚抗原方面的检测研究还尚未见报道。

制备出高性能的磁弹性传感器是实现各类型应用的前提。因此，磁弹性传感器的研究仍需要在表面处理设计方面做进一步的改善和优化，从而有效提升其整体性能，拓展其应用范围。

本章小结

目前，国内外针对磁弹性传感器的研究仍然存在以下两方面的问题：

(1) 现有磁弹性传感器的表面特性仍存在特异性、稳定性以及一致性不理想等缺陷，严格限制了其推广和应用。

(2) 现有磁弹性传感器的灵敏度较低，针对某些待分析物的检测极限达不到标准要求，无法满足当前生化检测高灵敏低剂量检测的要求，对于实际应用测试具有一定的局限性。

因此，针对上述问题，本书旨在实现磁弹性传感器的性能提升和功能拓展，通过对传感器表面优化设计，开创性地将其应用于当前热点的环境检测、人体疾病探测和人类基因检测等领域，为磁弹性传感器进一步发展和应用提供理论与方法的支撑。

本书深入开展磁弹性传感器的表面优化设计研究，实现其更加广泛的生物化学测试应用，主要致力于如下科学问题的研究：

(1) 优化传感器表面处理工艺和设计结构，解决传感器表面优化设计这一关键问题，显著提高磁弹性传感器的特异性、稳定性和灵敏度，突破检测极限，为其进一步实际应用奠定基础。

(2) 设计并实现基于矢量网络分析仪的磁弹性传感器共振频率测试系统，解决小尺寸传感器测试的关键问题。

(3) 面向具体应用，探索表面生物特异性功能化方法和测定方法，解决磁弹性生化传感测试应用的关键问题，成功实现对分析物的高一致性、稳定性、生物适应性和特异性的低剂量检测，极大地拓展磁弹性传感器的应用范围。

综上所述，优化磁弹性传感器的表面微纳处理工艺，设计实现与之相匹配的共振频率测试系统，针对不同的目标分析物提出合适的测定方法，实现更广泛的生物化学应用测试是磁弹性传感器需要突破的关键技术问题。

第 2 章　磁致伸缩材料

2.1 引　言

自然界的所有物质都具有磁致伸缩现象。材料的磁致伸缩应变 γ 有的是正的，有的是负的，分别表示材料在磁场中磁化时其尺寸是伸长还是收缩。部分物质的 γ 数值用现有的仪器无法测量，则称其 γ 为零。通常，人们希望材料的磁致伸缩值 γ 尽量大，并把 γ 大于 $\pm 50\times 10^{-6}$ 的材料称为磁致伸缩材料[60]。

磁致伸缩材料在磁弹性传感、声呐水声换能、电声换能、海洋探测与开发技术、微位移驱动、减震与防震、减噪与防噪、智能机翼、机器人、燃油喷射、阀门、泵、波动采油等技术领域具有广泛的应用前景。

2.2 磁学基本理论

磁学，又称为铁磁学，是现代物理学的一个重要分支。现代磁学是研究磁、磁场、磁材料、磁效应、磁现象及其实际应用的一门学科。

2.2.1 磁畴

分子或原子是构成物质材料的基元，基元中的电子绕着原子核的运转形成了电流，该电流产生的磁场使每个基元都相当于一个微小的磁体，由大量基元组成一个集团结构，集团中所有基元产生的磁场都同方向整齐排列，这样的集团叫作磁畴。

磁畴理论是用量子理论从微观上说明铁磁质的磁化机制。所谓磁畴，是指铁磁体材料在自发磁化的过程中为降低静磁能而产生分化的方向各异的小型磁化区域，每个区域内部包含大量原子，这些原子的磁矩都像一个个小磁铁那样整齐排列，但相邻的不同区域之间原子磁矩排列的方向不同，如图 2-1(a)所示。各个磁畴之间的交界面称为磁畴壁。宏观物体一般总是具有很多磁畴，磁畴的磁矩方向各不相同，结果相互抵消，矢量和为零，整个物体的磁矩为零，这样它也就不能吸引其他磁性材料了。也就是说，磁性材料在正常情况下并不对外显示磁性。

当铁磁质处于外磁场中时，那些自发磁化方向和外磁场方向成小角度的磁畴其体积随着外加磁场的增大而扩大并使磁畴的磁化方向进一步转向外磁场方向，另一些自发磁化方向和外磁场方向成大角度的磁畴其体积则逐渐缩小，这时铁磁质对外呈现宏观磁性。当外磁场增大时，上述效应相应增大，直到所有磁畴都沿外磁场排列达到饱和。由于在每个磁畴中各单元磁矩已排列整齐，因此整体具有很强的宏观磁性，如图 2-1(b)所示。

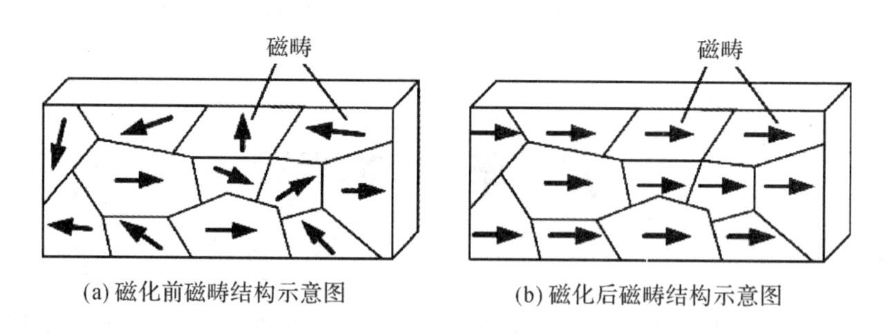

(a) 磁化前磁畴结构示意图　(b) 磁化后磁畴结构示意图

图 2-1　磁畴结构

2.2.2　磁化及磁化强度

材料在磁场的作用下将被磁化，并显示出一定特征的磁性。通常在无外磁场时，物质中所有原子固有的磁矩总矢量和为零，宏观上物质不呈现出磁性。

但是当物质在磁场强度为 $\boldsymbol{H}$ 的外加磁场中被磁化时，物质便会表现出一定的磁性，这时物质中的原子磁矩总矢量和不为零。实际上，磁化并未改变物质中原子固有磁矩的大小，只是改变了它们的方向。因此，物质的磁化程度可以用所有原子固有磁矩矢量的总和 $\boldsymbol{p} = \sum \boldsymbol{p}_i$ 来表示[61]，该值越大，物质的磁化程度越大。由于给定物质的总磁矩与该物质的原子总数有关，而该物质的原子总数又与物质的体积有关，所以为了方便比较物质的磁化强弱，一般用单位体积内所有原子固有磁矩矢量的总和来表示，称为磁化强度，用 $\boldsymbol{M}$ 表示，即

$$\boldsymbol{M} = \frac{\sum_{i}^{n} \boldsymbol{p}_i}{V} \tag{2-1}$$

其中，V 为物体的体积。

磁化率是表征磁介质属性的物理量。对于置于外磁场中的物质，其磁化强度 $\boldsymbol{M}$ 和外磁场强度 $\boldsymbol{H}$ 存在以下关系：

$$\chi = \frac{M}{H} \tag{2-2}$$

其中，χ为磁化率，无量纲，是表征物质磁化难易程度的一个参量。$\chi>0$ 的物质称为顺磁性物质，$\chi<0$ 的物质称为抗磁性物质。对于各向同性磁介质，磁化率χ是标量；对于各向异性磁介质，磁化率χ是一个二阶张量。对于铁磁性物质，磁化率χ很大，磁化强度 $\boldsymbol{M}$ 和磁场强度 $\boldsymbol{H}$ 之间是复杂的非线性函数。

2.2.3　磁感应强度

磁感应强度是物理学现象，是描述磁场强弱和方向的基本物理量。垂直于磁场方向单位面积的磁力线数称为磁感应强度[62]，用 $\boldsymbol{B}$ 表示，单位为特斯拉 T。物质在外磁场中发生磁化，内部的磁感应强度 $\boldsymbol{B}$ 与外磁场强度 $\boldsymbol{H}$ 的关系是

$$\boldsymbol{B} = \mu_0(\boldsymbol{H} + \boldsymbol{M}) = \mu \boldsymbol{H} \tag{2-3}$$

其中，μ_0 为真空磁导率，等于 $4\pi\times10^{-7}$；μ 为磁导率，是表征物质导磁性及磁化难易程度的一个参量。

磁感应强度还可以用洛伦兹力来定义。电荷在电场中受到的电场力是一定的，方向与该点的电场方向相同或者相反。电流在磁场中某处所受的磁场力(安培力)与电流在磁场中放置的方向有关，当电流方向与磁场方向平行时，电流受的安培力最小，等于零；当电流方向与磁场方向垂直时，电流受的安培力最大。点电荷 q 以速度 $\boldsymbol{v}$ 在磁场中运动时受到力 $\boldsymbol{F}$ 的作用。在磁场给定的条件下，$\boldsymbol{F}$ 的大小与电荷运动的方向有关。当 $\boldsymbol{v}$ 沿某个特殊方向或与之反向时，受力为零；当 $\boldsymbol{v}$ 与此特殊方向垂直时受力最大，为 $\boldsymbol{F}_m$。$\boldsymbol{F}_m$ 与 $|q|$ 及 $\boldsymbol{v}$ 成正比，比值与运动电荷无关，反映磁场本身的性质，定义为磁感应强度的大小，即 $\boldsymbol{B}$。$\boldsymbol{B}$ 的方向定义为由正电荷所受最大力 $\boldsymbol{F}_m$ 的方向转向电荷运动方向 $\boldsymbol{v}$ 时右手螺旋前进的方向。

2.2.4 磁场力和磁力矩

磁场力包括磁场对运动电荷作用的洛仑兹力和磁场对电流作用的安培力，安培力是洛仑兹力的宏观表现，而洛伦兹力是安培力的微观原理。

磁场力中涉及 3 个物理量的方向：磁场方向、电荷运动方向(电流方向)、洛仑兹力方向(安培力方向)。用左手定则说明 3 个物理量的方向时有一个前提：磁场方向垂直于电荷运动方向或磁场方向垂直于电流方向。事实上，磁场方向不一定垂直于电荷运动方向或电流方向，它们之间的夹角可以是任意的。洛仑兹力一定既垂直于磁场方向又垂直于电荷运动方向，洛仑兹力垂直于磁场 $\boldsymbol{B}$ 和电荷运动速度 $\boldsymbol{v}$ 所决定的平面；安培力一定既垂直于磁场方向又垂直于电流方向，安培力垂直于 $\boldsymbol{B}$ 和 I 所决定的平面。当 $\boldsymbol{B}$ 与 $\boldsymbol{v}$ 或 I 平行时，洛仑兹力或安培力都不存在。

安培力产生使线圈转动的力矩，这种由安培力产生的力矩称为磁力矩。线圈受到磁场作用的力矩使试验线圈转到一定的位置而稳定平衡，此时，线圈所受的磁力矩为零，线圈正法线所指的方向定义为线圈所处的磁场方向。如果转动试验线圈，则只要线圈稍偏离平衡位置，线圈所受磁力矩就不为零。当试验线圈从平衡位置转过 90°时，线圈所受磁力矩为最大。

物质中的磁矩 $\boldsymbol{p}$ 在磁感应强度为 $\boldsymbol{B}$ 的磁场中将受到磁场的作用而产生力矩 $\boldsymbol{L}$，其大小可表示为[63]

$$L = |\boldsymbol{p} \times \boldsymbol{B}| = pB\sin\theta \tag{2-4}$$

其中，θ 为磁矩与磁感应强度方向的夹角。该力矩力图使磁矩 $\boldsymbol{p}$ 处于势能最低的方向，也就是和磁感应强度 $\boldsymbol{B}$ 同向平行的方向。

2.2.5　静磁能

任何物质被置于外磁场中将处于磁化状态，此时物质中的磁矩与外加磁场的作用能称为静磁能，可以表示为

$$E = - pB \tag{2-5}$$

静磁能与物质的体积有关，而通常我们关心的是单位体积的静磁能，即静磁能密度 E_V，其大小可表示为

$$E_V = -\frac{pB}{V} = - MB\cos\theta \tag{2-6}$$

其中，M 为磁化强度，θ 为磁矩与磁感应强度的夹角。

可以看出，当 $\theta=0°$时，静磁能密度最低；当 θ 增大时，需外力克服磁场做功，物质在磁场中的静磁能密度增大；当 $\theta=180°$时，物质的静磁能密度最大。

2.2.6　饱和磁化强度

饱和磁化强度是铁磁物质的一个性质。铁磁性物质在外磁场作用下磁化，开始时，随着外磁场强度的逐渐增加，物质的磁化强度也不断增大；当外磁场增加到一定强度以后，物质的磁化强度便停止增加而保持在一个稳定的数值上，这时物质达到了饱和磁化状态[64]。这个稳定的磁化强度数值就叫作这个物质的饱和磁化强度。

饱和磁化强度用 M_s 表示，其定义为：磁性材料在外加磁场中被磁化时所能够达到的最大磁化强度。不同的铁磁材料有着不同的磁化曲线，其 M 的饱和值也不同。但同一种材料，其 M 的饱和值是一定的。另外需要注意的是

$M-H$ 曲线和 $B-H$ 曲线略有不同。在 $B-H$ 曲线中，磁感应强度 B 随着 H 的增大最终不会趋于某一固定值，而是以一定的斜率上升。这是由于 B 包含两部分，即 $\mu_0 M$ 和 $\mu_0 H$，当 M 达到饱和时，虽然第一部分 $\mu_0 M$ 变为定值，但是第二部分 $\mu_0 H$ 仍然随着 H 的增大而继续线性增大。

2.2.7 磁滞回线

对于强磁性材料（包括铁磁性和亚铁磁性材料）样品，从剩余磁化强度 $M=0$ 开始，逐渐增大磁化场的磁场强度 H，磁化强度 M 将随之沿图 2－2 中的 OAB 曲线增加，直至到达磁饱和状态 B。再增大 H，样品的磁化状态将基本保持不变，因此直线段 BC 几乎与 H 轴平行。当磁化强度达到饱和值 M_s 时，对应的磁场强度 H 用 H_s 来表示。OAB 曲线称为起始磁化曲线。

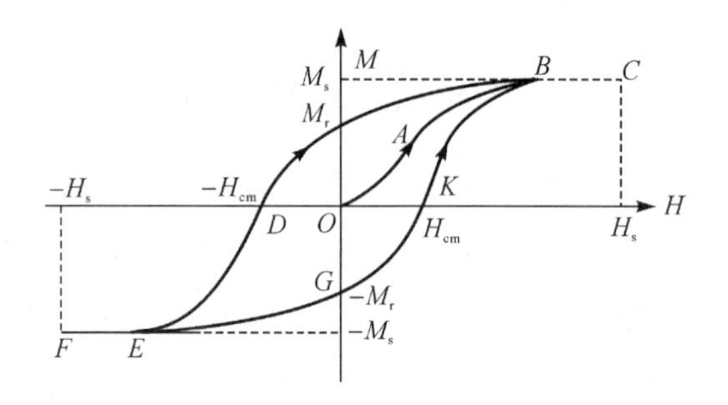

图 2－2 磁滞回线

此后若减小磁化场，则磁化曲线从 B 点开始并不沿原来的起始磁化曲线返回，这表明磁化强度 M 的变化滞后于 H 的变化，这种现象称为磁滞。当 H 减小为零时，M 并不为零，而等于剩余磁化强度 M_r。要使 M 减到零，必须加一反向磁化场，而当反向磁化场加到 $-H_{cm}$ 时，M 才为零，$-H_{cm}$ 称为矫顽力。

如果反向磁化场的大小继续增大到 $-H_s$，则样品将沿反方向磁化到达饱和状态 E，相应的磁化强度饱和值为 $-M_s$。E 点和 B 点相对于原点对称。

此后若使反向磁化场减小到零，然后又沿正方向增加，则样品的磁化状态将沿曲线 $EGKB$ 回到正向饱和磁化状态 B。$EGKB$ 曲线与 $BNDE$ 曲线也相对

于原点 O 对称。由此可以看出，当磁化场由 H_s 变到 $-H_s$，再从 $-H_s$ 变到 H_s 反复变化时，样品的磁化状态变化经历着由 $BNDEGKB$ 闭合曲线描述的循环过程。曲线 $BNDEGKB$ 称为磁滞回线。

磁滞回线表达了铁磁材料在外磁场下磁化和反磁化的行为，是描述磁化强度 M 或者磁感应强度 B 与外加磁场强度 H 之间关系的闭合曲线，反映材料的基本磁特性，是我们应用磁性材料的基本依据[65]。铁磁性材料的磁化强度 M 或磁感应强度 B 与磁场强度 H 之间的关系不但不是线性的，而且也不是单值的。也就是说，对于一个确定的磁场强度 H，磁化强度 M 或磁感应强度 B 的值不能唯一确定，与磁化历史有关[66]。

2.2.8　磁滞损耗

磁滞损耗是铁磁体在反复磁化的过程中完成一个完整的磁滞回线周期，因磁滞现象而消耗的能量。其可以理解为铁磁性材料在交变磁化的过程中磁畴来回翻转，需要克服彼此的阻力而产生的发热损耗。在直流磁场下，经理论计算，每单位体积铁磁体中磁滞损耗等于磁滞回线所包围的面积，其大小为[67]

$$W_h = \oint H\mathrm{d}B \tag{2-7}$$

该积分是环绕磁滞回线进行的，该能量转化为热能。B 的单位为 T，H 的单位为 A/m，则能量用 J/m 表示。

若在交变磁场条件下，则每秒钟的磁滞损耗密度，即磁滞损耗功率密度 P_h 可以表示为[68]

$$P_h = f\oint H\mathrm{d}B \tag{2-8}$$

其中，f 为交变磁场频率。铁磁性材料中总的磁滞功率损耗 P 为磁滞功率损耗密度对体积的积分，即

$$P = \iiint_V P_h\mathrm{d}V \tag{2-9}$$

其中，V 为铁磁性材料的体积。

2.3 磁致伸缩材料的分类

近年来，磁致伸缩效应和磁弹效应已被人们所熟知，并受到了极大的关注。利用上述效应可以设计制备多种用途的元件和设备，于是一系列具有高磁致伸缩系数且具有电磁能/机械能相互转换功能的材料逐渐被人们所研究和发现，这种材料就是磁致伸缩材料。

到目前为止，人们所研究发现的磁致伸缩材料大体分为以下四类[69]：磁致伸缩的金属与合金和铁基合金、铁氧体磁致伸缩材料、稀土超磁伸缩材料、非晶合金薄膜，如图 2－3 所示。

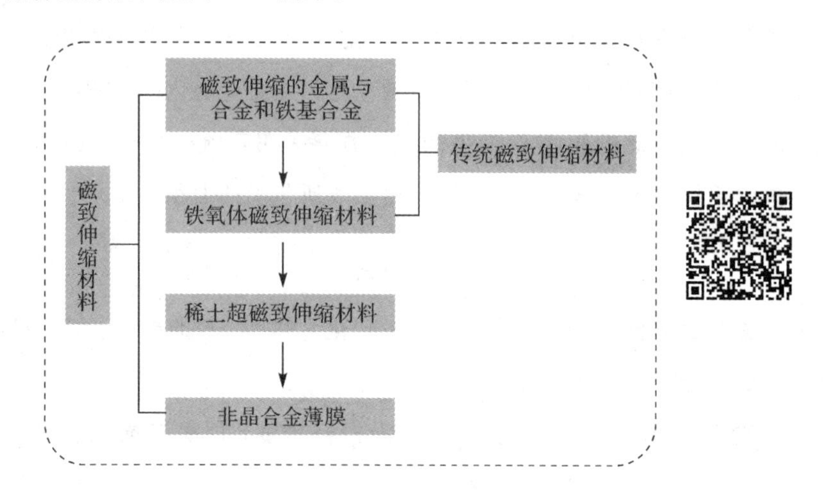

图 2－3　磁致伸缩材料的分类

2.3.1 磁致伸缩的金属与合金和铁基合金

20 世纪中叶，具有较大磁致伸缩性能的元素镍(Ni)和钴(Co)首先被人们所发现，随后，一些具备磁致伸缩效应的金属与合金也先后被发现，如铁基合金(Fe－Ni 合金、Fe－Al 合金、Fe－Co－V 合金等)以及镍基合金(Ni、Ni－Co

合金、Ni－Co－Cr 合金）。人们还发现材料的磁致伸缩系数很大程度上受材料成分的影响，随着不同元素含量比例的变化，材料的磁致伸缩性能有截然不同的变化[70]。

2.3.2　铁氧体磁致伸缩材料

20 世纪中后期，铁氧体磁致伸缩材料也逐渐被发现。铁氧体是一种具有高电阻率的铁氧非金属磁性材料，是由铁的氧化物和其他一种或两种以上金属氧化物组合而成的复合氧化物，如 Ni－Co 和 Ni－Co－Cu。若按组成分类，铁氧体可分为单组分铁氧体、双组分铁氧体、多组分铁氧体；若按铁氧体的晶体结构类型分类，铁氧体可分为尖晶石型铁氧体 $MeFe_2O_3$、石榴石型铁氧体 $R_3Fe_5O_{12}$、磁铅石型铁氧体 $MeFe_{12}O_{19}$；若按磁性分类，铁氧体可分为软磁铁氧体、硬磁铁氧体、微波铁氧体、矩磁铁氧体和磁致伸缩铁氧体。

与金属磁致伸缩材料相比，铁氧体磁致伸缩材料有如下优点：磁致伸缩系数 γ 和磁通密度更小，电阻率比金属磁致伸缩材料高 10^6 倍，可应用于高频条件下；拥有更高的磁导率且能量损耗小，尤其在高频领域；电声效率高，在 75％以上，所需电振荡器的体积小；其磁机电耦合系数高，可广泛应用于电讯器件、通信器件、超声器件、水声器件、电声器件。铁氧体磁致伸缩材料有烧结体机械强度差的缺点，在承受一定的应力时，会显著恶化磁致伸缩性能，因此铁氧体磁致伸缩换能器的单个功率不能太大，若需满足大功率，必须采用多个并联使用的措施。另外，铁氧体也存在老化和温度稳定性也不够理想的问题。

上述铁氧体磁致伸缩材料称为传统磁致伸缩材料。传统磁致伸缩材料受磁致伸缩系数（在 $20\times10^{-6}\sim80\times10^{-6}$ 之间）过小的影响，其推广和应用受到限制。

2.3.3　稀土超磁伸缩材料

稀土金属是一种具有很强的磁致伸缩性能的金属材料，特别是在低温环境下，其磁致伸缩性会得到进一步的提高。科研人员以稀土金属为基础开发研制了稀土金属间化合物磁致伸缩材料，如 Tb－Dy－Fe 材料是一种基于(Tb、Dy)Fe_2化合物的合金[71]，其γ为(1500～2000)×10^{-6}，与金属磁致伸缩材料和铁氧体磁致伸缩材料相比，稀土金属间化合物磁致伸缩材料的γ要大1～2个数量级，因此将其称为超磁致伸缩材料[72]。

19世纪70年代，Legvold、Clark、Rhyne等先后发现纯金属Tb、Dy在华氏温度4.2 K时，其单晶体、易基面的磁致伸缩系数γ可达到8.3×10^{-3}，这相当于传统3D金属与合金的磁致伸缩系数γ的100～10 000倍，直到今天这仍然是研究人员所发现的最大值。但是这些稀土金属的居里温度远远低于室温，在室温环境下仍然呈现非铁磁性，因此无法应用于室温环境下。从20世纪70年代开始科学家发现过渡金属与稀土金属化合物具备更加优秀的性能，并且随着晶体生长技术的不断进步和制备工艺的不断改进，稀土超磁致伸缩材料得到了迅速的发展，其发展过程可大致分为以下三个阶段。

1. 多晶非取向材料

20世纪70年代，由于Tb－Dy－Fe磁致伸缩材料晶体的磁致伸缩有较大的各向异性，非取向材料的磁致伸缩系数γ只能为(700～800)×10^{-6}。

2. 多晶取向材料

20世纪80年代，多晶取向Tb－Dy－Fe磁致伸缩材料得到了飞速的发展。在当时晶体择优的方向尚不明确，只是在实验中发现晶体取向后其磁致伸缩性能得到了大幅度的提高，磁致伸缩系数γ为(1200～1900)×10^{-6}。

3. 多晶轴向取向材料

20世纪90年代，USTB－SKL－FM采用高温度梯度定向凝固法系统地研究了Tb－Dy－Fe合金在不同温度梯度和不同晶体生长速度下Laves相晶体的轴向取向，发现Laves相晶体轴向择优取向是可诱导的并且是可控制的。

相较于传统磁致伸缩材料，稀土超磁致伸缩材料具有磁致伸缩系数大、能量转换率高、响应时间短、工作频带宽等突出优点，但它也存在局限性，就是这种优良的性能必须在低温下才能实现，这也是这种材料在常温下不能直接应用的原因。

2.3.4　非晶合金薄膜

非晶合金薄膜是近年来出现的一种新型磁致伸缩材料，研究人员通过溅射法获得了磁弹性无定形非晶合金薄膜，并通过大量的科学实验来研究合金薄膜的结构和磁致伸缩特性[73]。研究表明非晶合金薄膜的原子处于无规则无序排列的状态，其具有优异的软磁特性，在低磁场中易被磁化和消磁[74]。铁基非晶合金薄膜材料 Metglas 2826MB($Fe_{40}Ni_{38}Mo_4B_{18}$)是由 Allied Chemical(USA)公司通过其特有的平面流铸带技术生产的一种磁致伸缩材料[75]，该材料现已广泛应用于众多工业领域。铁基非晶合金薄膜材料 Metglas 2826MB 具有很高的磁致伸缩系数，并且其磁-机械耦合系数为 90%左右[76]，这就意味着该材料具有非常高的电磁能-机械能转换率，是传感器类应用的理想材料，是目前应用最广泛的一种磁弹性传感器材料。因此，本书中所介绍的磁弹性传感器大多选用非晶合金薄膜作为基底。

2.4　磁致伸缩材料的特性

随着越来越多的磁致伸缩材料被人们发现，对材料特性的研究也越发深入，磁致伸缩材料的各种物理特性和功能特性逐渐被研究学者发现[77]。

2.4.1　磁致伸缩材料的物理特性

1. 磁致伸缩效应

磁致伸缩效应(Magnetostrictive Effect)是指由于外部磁场条件发生改变，

使得铁磁性物质磁化过程中几何外形发生尺寸可逆变化的效应[78]。铁磁物质在磁场中被磁化时，其长度、体积或形状在磁化方向会发生变化，其中长度的变化最早于 1842 年由英国物理学家 James Prescott Joule 发现，故又称为焦耳效应[79]。

在未加外磁场的情况下，铁磁材料中磁畴的磁矩方向随机取向，互相抵消为零，对外不显示磁性。在施加外部磁场后，磁畴的大小和方向会发生定向改变，逐渐向外加磁场的方向转动，从而被磁化。磁畴结构与铁磁材料的应力状态有着直接的关系，重新排列的磁畴会导致材料体积发生变化，这就是磁致伸缩效应产生的内在原因[80-81]。磁致伸缩现象可分为三种[82]：① 纵向磁致伸缩，即沿磁场方向的伸长和缩短；② 横向磁致伸缩，即垂直于磁场方向的伸长和缩短；③ 磁致伸缩扭转，即通过多方向的磁致伸缩效应，使铁磁材料产生扭转振动。利用磁致伸缩效应可将电磁能转化为机械能，该特性可应用于各类驱动器的设计研发，如声呐[83]、扬声器[84]、避震器[85]和磁致伸缩马达[86]等。

磁致伸缩效应可量化描述，即表示为磁致伸缩系数(或应变)[87]。铁磁性物质在发生磁化时，沿着磁化方向的几何尺寸伸长量与原始长度的比值称为磁致伸缩系数，用 γ 表示：

$$\gamma = \frac{L_{\mathrm{H}} - L_{\mathrm{O}}}{L_{\mathrm{O}}} \tag{2-10}$$

式中，L_{O} 为原始长度，L_{H} 为铁磁材料在外部磁场作用下拉伸(或收缩)后的长度。通常情况下，铁磁材料的 γ 值非常小，约为百万分之一。$\gamma>0$ 表示材料沿磁化方向上的几何尺寸伸长，称为正磁致伸缩，如铁质材料；反之称为负磁致伸缩，如镍质材料。

2. 磁弹效应

在机械应力(应变)作用下的铁磁材料(通常伴随着几何尺寸和形状的微小变化)，材料的磁性会发生变化，其磁导率也会改变，该现象通常被称为磁弹效应，又称为逆磁致伸缩效应(Inverse Magnetostriction Effect)，有时也称压磁效应。它本质上也是电磁能与机械能相互影响和转化的过程，由于该现象是意大利物理学家 E. Villari 于 1865 年首次发现的，故亦称为 Villari 效应[88]。

磁弹效应的本质是磁性材料内部磁畴结构的变化。由于内部磁畴结构与材料所受应力状态有直接的关系，在外部应力作用下，材料内部的畴壁发生了位置偏移，而磁畴结构的变化将直接导致材料磁场性能的改变。利用磁弹效应可以通过测量磁性材料的磁场性能变化进而测得其结构的应力状态改变，从而可以将测量尺寸形变的问题(应力的问题)转化为测量磁导率变化(磁场性质)的问题。因此，磁弹效应可应用于各类测量应力、压力[89]和称重等传感器的设计。

3. 软磁特性

软磁特性是指铁磁材料的磁畴容易随着磁场的方向变化而转动，在低磁场中易被磁化和消磁，如图 2-4 所示。具有软磁特性的铁磁材料被称为软磁材料，而不具有这种特性的则被称为硬磁材料。与硬磁材料相比，软磁材料具有狭窄的 $B-H$ 回路、低矫顽力、高导磁性和低损耗的特点。软磁材料的内矫顽力通常不超 1000 A/m，矫顽力小意味着能量损失少。因此，软磁材料多被用于制成各种变压器的磁芯，其空载损耗与采用硅钢片的传统变压器相比减少了75%左右，使之具有十分显著的节能和环保效果。同时，由于磁导率高，软磁材料还可用于磁屏蔽材料，外部的磁通会沿着该材料传播。铁磁非晶合金属于软磁材料，具有软磁特性，并且可以通过一个很低的交变磁场使之不断循环被磁化和消磁。因此，铁磁非晶合金作为磁弹性传感器的敏感单元可以被网络分析仪或者阻抗测量仪输出的交流电压信号所产生的交变磁场进行周期性磁化和消磁。

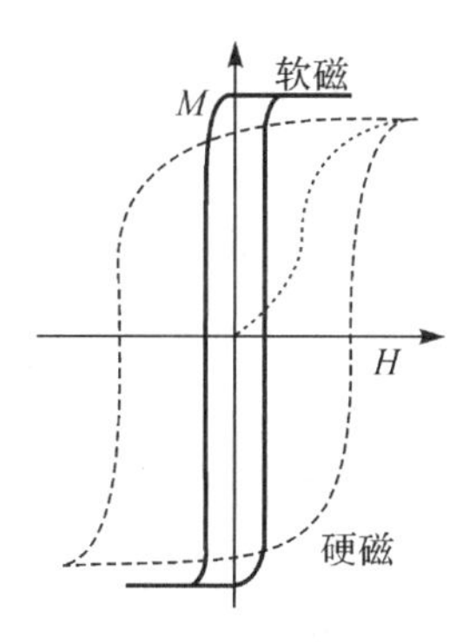

图 2-4　软磁和硬磁特性示意图

4. 阻尼效应

磁致伸缩材料在磁场中被磁化时，要同时发生畴壁运动以及应力和应变。无论是磁畴运动还是应力与应变的发生，它们都不会是同步的，也不会是完全可逆的。同时，应力还会改变材料的微观结构及缺陷形态，增加它们的不可逆性。因此，无论是在动态磁场还是动态应力作用下，磁致伸缩材料都会吸收能量，将这部分能量转化为热能，造成能量的损耗，这种现象称为阻尼效应。

5. 维德曼效应

德国物理学家维德曼发现沿管状或者棒状强磁体的轴向通过一个电流，再在其轴向施加一个磁场，则环形磁场与轴向磁场会发生向量叠加，并产生一个与管状强磁体的轴向呈一定角度的扭转磁场，从而使管状或者棒状磁体产生一个扭转应变，此效应称为维德曼效应。维德曼效应的本质是：管状强磁体在扭转磁场的作用下，其磁畴结构沿扭转磁场发生变化，产生扭转式应变。这说明维德曼效应具有将扭转磁场转化为扭转应变的功能特性。

6. 维拉里效应

维拉里发现，铁在磁场中磁化时，加不大的应力，其磁化曲线会随应力变化，这种现象称维拉里效应。热力学分析证明，由应力引起的磁感应强度 $\boldsymbol{B}$ 对应力的变化率 $(\mathrm{d}B/\mathrm{d}\sigma)_H$ 与磁场引起的磁致伸缩应变对磁场强度 H 的变化 $(\mathrm{d}\lambda/\mathrm{d}H)_\sigma$ 是相等的。维拉里效应的本质是：应力和磁场一样可使强磁性物质的磁畴结构发生变化。理论上，所有磁性材料都具有此效应，但因与材料的磁致伸缩系数大小和各向异性强弱有关，故并不都可能观测到。

2.4.2 磁致伸缩材料的功能特性

磁致伸缩材料的每一种物理特性都对应着一种功能特性。这些功能特性是材料具有使一种能量和信息与另一种能量和信息进行相互转换的功能。

1. 电磁能和机械能的相互转换

当驱动磁场为直流磁场并且磁场强度由弱到强逐渐增加时，磁致伸缩材料可实现位移而做功，利用此功能特性可以制造多功能微位移驱动器、线性电机。当多个直流磁场在不同角度并按某一时间间隔依次驱动时，磁致伸缩材料可将线性运动转化为旋转运动，利用此功能特性可制造各种旋转驱动器、转动马达等；当驱动磁场为脉冲磁场时，磁致伸缩材料可将线性运动转化为规律振动，利用此功能特性可设计不同频率与功率的振动源，制造满足各种工作需求的振源器[90]；当驱动磁场为频率低于 15 kHz 的电磁场时，磁致伸缩材料可将线性运动转化为低频振动，凭借此功能特性可以制造振幅可调的低频水声换能器、声呐换能器、各种宽频的振动式音响等；当驱动磁场为频率大于 20 kHz 的电磁场时，磁致伸缩材料可将线性运动转化为中高频振动，此功能可用于制造超声换能器，在超声技术方面有广阔的应用前景。

我们通过各种形式的机械能与电磁能的转换，可以设计制造各种类型的磁致伸缩传感器，如压力传感器、重量传感器、水听器、位移传感器、反振动器、反噪声器、电子机械滤波器、磁弹性延迟线、能量收集器等。

2. 电磁能和扭转力矩的相互转换

通过扭转力矩和电磁能的相互转换，同样可以设计制造各种类型的磁弹性传感器，如扭矩传感器、转矩传感器等，特别是在车辆、船舶、工业运载装置等有特定需求的环境下，非触碰式的传感器有着非常广泛的应用。

3. 电磁能和热能的相互转换

通过电磁能和热能的相互转换，可以设计制造各种类型的反震动与反噪声器[91]、减震器、阻尼器等，这些都被广泛应用于工业环境。

本章小结

本章简要介绍了磁致伸缩传感技术研究中常用的磁学基本理论，并重点介绍了四种磁致伸缩材料和材料的物理特性、功能特性以及其优缺点。其中非晶合金薄膜材料具有非常高的电磁能-机械能转换效率，是传感器应用的理想材料，因此本书中介绍的应用于生物检测的磁弹性传感器大多选用非晶合金薄膜作为基底。

第3章　磁弹性传感器表面优化及共振频率测试系统

3.1 引　　言

磁弹性生物传感器的工作原理是：基于表面功能化修饰的生物敏感层，特异性识别并捕获待测生物分子，引起传感器表面负载质量改变，进而引起共振频率改变，通过测量共振频率偏移量实现生物分子检测。因此，磁弹性传感器的表面优化处理和共振频率测试系统设计对传感器应用至关重要。

目前，传统的磁弹性传感器的共振频率测量主要依赖于矢量网络分析仪、频谱分析仪、阻抗分析仪等实验仪器。虽然利用这些实验仪器搭建测量平台简单可靠，测量精度较高，但是实验仪器价格昂贵，体积较大，仅能满足在实验室中的测量，同时仪器复杂，需要专业的技术人员操作。这些问题都降低了磁弹性传感器的易用程度，提高了使用成本，制约了其应用普及和发展。因此，我们需要开发一款专用的、便携式、低成本的磁弹性传感器共振频率测量系统，用来代替传统大型实验仪器，为从事磁弹性传感器的科研工作者提供一种新解决方案。

本章利用 COMSOL Multiphysics 有限元软件通过建模仿真计算对传感器的尺寸参数进行优化，提高其灵敏度。本章介绍了传感器的表面优化方法，通过表面沉积金属纳米粒子的方法提高传感器的稳定性并提供生物修饰界面，为其进一步表面生物特异性修饰奠定了基础，对比了各类表面功能化修饰方法，详细探讨了表面功能化结构设计的优化方法，介绍了磁弹性传感器共振频率测试系统的设计方法。

3.2 磁弹性传感器表面优化方法

磁弹性传感器的表面处理工艺是决定传感器性能的一个关键因素。传感器的特异性主要取决于表面功能化材料的选择，灵敏度、稳定性则取决于换能器的特性以及功能化材料的表面固定化修饰方法等。虽然国内外已进行了相关的研究，但是目前磁弹性传感器仍然存在灵敏度相对较低，体积较大，特异性、稳定性及整体性能不理想等问题。因此，传感器表面优化设计研究是磁弹性传感器应用研究的前提和基础，提高其灵敏度、生物兼容性、特异性、稳定性，以及信号的提取测试成为主要难点问题。

近年来，纳米技术的高速发展对传感器的制备和应用起到了非常积极的推动作用。纳米材料具有较大的比表面积、较高的反应活性和生物兼容性，对生物分子具有较强的吸附能力[92]，因此，将纳米材料引入磁弹性传感器的表面处理过程中可以极大提高传感器的灵敏度、生物兼容性和稳定性等整体性能。

3.2.1 尺寸参数的优化

铁基非晶合金薄膜 Metglas 2826MB 对于微小的质量变化更敏感，因此选用磁致伸缩材料 Metglas 2826MB，化学元素成分为 $Fe_{40}Ni_{38}Mo_4B_{18}$，尺寸为 37 mm×6 mm×28 μm，购于美国 Honeywell 公司，其详细性能参数见表 3 - 1。

表 3-1 Metglas 2826MB 的性能参数

参 数	数 值
饱和磁感应强度/T	0.88
饱和磁致伸缩系数($\times10^{-6}$)	12×10^{-6}
泊松比	0.33
密度/(g/cm^3)	7.90
维氏硬度(50 g 载荷)	740
拉伸强度/GPa	1～2
杨氏模量/GPa	100～110
热膨胀系数($\times10^{-6}$)/℃	11.7
晶化温度/℃	410

根据式(3-1)，磁弹性传感器的灵敏度($\Delta f/\Delta m$)与其基频 f_0 成正比，而与传感器本身的质量 m 成反比。由式(3-2)可知，传感器的基频 f_0 与传感器长度 L 成反比，即长度较小的传感器具有更高的基频 f_0。材料密度一定，体积较小的传感器其质量更小，因此，传感器尺寸越小，灵敏度越高。但是，太小尺寸的传感器对信号的检测较为困难，同时基于已有的研究基础[93]，本书选定传感器的宽度为 1 mm，通过建模仿真计算对长度尺寸进行了优化。

磁弹性传感器的灵敏度与其基频、质量的关系是：

$$\Delta f = f - f_0 = -f_0\left(\frac{\Delta m}{2m}\right) \tag{3-1}$$

基频与传感器长度的关系是：

$$f_0 = \frac{1}{2L}\sqrt{\frac{E}{\rho(1-\sigma^2)}} \tag{3-2}$$

利用 COMSOL Multiphysics 有限元软件对不同长度的磁弹性传感器进行一阶模态仿真分析，可知长度分别为 4 mm、5 mm、6 mm、8 mm 的传感器在一阶共振模态下的相对位移量如图 3-1(b)所示。图 3-1(a)显示了传感器相对位移量与长度的关系。由图 3-1(a)可知，随着传感器的长度增大，相对位移量减小，即灵敏度减小，传感器长度大小与灵敏度成反比，符合理论分析推导。由于长度为 4 mm 的传感器不易测量信号，同时文献[94]报道磁弹性传感器的最佳长宽比为 5∶1，因此选定传感器的长度为 5 mm。

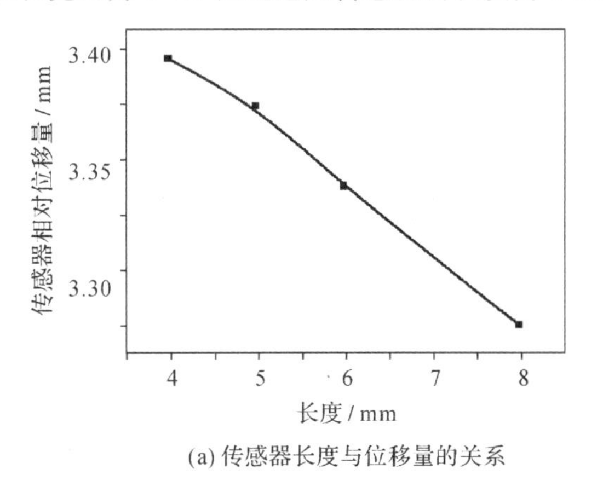

(a) 传感器长度与位移量的关系

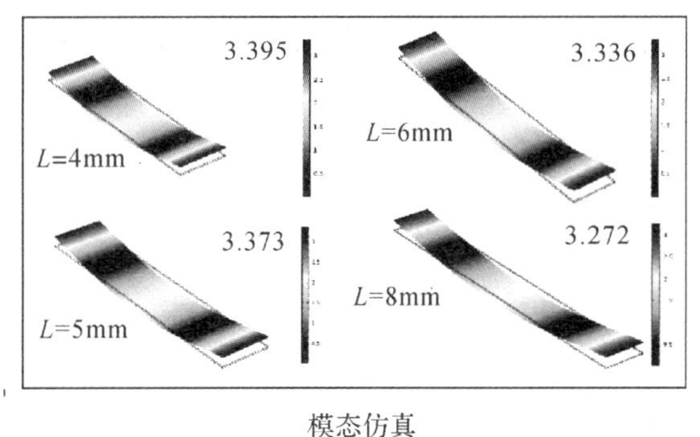

模态仿真

(b) 仿真结果图

图 3－1　磁弹性传感器尺寸参数优化的仿真结果

综合考虑，本书中所选择磁弹性传感器的最佳尺寸为 5 mm×1 mm×28 μm。通过缩小传感器的使用尺寸，可以提高传感器的灵敏特性。

3.2.2　表面生物修饰界面的处理与表征

由于磁弹性薄片 Metglas 2826MB 是铁基合金，极易被腐蚀氧化，性能不稳定。因此，实现磁弹性传感器的高性能应用，必须对其表面进行防腐蚀处理，并且为生物功能化修饰提供有效界面。

目前磁弹性传感器通常选择表面涂覆聚氨酯作为保护层，以防止基底材料被腐蚀氧化。研究表明，在传感器的表面处理过程中使用纳米材料可以极大提高传感器的响应性能[95]，其中纳米金颗粒(AuNPs)具有良好的生物相容性和无污染性，比表面积大，导电性和稳定性优良[96]，独特的物理化学性质使其得到了较为广泛的应用[97]。利用 AuNPs 对传感界面进行处理或者对生物化学大分子进行标记，可制成传感芯片或者用于信号放大[98]。因此，可以选择采用 AuNPs 沉积于磁致伸缩材料表面作为保护层，实现表面防腐蚀处理并提供生物修饰界面，对传感器表面进行优化，制备得到性能稳定的磁弹性传感芯片。具体处理工艺方法如下所示。

1. 磁控溅射技术镀膜

采用磁控溅射技术在磁弹性薄片表面依次溅射厚度为 100 nm 的 CrNPs 和 100 nm 的 AuNPs，其剖面结构如图 3-2 所示。

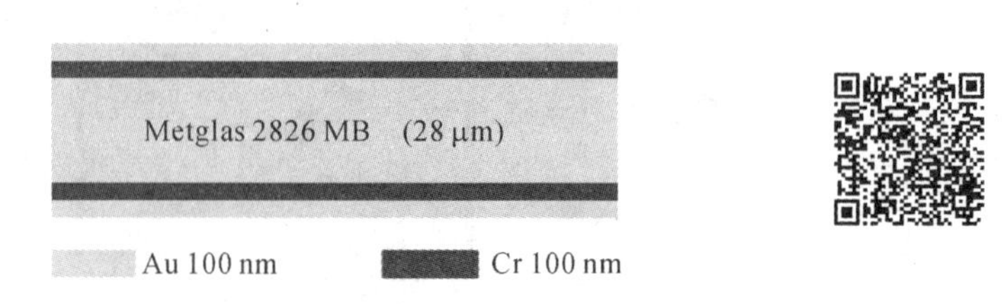

图 3-2 磁弹性传感芯片镀膜剖面结构示意图

磁控溅射是基于物理气相沉积的一种镀膜技术，它因具有溅射率高、镀膜面积大、附着力强、操作控制方便等优点而得到了广泛应用[99]。将样品磁弹性薄片分别置于酒精和去离子水中超声清洗 10 min，用氮气干燥，然后将清洗烘干后的样品置于磁控溅射仪(JGP560BV 型金属多层膜磁控溅射镀制系统)的托盘上。将溅射腔室抽真空 1.0×10^{-3} Pa，再以 60 cm^3/min 的速度引入氩气，最后将真空度调节至 1.0×0.15 Pa，设置电流功率为 100 W。通过等离子依次轰击铬靶材和金靶材，使得溅出的铬粒子和金粒子依次沉积到样品磁弹性薄片上，从而依次形成铬层和金层。铬层增强了金层与磁弹性薄片的黏着力，并对富含铁元素的基底材料形成了保护层，防止其在含盐环境中久置而导致基底材料逐渐腐蚀。金层提高了其生物兼容性，提供了功能化修饰的有效界面，有利于生物功能化材料的修饰固定。

2. 退火处理

将表面镀膜的磁弹性薄片置于真空干燥箱中 220℃退火处理 2 h，以消除表面残余应力[100]，提高磁能/机械能的耦合效率[101]，同时增强金层的黏附性，优化磁弹性传感器整体性能，由此可制备得到性能稳定的磁弹性传感芯片，实物图如图 3－3 所示。

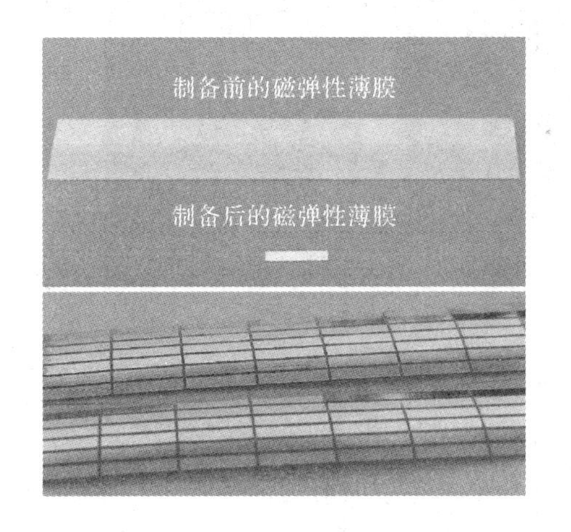

图 3－3　磁弹性传感芯片的实物图

利用扫描电子显微镜(SEM)和能谱仪(EDS)对制备好的磁弹性传感芯片的表面形貌和化学组分进行表征。图 3－4(c)所示是传感芯片表面的 EDS 图谱，结果显示 Au 元素含量最高，此外还有微量的 Fe 元素、Ni 元素和 O 元素。Fe 元素和 Ni 元素是材料基底中本身含有的组分，O 元素是传感芯片置于空气中表面存在少量氧化导致的。由此证明，经过上述工艺处理，AuNPs 可成功地沉积于传感芯片表面，并且未出现其他杂质。图 3－4(a)所示是传感芯片表面低放大倍数下的 SEM 图，从图中可以看到表面沉积的 AuNPs 分布均匀，表面较为平整、光洁。为了更清楚地观察其表面形貌，对其进行了高分辨 SEM 图表征，如图 3－4(b)所示。从图 3－4 中可以更为清晰地看到沉积的 AuNPs 呈球状，直径约为 100 nm，均匀且密集地固定于传感芯片表面。

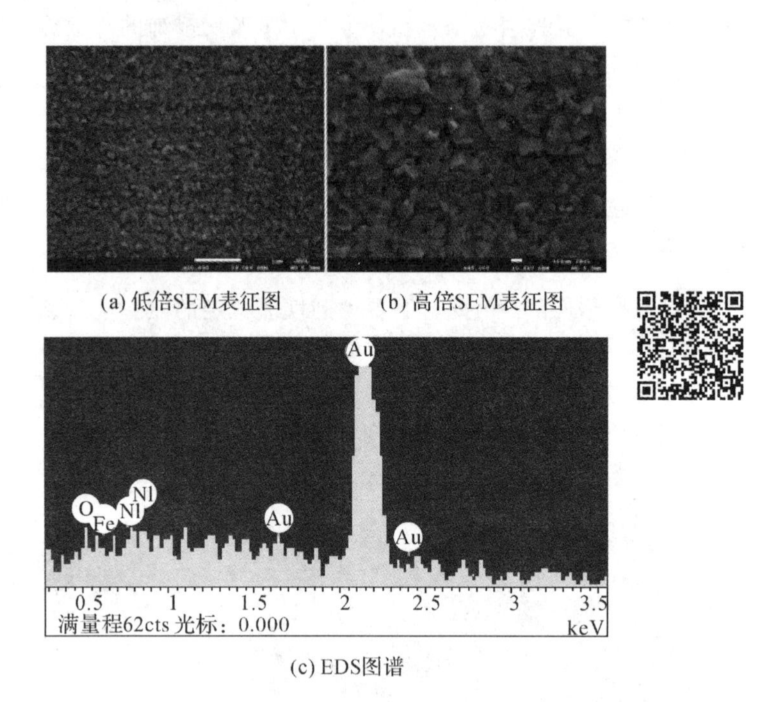

图 3-4　磁弹性传感芯片表面形貌及化学组分表征

图 3-5 所示是磁弹性传感芯片表面形貌的原子力显微镜(AFM)表征测试结果。AFM 图显示其表面粗糙度较小(R_a=0.423 nm)，这进一步证明传感芯片表面沉积的 AuNPs 分布较为均匀，与 SEM 测试结果吻合。

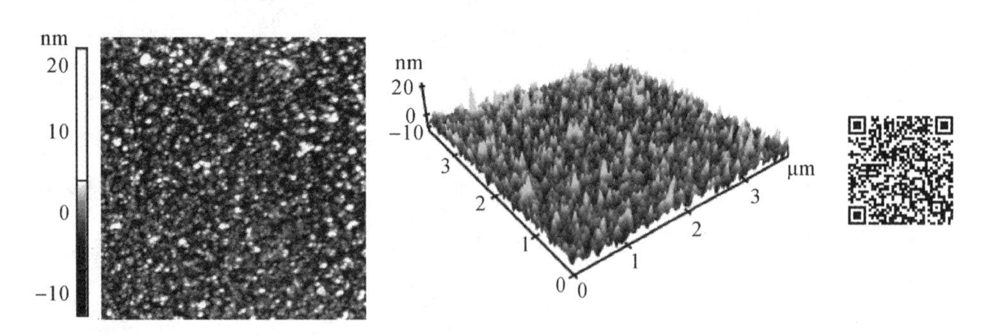

图 3-5　磁弹性传感芯片表面的 AFM 表征图

综合SEM、AFM和EDS测试结果证明，通过上述处理工艺，AuNPs可均匀地沉积于磁弹性传感芯片表面，采用沉积AuNPs的方法对传感芯片表面进行防腐蚀处理并提供生物修饰界面，优化了磁弹性传感芯片的表面特性，有效提高了其抗腐蚀性、稳定性和生物兼容性。

3.2.3　表面功能化修饰方法

磁弹性传感芯片要用于生化传感、特异性检测待分析物，必须对传感芯片表面进行进一步优化，修饰固定生物特异性识别分子，从而实现磁弹性传感器的制备。传感器实现特异性检测的关键在于表面的生物识别分子对靶分子的特异性识别，即需要选择有效的功能化方法将生物识别分子修饰固定于传感器表面，并且保持其生物活性和稳定性，同时传感器应具有良好的信号转换能力，可将分子识别过程转化成可测量的信号，对于微小的变化能实现信号放大。传感器表面的功能化修饰是磁弹性传感检测技术发展的核心，功能化材料的固定方式、数量、活性以及牢固性等因素直接影响传感器的特异性、重现性、稳定性、灵敏度和检测极限等特性。因此，研究传感器表面的功能化修饰方法对传感器表面性能优化至关重要。

表3－2总结了不同的功能化修饰方法的原理和特点。吸附法最为方便简单，易于制备，其中自组装法相比滴涂法和化学物理吸附法更为稳定牢固；包埋法由于将功能化材料包埋于聚合物中，需要透过聚合物膜进行扩散反应，响应时间会随之增加；生物亲和作用固定法虽然稳定性好，速度快，但是需要进行生物素和亲和素的标记，操作过程较为复杂；电化学法一般适用于电化学实验中；共价键合法操作方便且稳定性高，牢固性好，适用于多种传感界面修饰固定方式。我们通过对比分析不同方法的优缺点，综合考虑磁弹性传感芯片的界面特征，最终确定本书采用吸附法和共价键合法结合的方法对功能化材料进行表面修饰固定。

表 3－2 不同功能化修饰方法的对比

方法	原 理	特 点	文献
吸附法	通过范德华力、氢键、离子键、疏水相互作用等，将功能化材料修饰固定在传感器表面	可以应用于多种载体的表面生物分子修饰，并能保留其活性，操作简单、方便	[102]
共价键合法	通过化学修饰的方法，使得基底表面带上特定的活性基团，然后在活化剂和交联剂的作用下与功能化材料表面的活性基团反应，形成共价键	固定牢固，稳定性较好，适用于多种传感修饰固定方式	[103]
包埋法	将功能化材料包埋于聚合物的三维网状结构或者微胶囊结构中，防止生物活性材料渗出	对生物分子活性影响较小，但是所需反应时间较长，且不太稳定	[104]
生物亲和作用固定法	通过生物素和亲和素分别对载体表面和功能化材料进行标记	生物素比较容易活化，且与亲和素结合速度快，稳定性高，与蛋白质偶联效率高且不影响其活性	[105]
电化学法	利用氧化还原反应使得功能化材料在电极表面析出或者聚集，从而达到修饰的目的	通常被用于电化学实验中将聚合物修饰到电极表面	[106]

针对不同的目标待测物，可选择不同的功能化材料，采用吸附法和共价键合法相结合的方法对传感芯片表面进行生物修饰，从而实现磁弹性生物传感器的制备。

1. 吸附法

吸附法主要是通过范德华力、氢键、离子键、疏水相互作用等将功能化材料修饰固定于传感器表面，操作简单方便[102]。吸附法可用于多种载体的表面生物分子的固定，并能保留其活性，主要包括滴涂法、自组装法、化学或物理吸附法。其中，滴涂法是将功能化材料涂覆于载体电极的表面，或将载体表面浸入含有功能化分子的溶液中，或将含有修饰分子的溶液通过微量注射器滴加到载体表面。自组装法是形成一种稳定且具有良好有序性和致密性的单层或多层分子膜，其由构膜分子和基底材料之间的物理化学相互作用而形成。由于金属与硫之间容易形成化学键，因此通常利用含硫化学物质在金、银等金属表面形成 Au-S 键，从而进行修饰固定[107]。化学或物理吸附法是通过化学修饰载体表面或者功能化材料，使得它们带有可互相吸附的基团，或者使用对蛋白质具有高度吸附能力的非水溶性物质，如多孔玻璃、活性炭等进行物理吸附。

2. 共价键合法

共价键合法是通过化学修饰的方法，使得基底表面带上特定的活性基团，如—COOH、—NH_2、—SH、—OH 等，然后通过交联剂或者化学偶联活化剂的作用与功能化材料表面的活性基团发生化学反应，形成共价键，从而实现其固定。通常使用的交联剂是戊二醛、马来酰亚胺、二异硫氰酸酯等。该方法固定牢固，稳定性较好[103]。

采用吸附法可在磁弹性传感芯片的表面形成自组装分子层(SAM)。SAM 层由三部分组成：锚固定基团、烃链和相互作用基团，如图 3-6(a)所示。其中锚固定基团的目的是与基底形成牢固的连接，常用的有—SH、—OH、—$SiCl_3$ 等。本书采用—SH 作为锚固定基团，基于硫原子和金表面的强烈相互作用，利用含硫有机物中的—SH 在镀金芯片表面形成作用力较强的 Au—S 键；烃链垂直于芯片表面，长度可变，通过范德华力增强 SAM 的稳定性；相互作用基团位于烃链的末端，常见的有—NH_2、—COOH 等，在交联剂和偶联活化剂(EDC/NHS)的作用下与功能化材料中的功能基团形成共价键合作用力，从而达到功能化材料在磁弹性传感芯片表面修饰固定的目的，如图 3-6(b)所示。EDC/NHS 活化过程如下：EDC 用作偶联剂以活化—COOH，—COOH 先与 EDC 反应形成不稳定的氨基活性 O—酰基脲基团，该不稳定基团与 NHS 反应，生成半稳定的氨基反应活性 NHS 酯，—NH_2 取代 NHS 酯与—COOH 反应形成酰胺键，反应过程如图 3-7 所示；或者不加 NHS，不稳定的 O—酰基脲基团直接与—NH_2 反应，形成酰胺键，由于 EDC 活化的羧酸基团(O—酰基脲基团)易于水解，EDC 在 NHS 的作用下可以大大提高偶联效率。因此，本书选择 EDC 和 NHS 连用作为功能化材料修饰的活化交联试剂。具体功能化修饰的操作步骤将会在后续章节中分别进行详细介绍。

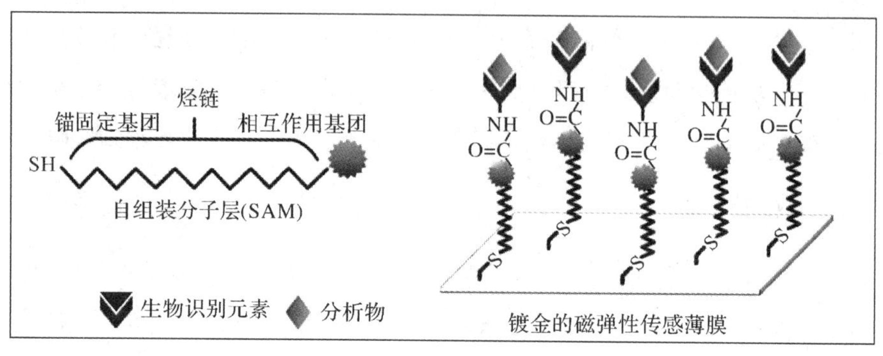

(a) SAM层的结构示意图

(b) 磁弹性传感芯片表面的功能化修饰原理示意图

图 3-6 共价键合法原理示意图

$$R\longrightarrow COOH \xrightarrow[NHS]{EDC} R-\overset{O}{\overset{\|}{C}}-O-N\text{(succinimide)} + R-NH_2 \longrightarrow R-\overset{O}{\overset{\|}{C}}-\underset{R}{\underset{|}{NH}}$$

NHS Ester

EDC：$(CH_2)_2N(CH_2)_3N{=}NCH_2CH_3$　　NHS：(N-hydroxysuccinimide, O=C–N(OH)–C=O ring)

图 3-7 功能化材料在 EDC/NHS 活化作用下与 SAM 层共价键合的反应过程示意图

3.2.4 表面功能化结构设计优化

为了优化磁弹性传感器的性能，提高传感器的灵敏度，进一步降低检出限，需要采用放大响应信号的测定方法对传感器表面功能化结构进行优化。常见的方法有蛋白质沉淀法、免疫沉淀法以及多种固相免疫测定方法，包括酶联免疫夹心法、间接法、竞争法、捕获包被法测抗体等，以上方法基本都是通过显色反应来实现检测。表 3-3 中对上述各种方法的特点进行了对比分析。磁弹性传感器是基于质量响应来实现传感的，因此本书对上述方法进行了改进，无须进行显色反应，直接利用其沉淀反应机制对传感器表面功能化结构进行优化，基于其质量响应放大作用实现对不同分析物的高灵敏检测。

表 3－3　不同免疫测定方法的对比

分析物	方法	适用范围	优点	缺点
抗原	双抗体夹心法测抗原	较为常用的抗原检测方法，适用于检测蛋白质大分子抗原	特异性较高	不能检测小分子抗原及半抗原
	竞争法测抗原	适用于小分子抗原，如激素和药物等	快，操作简单	需要较多的酶标抗原
抗体	双抗原夹心法测抗体	常采用该方法检测乙肝标志物中的抗 HBs	样本无须稀释	难点在于酶标记抗原的制备方法
	间接法测抗体	最常用的抗体检测方法	改变包被抗原即可利用同一酶标记抗体来实现相应抗体的检测	抗原的纯度要求较高
	竞争法测抗体	如果抗原样品中的干扰物不容易分离，或者抗原的纯度不容易达到很高，可选择该方法		

1. 蛋白质沉淀法

蛋白质的沉淀是指蛋白质由溶液中析出的现象。常用蛋白质沉淀法有盐析、有机溶剂沉淀、金属复合盐法等。由于蛋白质在碱性溶液中带负电荷，所以能和带正电荷的金属离子发生沉淀反应，形成蛋白质-金属离子复合物。

针对重金属离子的检测，基于重金属离子作用下蛋白质发生沉淀的原理，本书采用 BSA 功能化对磁弹性传感器表面进行改性优化。基于蛋白质沉淀法的磁弹性传感器表面的功能化结构如图 3－8 所示。铅离子检测中，铅离子与 BSA 发生沉淀反应形成复合物附着于传感器表面，引起传感器质量的改变，从而实现对铅离子的低剂量检测。

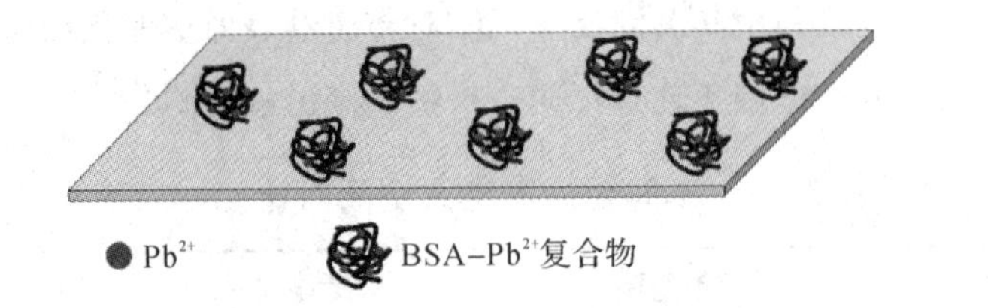

图 3-8 基于蛋白质沉淀法的磁弹性传感器表面的功能化结构示意图

2. 竞争法

竞争法适用于抗原检测以及抗体检测。以抗原检测为例，在固相载体表面连接特异性抗体，待测抗原和酶标记抗原竞争地与固相抗体发生结合反应，因此与固相结合的酶标记抗原数量反比于待测抗原的数量。竞争法适用于小分子物质检测。

针对农药小分子的检测，本书以阿特拉津(ATZ)为例，采用竞争法对磁弹性传感器表面的功能化结构(见图 3-9)进行优化，引入 ATZ-BSA 大分子偶联物放大质量效应。图 3-9(a)表示修饰 anti-ATZ 之后的传感器表面；图 3-9(b)表示待测溶液中全部为 ATZ-BSA 时，所有的抗体位点与 ATZ-BSA 结合，这时传感器的质量变化量最大；图 3-9(c)、(d)表示随着 ATZ 浓度增大，ATZ 逐渐与 ATZ-BSA 竞争地结合传感器表面的 anti-ATZ 分子，传感器的质量变化量逐渐减小，因此传感器的信号响应与 ATZ 浓度呈反比变化关系。ATZ-BSA 对传感器的质量变化的贡献作用远大于 ATZ，因此放大了传感器对待测物的质量响应信号，达到了低剂量检测小分子 ATZ 的目的。

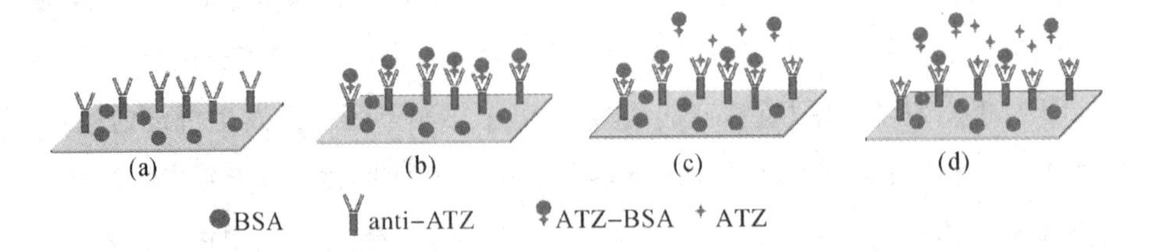

图 3-9 基于竞争法的磁弹性传感器的表面功能化结构示意图

3. 间接法

间接法是目前最常用的抗体检测方法。在固相载体表面连接特异性抗原，通过酶标抗体检测已经与固相结合的待测抗体，因此称之为间接法。该方法应该采用纯化度较高的抗原来改善测定的特异性。

针对 anti - CSFV E2 检测，本书采用间接法对传感器的表面功能化结构进行优化，如图 3 - 10 所示。在传感器的表面修饰 CSFV E2 抗原蛋白以特异性结合待测靶分子 anti - CSFV E2，通过待测抗体分子与酶标二抗的结合，引入碱性磷酸酶催化底物 BCIP/NBT 并产生沉淀附着于传感器表面，由此，对传感器的质量变化响应起到放大作用。

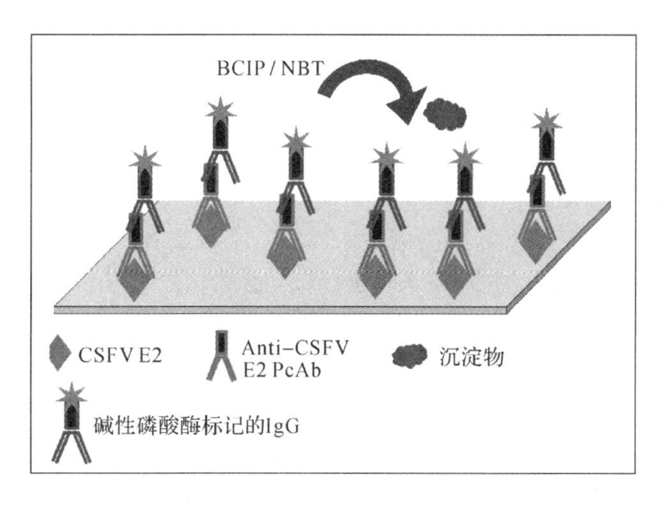

图 3 - 10　基于间接法的磁弹性传感器表面功能化结构示意图

4. 免疫沉淀法

针对 CSFV 和癌症标记物 CEA 的检测，本书分别采用 anti - CSFV IgG 和 CEA - Ab 功能化修饰对传感器的表面进行改性优化。通过抗原-抗体的特异性结合沉淀反应，实现对待测抗原大分子的特异性检测。

综上所述，针对目前磁弹性传感器应用于重金属离子、小分子抗原、抗体分子以及大分子抗原检测的局限性，本章分别采用蛋白质沉淀法、竞争法、间接法以及免疫沉淀法优化传感器的表面功能化结构设计(相应的表征及检测结果分别在后续章节中进行讨论验证)，放大响应信号，为实现高性能磁弹性传感器的制备及功能拓展提供了有效方法。我们通过改变功能化材料即可应用于多种同类型物质检测，丰富了所构建磁弹性传感器的种类和应用范围，为磁弹性传感器的进一步发展与实际应用提供了方法支撑。

3.3 磁弹性传感器共振频率的测量方法

基于磁弹性传感器将待测信息转换为共振频率信号输出的工作原理，共振频率的测量对于其实际应用起着关键性的作用。以下是几种现有测量方法的介绍。

3.3.1 时域测量法

时域测量技术中，在正弦脉冲磁场的激励下，磁弹性传感器会产生衰减振动，而衰减振动可体现共振频率的特征，因此对传感器衰减响应信号进行检测分析即可获得该传感器的共振频率。通常检测衰减响应信号的方法有两种：快速傅里叶变换法(FFT)和频率计数法[108]。快速傅里叶变换法(FFT)是将时域信号转化成频率谱，频率谱曲线的峰值所对应的频率点就是传感器的共振频率。频率计数法是通过计算一定时间段内振动次数来测定传感器的共振频率，如图 3-11 所示。尽管原理简单，易于实现，但是该种方法不能很好地分析量化传感器振动的特性参数。时域测量法可采用二个线圈来完成传感器共振频率的测量，其中一个作为激励线圈以产生脉冲信号激励待测传感器伸缩振动，另一个作为检测线圈以检测待测传感器的振动响应，如图 3-12(a)所示。也可以采用单个线圈通过电子开关分开进行激励和检测，由此来完成共振频率的测定，如图 3-12(b)所示。但后者方法实现上相对复杂。

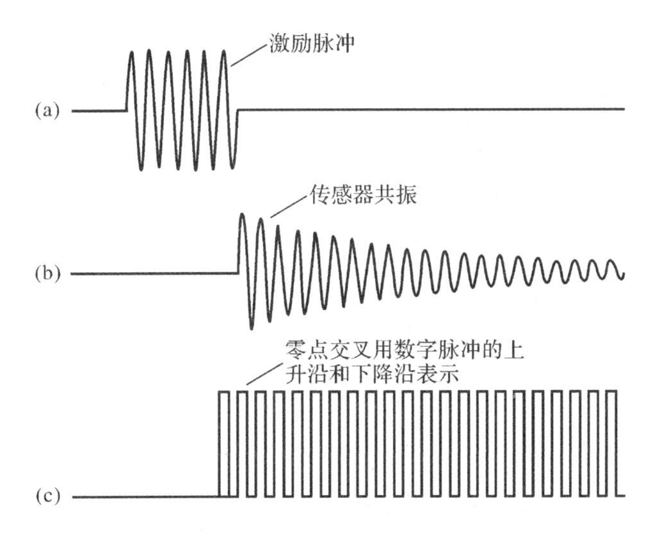

图 3-11 频率计数法测定传感器共振频率示意图

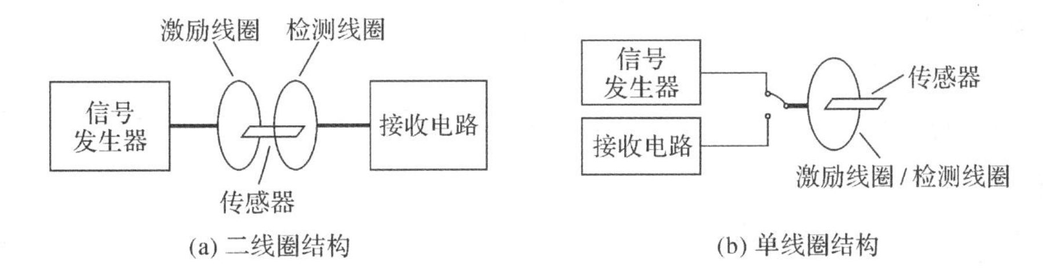

图 3-12 时域法测量结构

3.3.2 频域测量法

频域测量法[109]是基于激励-检测双线圈结构的扫频测定法，其测量方法是：激励线圈和检测线圈构成双线圈结构，激励线圈用于产生频率固定的稳态激发信号，检测线圈则用来接收在固定激发频率下的传感器响应。在预先设定的频率范围内逐渐增大激发信号的频率，测量在所有激发信号点处的传感器的响应值，那么传感器响应振幅最大处的频率值即为共振频率，磁弹性传感器对正弦脉冲激励信号的响应如图 3-13 所示。由于该方法需要采用两个线圈，结构相对复杂且不利于实现测试系统体积的小型化。

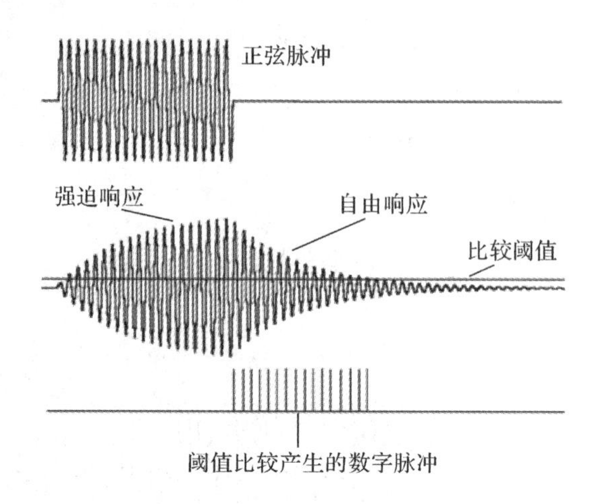

图 3-13 磁弹性传感器对正弦脉冲激励信号的响应

3.3.3 阻抗测量法

阻抗测量法是将磁弹性传感器插入感应线圈中，将一定频率范围内的正弦激励信号施加在感应线圈上，测量在不同频率下感应线圈的阻抗值。由于传感器的磁导率会在发生共振时显著增加，那么当施加于线圈的激励信号的频率与传感器共振频率一致时，线圈的阻抗值会达到最大。因此，磁弹性传感器的共振频率可以通过测量阻抗谱曲线上的峰值对应的频率点来获得[110]，含有磁弹性传感器的线圈阻抗谱如图 3-14 所示。该方法的结构简单，只需要单个线圈即可，更加容易实现系统设计的微型化与小型化。因此，本书基于阻抗法来实现共振频率测量系统的设计，其电路原理框图如图 3-15 所示。

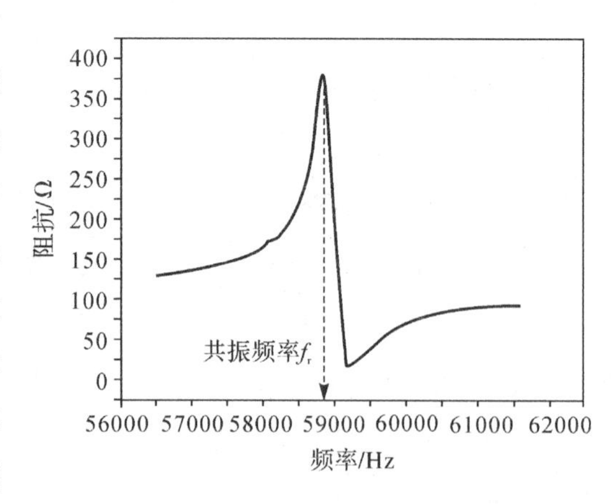

图 3-14 含有磁弹性传感器的线圈阻抗谱

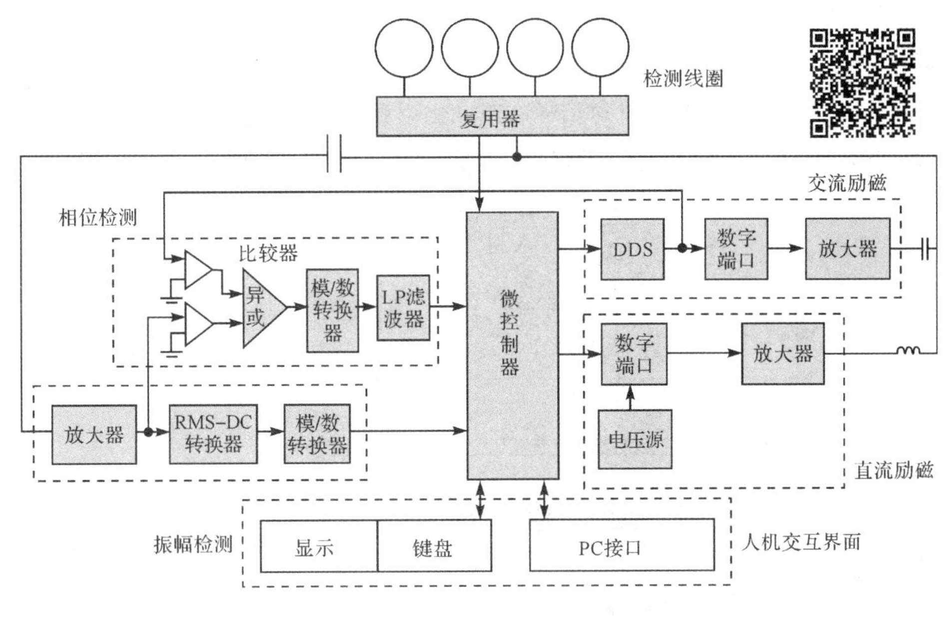

图 3-15　基于阻抗测量法的电路原理框图

3.4　基于矢量网络分析仪的共振频率测试系统

3.4.1　测量原理

磁弹性传感器利用共振频率的改变量获取待测物的信息，共振频率改变量的计算则需要测试传感器的共振频率。基于磁弹性传感器的无线无源特性，其共振频率可以通过线圈监测由振动产生的磁通量变化进行测量[111]。因此，其共振频率可以通过电学方法测量。

类似光学中透镜对光束的反射、吸收、折射作用，电学中当激励信号通过一个器件时，其中一部分会发生反射，一部分被该器件吸收，剩余部分则会通过该器件。矢量网络分析仪可以精确测量入射信号、反射信号和传输信号，并且通过比值法 S 参数定量地描述被测器件的反射和传输特性。S 参数是微波传输中的重要参数，包括 S_{11}、S_{12}、S_{21} 和 S_{22}。如图 3-16 所示，将被测器件等效成一个双端口网络模型，U_{i1} 和 U_{r1} 分别是端口 1 的入射信号和反射信号的归一化幅度，U_{i2} 和 U_{r2} 分别是端口 2 的入射和反射信号的归一化幅度。如果入射信号只从端口 1 输入，那么 U_{i2} 为零，端口 1 的反射系数 S_{11} 和传输系数 S_{21} 分别为

$$S_{11}=\frac{\text{反射信号}}{\text{入射信号}}=\frac{U_{r1}}{U_{i1}} \tag{3-3}$$

$$S_{21}=\frac{\text{传输信号}}{\text{入射信号}}=\frac{U_{r2}}{U_{i1}} \tag{3-4}$$

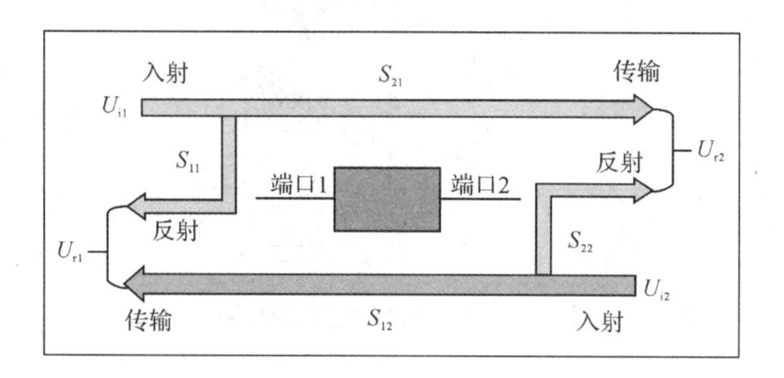

图 3-16 双端口网络模型 *S* 参数之间的关系

反之，如果入射信号只从端口 2 输入，那么 U_{i1} 为零，端口 2 的反射系数 S_{22} 和传输系数 S_{12} 分别为

$$S_{22}=\frac{\text{反射信号}}{\text{入射信号}}=\frac{U_{r2}}{U_{i2}} \tag{3-5}$$

$$S_{12}=\frac{\text{传输信号}}{\text{入射信号}}=\frac{U_{r}}{U_{i2}} \tag{3-6}$$

因此，采用矢量网络分析仪通过监测 S_{11} 参数即可实现对磁弹性传感器共振频率的测量。线圈的两端分别作为端口 1 和端口 2，矢量网络分析仪产生交流激励信号经过电缆输入到线圈。交流输入信号通过线圈则会产生交变磁场，从而激励磁弹性传感器发生振动。当传感器没有发生振动时，入射信号基本等于反射信号，即 $S_{11}=1$；与之相反，当传感器振动时，其磁导率急剧变化，阻碍线圈中磁通量的变化，产生了消除部分反射信号的干扰信号，即 $S_{11}\neq1$。当传感器的振动频率等于交变磁场的频率时，传感器在共振频率点达到共振状态，振动幅度达到最大，电磁能转化为机械能效率最高，振动损耗最大，所以反射系数

S_{11}最小，即S_{11}在频谱曲线上波谷位置相对应的频率是传感器的共振频率。

3.4.2　系统设计

本节介绍了基于矢量网络分析仪的共振频率测试系统，系统结构如图3-17所示。系统包括矢网仪、试管、铜线、磁铁和位移平台。在试管表面缠绕铜线得到线圈，线圈直径的大小直接决定了测量传感器响应信号的强弱，因此分别测试了传感器在不同直径(2 mm、2.5 mm、3 mm、3.5 mm)线圈中的信号强弱，结果发现线圈直径较大时几乎测不到其信号。由于传感器尺寸较小，线圈直径越小其信号强度越大，如图3-18所示。随着线圈直径减小S_{11}曲线的波谷逐渐变深，同时考虑到传感器宽度为1 mm，试管直径太小时不易操作，最终本书选择采用外径3 mm、内径2 mm的试管缠绕线圈。

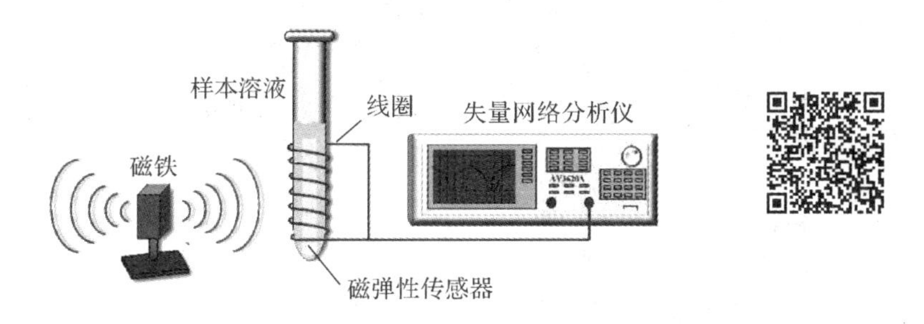

图3-17　无线磁弹性传感器的共振频率测试系统结构示意图

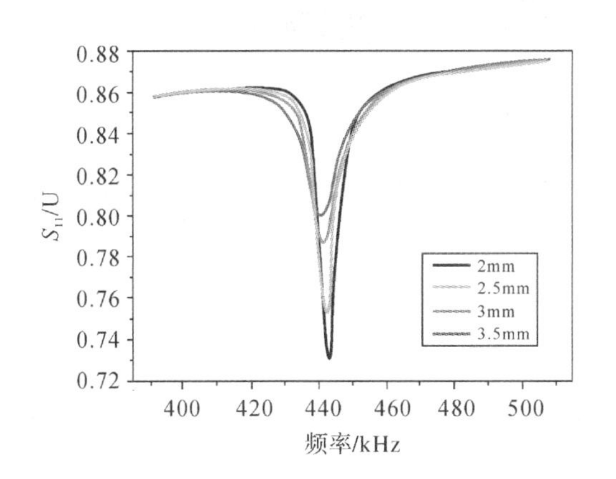

图3-18　磁弹性传感芯片在不同直径线圈中测量得到的S_{11}曲线图

图 3 - 19 是搭建的系统实物图，我们利用直径为 0.2 mm 的铜线在外径 3 mm、内径 2 mm 的试管上缠绕得到线圈，将磁弹性传感器垂直插入试管内部，把矢网仪通过 50 Ω 同轴电缆连接到线圈，为线圈提供一个扫频信号，同时监测线圈反射回来的信号。将线圈的一端连接到同轴电缆的铜芯，另一端连接到电缆的金属外壳。采用磁铁施加恒定磁场以增强传感器的应变幅度，磁铁选用尺寸为 3 cm×2 cm×1 cm 的永磁铁，将其固定于位移平台，可以实现它与线圈的距离和角度精确调节。

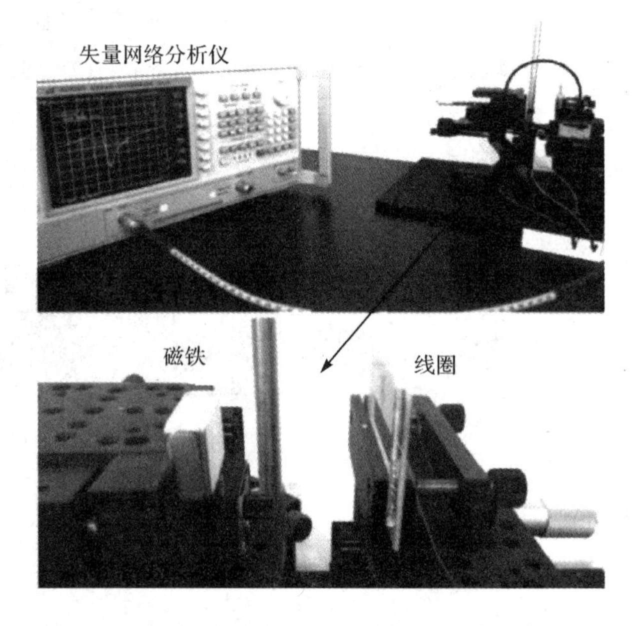

图 3 - 19　无线磁弹性传感器的共振频率测试系统实物图

矢网仪 AV3620A 的频率扫描范围为 30 kHz～3 GHz，频率分辨率是 1 Hz。我们采用 S_{11} 参数测量的工作模式，将扫频范围设置为 430～460 kHz，设置扫描点数为设备可允许最大值 1601，扫描点数越大则测量精度越高。为了提高测量结果的稳定性和准确性，把 16 次测量的平均值作为最终测量结果。测量磁弹性传感器共振频率的具体操作步骤如图 3 - 20 所示。

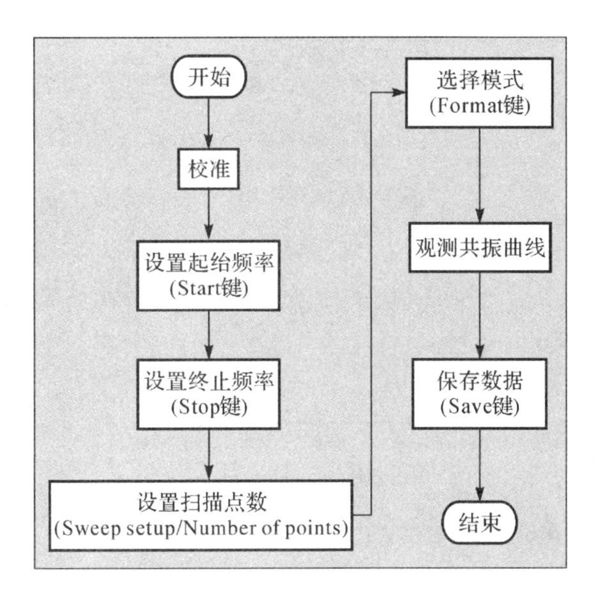

图 3-20　测量磁弹性传感器共振频率的操作流程示意图

3.4.3　系统测试

利用设计的共振频率测试系统对制备好的磁弹性传感芯片进行实验测试，将待测传感芯片垂直放入线圈缠绕的小试管中，然后设置矢量网络分析仪的起始扫描频率为 380 kHz，终止频率为 500 kHz，设置扫描点数为 1601，设置数据模式为线性幅值。调节磁铁位置，观测曲线变化，找到曲线较为平滑且波谷最深的位置进行测量。图 3-21 中显示了将传感芯片放入试管之前和之后分别获得的 S_{11} 测试曲线。在放置待测传感芯片之前，曲线较为平坦没有幅度变化。在放入传感芯片之后，曲线出现了一个共振峰，该共振峰是在交变磁场和外加恒定磁场的作用下传感芯片共振而引起的，对应于共振峰波谷最低处的频率即为传感芯片的共振频率。测试结果显示，磁弹性传感芯片在空气中的共振频率大约为 445 kHz，与理论值相吻合。因此，通过减小线圈直径，成功地实现了小尺寸磁弹性传感器的共振频率的测量。

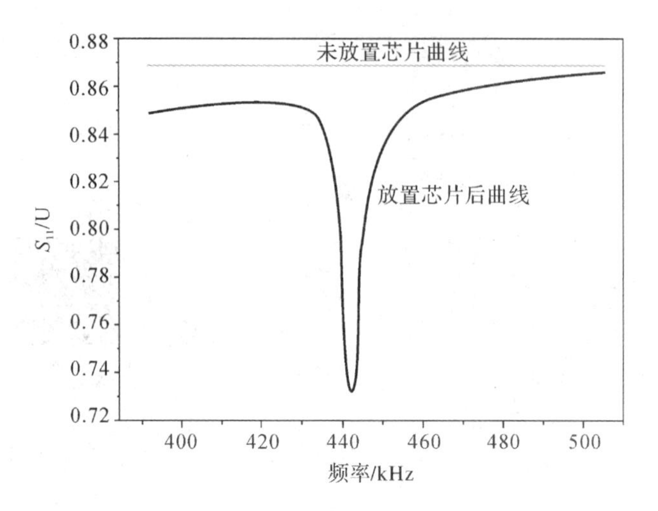

图 3－21 测量磁弹性传感芯片共振频率的 S_{11} 曲线图

3.5 基于 AD5933 阻抗转换器的磁弹性传感器共振频率测试系统

基于 AD5933 的磁弹性传感器共振频率测试系统主要由计算机、线圈、磁铁和阻抗测量模块构成。其中，计算机与阻抗测量模块通过串行接口相连，计算机发出控制信号，设置起始频率、终止频率和扫描点数等，控制阻抗测量模块产生一定频率范围内的正弦波扫频信号，驱动线圈产生交变磁场，磁铁为测量系统提供合适的恒定偏置磁场。交变磁场驱使待测磁弹性传感器以 2 倍的交变磁场频率振动，偏置磁场可以消除磁弹性传感器的倍频效应，使其振动频率与交变磁场的频率相同，还可以调节传感器的应变特性。在交变磁场和偏置磁场的共同作用下，磁弹性传感器发生振动。阻抗测量模块可以测量每个频率点处线圈的阻抗值，并通过串行接口发送给计算机，计算机根据一系列的阻抗值通过软件计算最终得出待测磁弹性传感器的共振频率。

图3－22为实际搭建得到的磁弹性传感器共振频率测试系统图。白色金属盒子为测量系统的核心部件阻抗测量模块，通过9 V电池对其进行供电。阻抗测量模块的信号输入、输出两个端口分别与线圈的两端连接。磁铁为测量系统提供合适的偏置磁场，我们可以通过移动磁铁的位置来改变磁场的大小。测量过程中，我们将待测磁弹性传感器放入线圈中，通过软件设置扫频信号的起始频率、终止频率以及扫描点数等信息。阻抗测量模块扫频得到一系列线圈的阻抗谱信息，计算得出待测传感器的共振频率值，在液晶屏上显示出来，并通过串行接口将测量得到的线圈阻抗谱数据发送到计算机。计算机可通过专业数据绘图及分析软件得到线圈的阻抗谱图，可以更直观地显示。

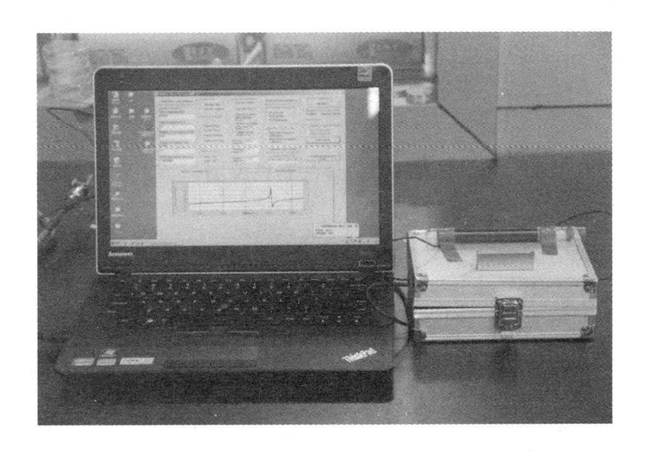

图3－22　基于AD5933的磁弹性传感器共振频率测试系统

3.5.1　阻抗测量模块的硬件电路

阻抗测量模块主要由单片机控制电路、AD5933阻抗转换器电路、RS－232串行通信接口电路、液晶显示电路以及电源电路构成，如图3－23所示，阻抗测量模块的核心为AD5933阻抗转换器电路，AD5933芯片是美国Analog Devices公司推出的一款高精度阻抗转换器芯片。其内部集成了正弦波信号发生器、低通数字滤波器、模数转换器等一系列的阻抗转换电路，可以提供磁弹性传感器共振频率测量所需的交流激励信号，同时可以测量线圈的阻抗谱信息，因此该芯片可以极大地简化传感器共振频率测量系统的电路设计，减少了原有所需芯片的数量和印刷电路板的面积。单片机控制电路通过 I^2C 串行总线控制 AD5933 阻抗转换器芯片发出扫频信号，并读取芯片实部和虚部寄存器中测量得到的线圈阻抗谱值，计算并在液晶屏上显示结果，同时通过串行接口将数据发送到计算机。

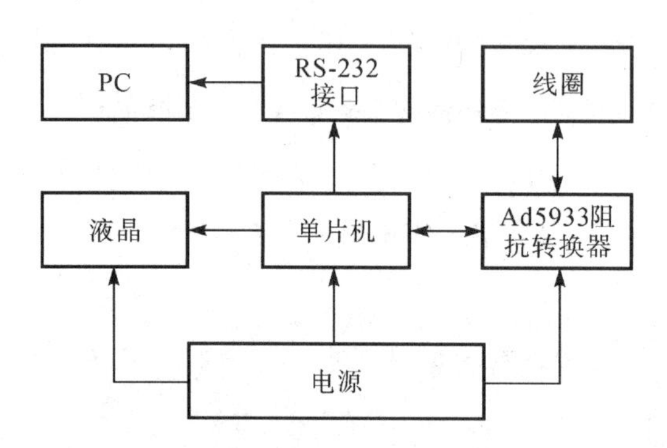

图 3-23　阻抗测量模块的系统框图

1. 单片机控制电路

单片机控制电路选用美国 Texas Instruments 公司的 MSP430F169 单片机，这是一种低功耗、具有精简指令集(RISC)的混合信号处理器。MSP430F169 采用高性能 16 位的架构，具有处理能力强、运算速度快、超低功耗、片上资源丰富等特点。其片上集成了 I^2C 串行总线和 UART 串行接口，可同时完成 AD5933 的控制以及同计算机通信的工作。该单片机的功耗极低，最低功耗只有 0.1 μA，非常适用于电池供电的便携式装置设计。图 3-24 所示为 MSP430F169 单片机的控制电路图。MSP430F169 的第 8、9 引脚与 32 768 Hz 晶振连接，第 52、53 引脚与和 8 MHz 晶振相连接；第 58 引脚与复位电路连接；第 29、31 引脚为 I^2C 串行总线接口，与 AD5933 芯片对应的引脚相连，用于控制信号和数据信号的输出和读取；第 34、35 引脚与 RS-232 串行接口通信电路相连，用于与计算机之间的数据通信；第 20～22 和第 36～43 引脚与液晶显示电路对应的管脚连接，用于数据结果的显示；第 1 引脚与电源电路相连，为单片机提供工作所需的 3.3 V电压。

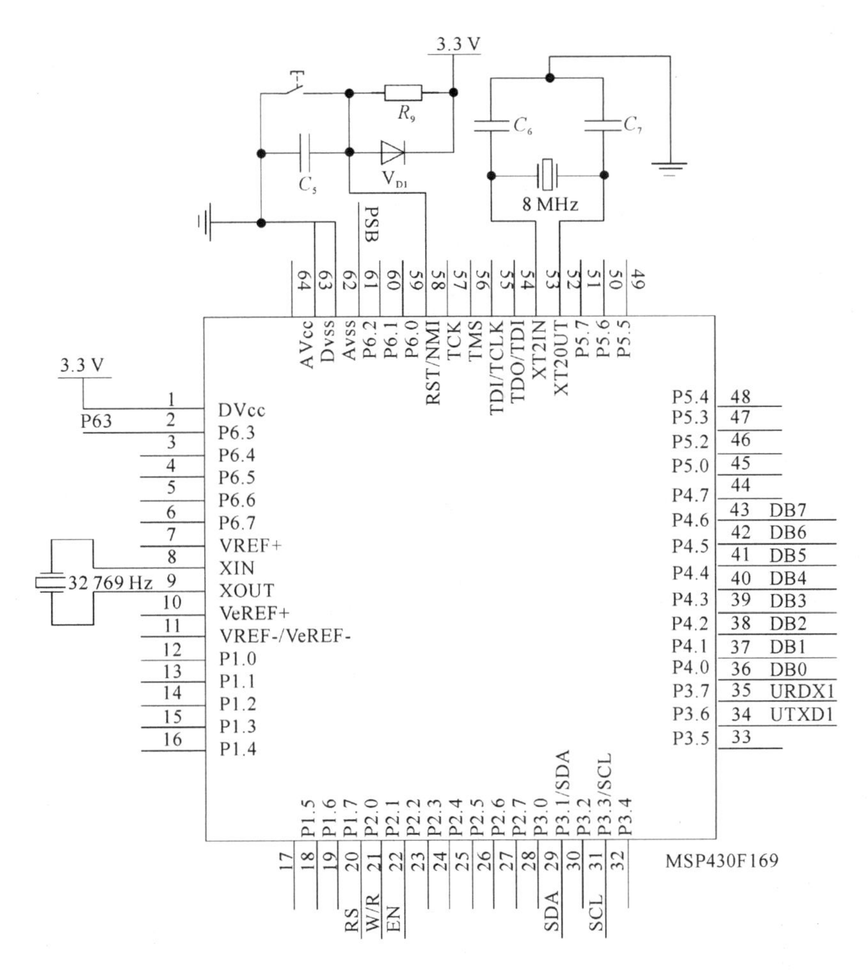

图 3－24　MSP430F169 单片机的控制电路图

2. AD5933 阻抗转换器电路

AD5933 是一款高精度的阻抗转换器系统解决方案芯片，片上集成了 27 bit的数字信号发生器与 12 位、1 MS/s 的模/数转换器(ADC)等功能模块，如图 3－25 所示。该数字信号发生器可发出扫频交流信号，最小分辨率可达 0.1 Hz，可完成 1～100 kHz 的交流信号频率输出。数字信号发生器产生交流信号激励外部负载阻抗，片上模数转换器可以采样并量化每个频率点处的响应信号。将数据由芯片上数字信号处理器进行离散傅里叶变换处理，最终得到每个频率点的实部和虚部数据，返回到芯片上对应的寄存器中，再由单片机通过 I²C 串行总线进行读取。

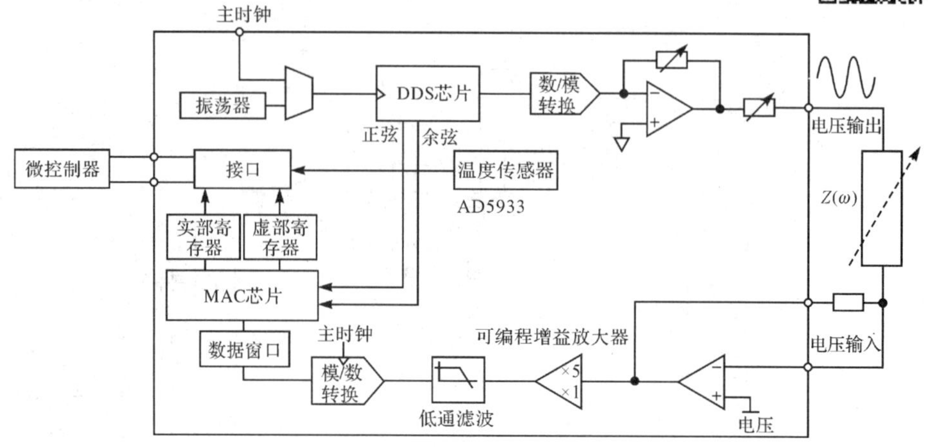

图 3-25　AD5933 阻抗转换器芯片的功能框图

AD5933 阻抗转换器的电路如图 3-26 所示。

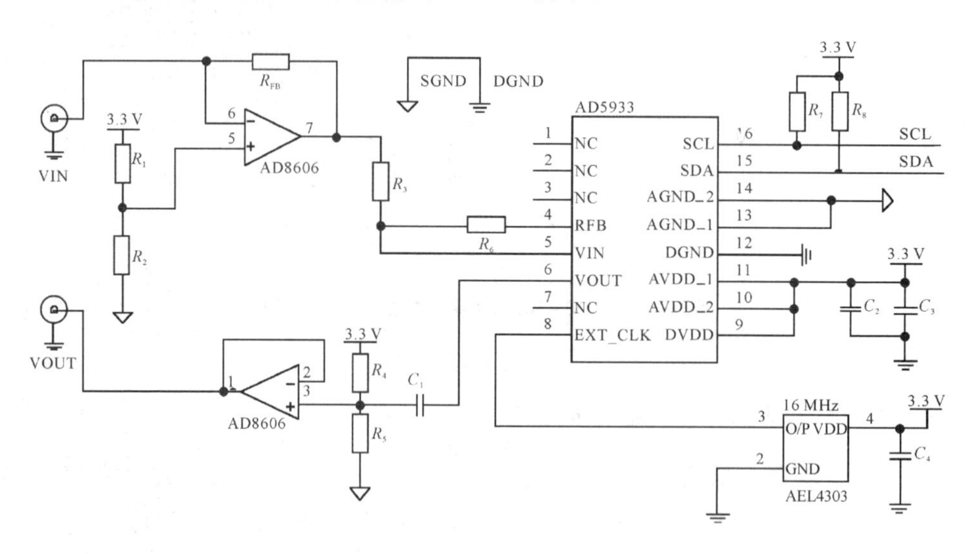

图 3-26　AD5933 阻抗转换器的电路图

AD5933 芯片的第 8 引脚为外部时钟输入引脚，与一个 16 MHz 的有源晶振相连接，以提供稳定的时钟信号；第 15、16 引脚为 I²C 串行总线接口，分别与单片机 MSP430F169 的 29 和 31 引脚连接，用于控制信号和测量数据信号的传递和读取；第 5 和 6 引脚分别为 VIN 和 VOUT，用于连接待测外部负载的两端。由于用于磁弹性传感器共振频率测量的线圈阻抗值较小，通过线圈后信号电流较大，可能超出 AD5933 芯片中信号输入端片上转换器的转换范围，因此在 AD5933 信号的输入端加入了信号放大电路，用于减小输入电流，保证信号采集顺利进行。AD5933 的信号输出引脚外部加入了射随器电路，用于信号隔离，防止响应信号对输出信号产生影响。AD5933 采用 3.3 V 的工作电压，第 9、10、11 引脚与电源电路相连获取工作电压。

3. RS－232 串行通信接口电路

阻抗测量模块采用了 RS－232 串行接口来完成与计算机之间的数据通信，其电路如图3－27所示。串行接口芯片 MAX3232 仅仅用 4 个 0.1 μF 就可完成串行接口所需的电平间转换，电路设计得非常简单。芯片的第 11、12 引脚分别与单片机 34 和 35 引脚相连，获取单片机发出的串行数据；第 13、14 引脚为电平转换完成后的数据输出引脚，与 RS－232 接口的对应管脚连接，该芯片工作电压为 3.3 V。

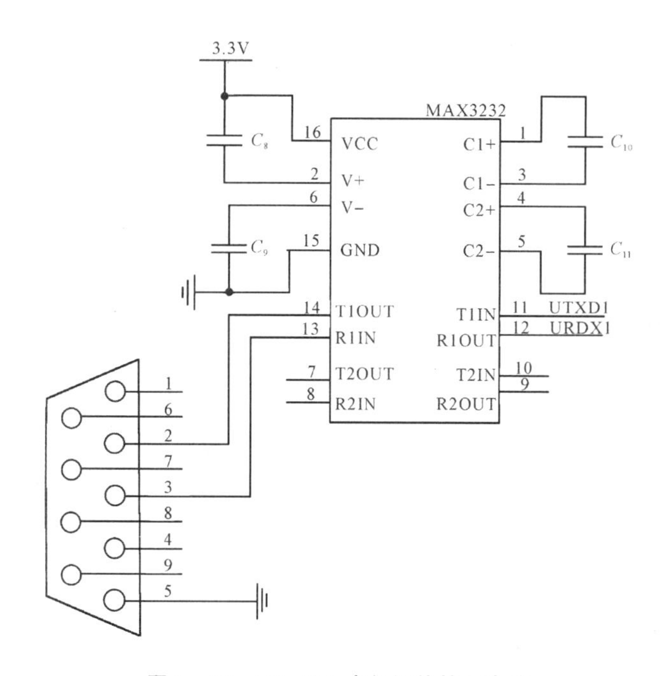

图 3－27　RS－232 串行通信接口电路

4. 液晶显示电路

液晶显示电路采用 YM12864 汉字图形点阵液晶显示模块，内置了 8193 个中文汉字、128 个字符，可以显示测量结果等，其电路如图 3－28 所示。该液晶屏具有 20 个管脚，分别与单片机的第 20～22、36～43、61 引脚连接，这些管脚用于指令/数据的选择及传输、串/并行接口的选择、液晶背光开关等的控制选择，液晶屏的工作电压为 5 V。

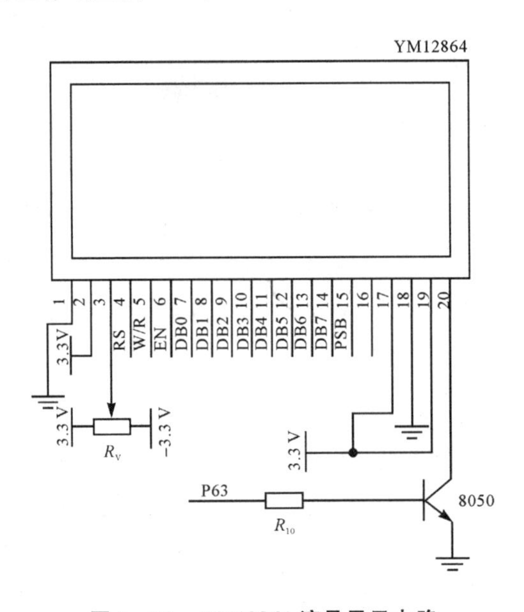

图 3－28　YM12864 液晶显示电路

5. 电源电路

电源电路为整个阻抗测量模块提供所需的工作电压，分别向 MSP430F169 单片机电路、AD5933 阻抗转换器电路、RS－232 串行通信接口电路提供3.3 V 工作电压，以及向 12864 液晶显示电路提供 5 V 工作电压。测量模块采用9 V 电池供电，电压转换芯片采用 Analog Devices 公司的高精度低压差线性稳压器 ADP3303 系列，分别选用了ADP3303AR3.3和 ADP3303AR5 两款型号，用于将 9 V 电池电压转换为测量模块所需的 3.3 V 和 5 V 工作电压，电路如图3－29所示。

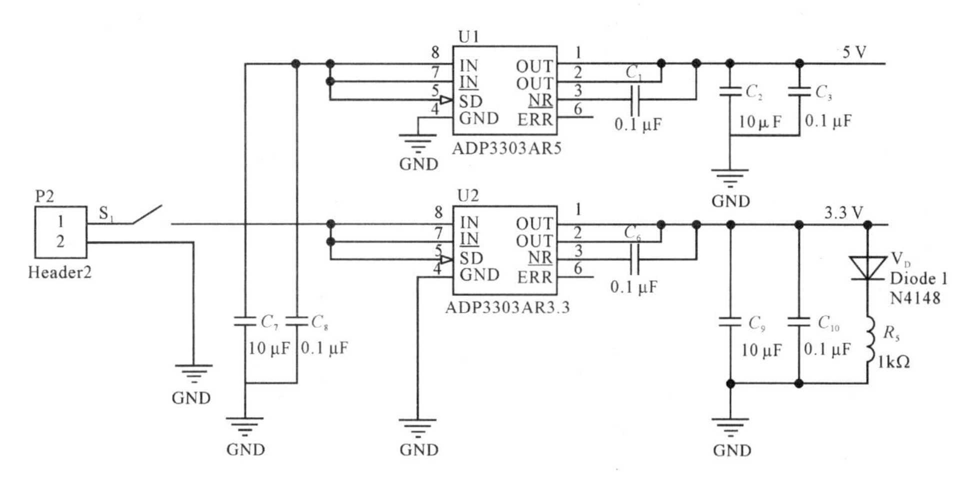

图 3 - 29　电源电路图

3.5.2　阻抗测量模块的软件设计

MSP430F169 单片机是阻抗测量模块的核心控制器，需要对其进行软件编程设置来完成与计算机之间的数据通信。单片机通过与 AD5933 之间的数据读取和控制功能，从而得到线圈阻抗谱信息，最终计算出待测磁弹性传感器的共振频率值。图 3 - 30 所示为单片机的软件流程图。

首先，需对 MSP430F169 单片机进行初始化，设置其系统时钟频率，对其串口 1 和 I^2C 接口等模块对应的配置寄存器进行设置。然后 MSP430F169 单片机将事先设置好的频率扫描参数通过 I^2C 总线接口写入 AD5933 芯片对应的寄存器，分别是起始频率寄存器(地址为 0x82、0x83 和 0x84)、频率增量寄存器(地址为 0x85、0x86 和 0x87)和扫描点数寄存器(地址为 0x88 和 0x89)，并向芯片控制寄存器发出复位命令，将 AD5933 置于待机模式下。起始频率寄存器里设置的是扫频交流信号的初始频率，频率增量寄存器设置的是两个相邻扫描频率点的频率增值，这两个寄存器都是 24 位的。扫描点数寄存器设置的是扫频信号的频率点数，其最大可置为 511。例如，假如设置初始频率是 40 kHz，频率增量是 5 Hz，扫描点数是 200，则 AD5933 输出的扫描交流信号的初始频率是40 kHz，第 2 个频率点是 40.005 kHz，第 3 个频率点是 40.01 kHz……直到第 200 个频率点是 42 kHz，扫描完成。

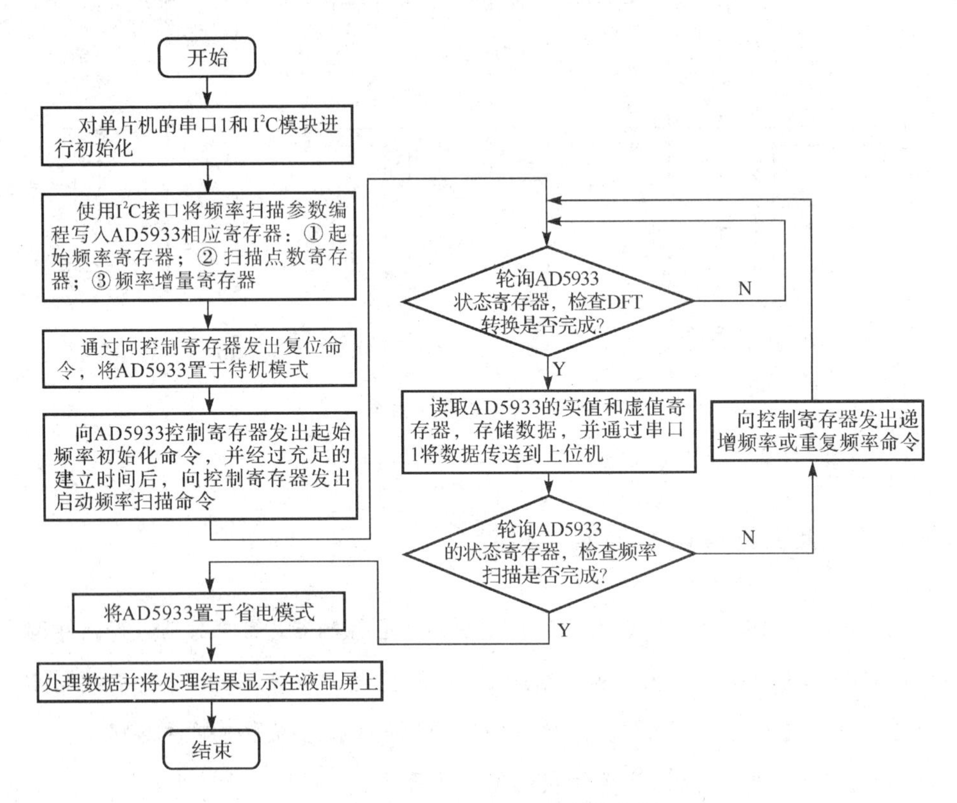

图 3-30 MSP430F169 软件流程图

之后，MSP430F169 单片机向 AD5933 的控制寄存器发出频率初始化的命令，并进行一段延时，使 AD5933 芯片有充分的时间进行硬件配置，再发出启动频率扫描命令，AD5933 以初始频率发出交流激励信号，扫描开始。单片机不断地读取 AD5933 的状态寄存器，检查离散傅里叶变换是否完成，即实值/虚值寄存器是否有效。若变换完成，则读取 AD5933 的实值寄存器 R(地址为 0x94 和 0x95)和虚值寄存器 I(地址为 0x96 和 0x97)，并根据式(3-7)求其阻抗幅值并存储数据，同时通过串口 1 将数据传送到计算机。

$$\text{Magnitude}=\sqrt{R^2+I^2} \tag{3-7}$$

接下来，读取 AD5933 状态寄存器(地址 0x8F)的信息查看频率扫描是否完成，若完成，则将 AD5933 置于省电模式下，计算处理得到的阻抗谱数据，阻抗谱图中最高峰值对应的频率点即为待测磁弹性传感器的共振频率值；若频率扫描未完成，则向 AD5933 控制寄存器发出递增频率或者重复频率命令，继续完成上述流程，直到频率扫描完全完成。表 3－4 为 AD5933 控制寄存器中 D12～D15 位代表的功能信息，可以将控制字写入对应的位置完成上述的一系列芯片控制。AD5933 通过设置控制寄存器(D9 和 D10 位)输出 4 个不同电压幅值的交流激励信号，如表 3－5 所示。表 3－6 为 AD5933 芯片状态寄存器的状态信息，我们可以通过读取状态寄存器的信息中的内容判断频率扫频是否完成，离散傅里叶变换是否完成等。

表 3－4　AD5933 的控制寄存器中 D12～D15 位对应的功能

D15	D14	D13	D12	功能信息
0	0	0	0	无操作
0	0	0	1	以起始频率初始化
0	0	1	0	启动频率扫描
0	0	1	1	递增频率
0	1	0	0	重复频率
1	0	0	0	无操作
1	0	0	1	测量温度
1	0	1	0	省电模式
1	0	1	1	待机模式
1	1	0	0	无操作
1	1	0	1	无操作

表 3－5　AD5933 的控制寄存器中 D10 和 D9 位对应的输出电压范围

D10	D9	范围编号	输出激励电压幅度(峰-峰值)
0	0	1	2.0V
0	1	4	200mV
1	0	3	400mV
1	1	2	1.0V

表 3-6 AD5933 状态寄存器的状态信息

控制字	功能信息
0000 0001	温度测量有效
0000 0010	实值/虚值有效
0000 0100	频率扫描完成

3.5.3 测试分析

我们对设计搭建完成的磁弹性传感器共振频率测量系统进行测试分析，验证该测试系统的精度及稳定性。这里采用的待测磁弹性传感器是铁基非晶合金 Metglas 2826MB(Fe40Ni38Mo4B18)磁弹性材料，尺寸为 37 mm×6 mm×30 μm，该尺寸的传感器被广泛用于超市防盗标签的制作。

该尺寸的 Metglas 2826MB 材料的共振频率大约为 60 kHz，因此设置 AD5933 芯片的扫描频率参数为 54 kHz，频率增量为 20 Hz，扫描点数为 500 个，输出频率范围为 54～64 kHz 的交流信号。

在 AD5933 起始频率、频率增量寄存器的设置过程中，需要将所需设置的参数转换为 AD5933 可识别的格式。其中，起始频率的转换公式是：

$$\text{Start\_frequency\_code} = \left(\frac{\text{Start\_frequency}}{\text{MCLK}/4}\right) \times 2^{27} \tag{3-8}$$

在这里，测试需要的起始频率为 54 kHz，MCLK 为 AD5933 的有源晶振频率 16 MHz。因此

$$\text{Start\_frequency} = \frac{54\ 000}{16 \times 10^6/4} \times 2^{27} \approx 1\ 811\ 939 = \text{0x1BA5E3} \tag{3-9}$$

对得到的 0x1BA5E3 进行分解得到 0x1B、0xA5 和 0xE3 三个十六进制数，并分别存储到 AD5933 的起始频率寄存器的三个地址中(0x82、0x83 和 0x84)。

频率增量的转换公式为

$$\text{Frequency\_increment\_code} = \frac{\text{Frequency\_increment}}{\text{MCLK}/4} \times 2^{27} \tag{3-10}$$

在这里，设置的频率增量为 20 Hz，MCLK 为 16 MHz，根据式(3－10)计算得到的频率增量码为 0x00029F，将其分解得到三个十六进制数，并按从高到低分别发送到 AD5933 的频率增量寄存器对应的三个地址中。

表 3－7 是对尺寸为 37 mm×6 mm×30 μm 的 Metglas 2826MB 磁弹性材料在空气中进行 20 次共振频率测量的结果数据，选取了其中的 5 次显示其完整的线圈阻抗谱图，如图 3－31 所示。根据测量结果可以看出，对于同一尺寸的磁弹性材料的多次共振频率测量，所得结果的重复性较好，说明该测量系统的抗干扰能力较强。根据式(3－11)，可以计算得出本次测量的平均误差为 7 Hz，测量误差较小。

$$a = \frac{1}{n}\sum_{i=1}^{n} |X_i - \overline{X}| \tag{3-11}$$

其中，n 为测量值个数，X_i 为第 i 个测量值，$\overline{X}$ 为算术平均值，a 为平均误差。

表 3－7　Metglas 2826MB 磁弹性材料共振频率的测量结果

序号	共振频率/Hz	序号	共振频率 /Hz
1	58 840	11	58 850
2	58 850	12	58 850
3	58 840	13	58 860
4	58 850	14	58 840
5	58 840	15	58 860
6	58 830	16	58 840
7	58 840	17	58 850
8	58 850	18	58 840
9	58 860	19	58 840
10	58 850	20	58 840

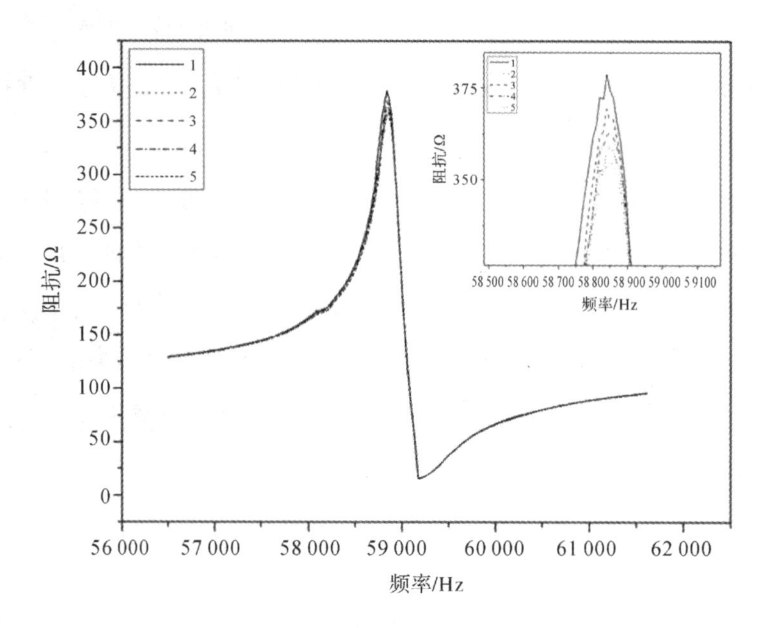

图 3-31 线圈阻抗谱测量图

为验证基于 AD5933 的磁弹性传感器共振频率测试系统的可靠性，本书对相同测试条件下的同一 Metglas 2826MB 磁弹性材料，采用基于矢量网络分析仪 AV3620A 搭建的磁弹性传感器共振频率测量平台进行测试对比，结果如图 3-32 所示。实线为测量系统的线圈阻抗谱图，虚线为矢量网络分析仪的 S_{11} 曲线图。从测试结果可以看出，磁弹性传感器共振频率测量系统测量得到的共振频率结果为 59.24 kHz，而矢量网络分析仪测量得到的共振频率结果为 59.18 kHz，二者仅仅相差 60 Hz，这种差异可能是由于两种测量系统的正弦波激励电压幅值略有不同造成的，不影响测量结果。在磁弹性传感器的实际应用中，更关心的数据是检测物质前后传感器共振频率的偏移量，而共振频率的准确值不是非常重要。因此，基于 AD5933 的磁弹性传感器共振频率测试系统具有极高的可用度，可以代替传统实验室使用的矢量网络分析仪等实验仪器来完成对磁弹性传感器共振频率的测量。

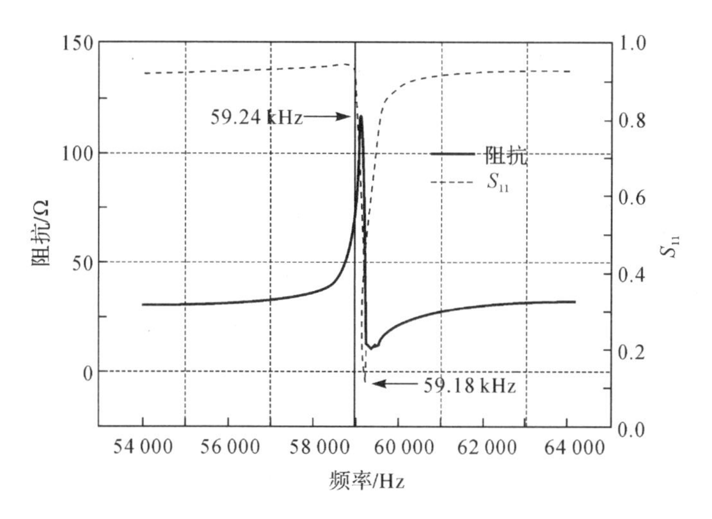

图 3-32　相同 Metglas 2826MB 材料的线圈阻抗谱和 S_{11} 曲线图

3.5.4　便携式磁弹性传感器共振频率测量装置

为提高磁弹性传感器共振频率测量的简易性和便携程度，实现现场实时的测量。在前面的硬件基础上，增加了按键模块，去除了计算机的部分，采用按键的方式进行扫描频率信号参数的输入，通过按键方式实现对测量装置的各类型操作。同时将简单的线圈阻抗谱及共振频率测量结果显示在液晶屏上，上述设计极大地增强了 MSP430F169 单片机的控制功能，装置实物图如图 3-33 所示。便携式测量装置有一圆柱形插口，其内部缠绕着线圈，待测磁弹性传感器可插

图 3-33　便携式磁弹性传感器共振频率测量装置

入其中，我们根据便携式测量装置开机后的提示通过按键设置频率扫描参数等信息，便可完成共振频率的测量。

3.6 高频率磁弹性传感器共振频率测试系统

基于 AD5933 阻抗转换器设计的磁弹性传感器共振频率测试系统的电路虽然设计简单，测量可靠性较高，但是由于 AD5933 芯片本身的限制，该测量系统仅能对共振频率在 100 kHz 以下的磁弹性传感器进行测量，大大限制了其应用的范围。根据公式(1-8)可知，共振频率越高的磁弹性传感器对于小质量负载变化的敏感度就越高，其频率偏移量就越大。而根据公式(1-4)可知，磁弹性传感器的共振频率随着其物理尺寸的减小而增大，因此尺寸越小的磁弹性传感器的检测灵敏度就越高。

本节介绍了一款能够对小尺寸磁弹性传感器共振频率进行测量的便携式测量装置，图 3-34 为便携式高频率磁弹性传感器共振频率测试系统的原理框图。

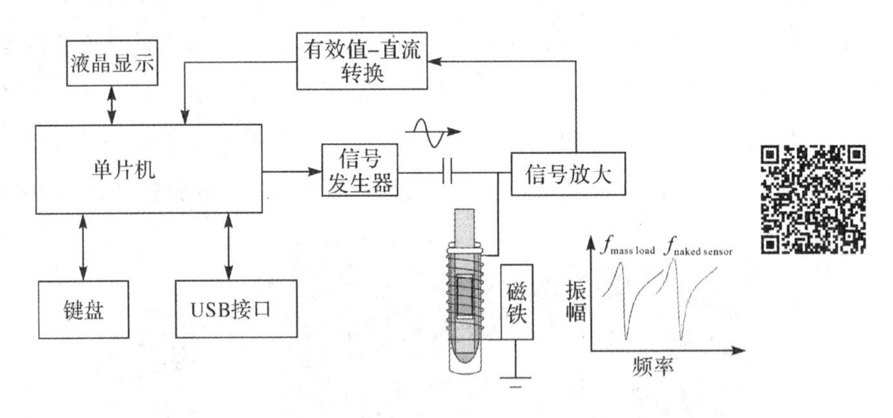

图 3-34 高频率磁弹性传感器共振频率测试系统的原理框图

图 3-34 中插入到线圈中的薄片为待测磁弹性传感器，磁铁为测量提供合适的偏置磁场，线圈的一端与测量系统电路的信号发生器电路输出端以及信号放大电路输入端相连，另一端接地。该测量系统采用模块化设计，分别设计了

单片机控制电路、信号发生器电路、有效值-直流电路、液晶显示电路以及USB接口电路等。该系统可对共振频率在450 kHz以下的磁弹性传感器进行有效测量，极大地提高了其应用范围与场合。同时，该测量系统采用3.7 V锂离子充电电池供电，可利用日常的手机充电器通过USB接口直接充电，通过这种方式有力地提升了其便宜性，延长了使用时间。

3.6.1　系统硬件设计

高频率磁弹性传感器共振频率测试系统电路主要由单片机控制电路、信号发生器电路、信号放大电路、有效值-直流转换电路、液晶显示电路以及USB接口电路构成。如图3-34所示，键盘模块控制单片机测量的启动。单片机向数字信号发生器发出控制字，并在一定范围内产生正弦波交流信号，由此激励线圈中的待测磁弹性传感器发生振动；同时信号放大电路对线圈的响应电压信号进行放大，并由有效值-直流转换器进行转换；转换后的直流电压信号通过单片机的片上模数转换器进行采集；单片机对设定频率范围内的每个频率点的响应信号采集完成后进行计算，最后将线圈的阻抗谱图以及传感器共振频率的测量结果都输出到液晶屏上进行显示。下面介绍下本测量系统中硬件设计的主要部分。

1. 单片机控制电路

由于本测试系统采用双通道设计，数据量大大增加，处理速度要求较高，因此MSP430F169单片机无法满足设计需求，最终采用意法半导体公司的32位ARM系列STM32F072RX芯片作为本设计的控制核心。该单片机是一款基于ARM Cortex-M0 32位RISC内核的高性能的MCU，具有较大空间的高速嵌入存储器以及各种增强型外设接口。该单片机的片上资源非常丰富，具有12位模数转换器及数模转换器等，同时其工作频率最高可达72 MHz处理速度和能力都较强，可以适用于多种应用场合。图3-35为STM32F072RX单片机的控制电路图，STM32F072RX单片机的第5、6引脚与8 MHz晶振相连；第55～58引脚与信号发生器电路相连，用于控制信号发生器产生正弦交流扫频信号；第14、15引脚是片上模数转换器的输入口，与有效值-直流转换电路相连，用于采样线圈的响应信号；第20～23引脚与Flash存储电路连接，用于测量后的数据存储；第 44、45 引脚与 USB 接口电路相连，用于和计算机之间的连接；第 34～36 和第 37～40 引脚与液晶显示电路连接，用于测量结果和阻抗谱图形的显示；单片机采用 3.3 V 工作电压。

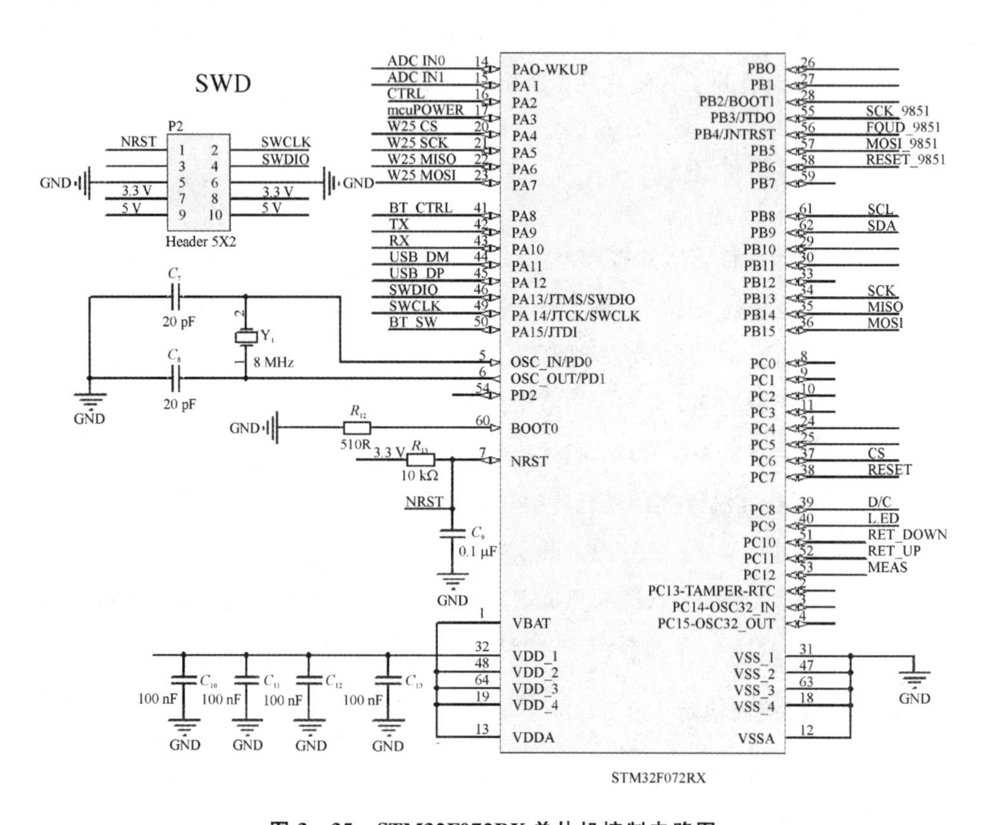

图 3-35　STM32F072RX 单片机控制电路图

2. 信号发生器电路

信号发生器电路选用 Analog Devices 公司的 AD9851 芯片，该芯片是直接数字频率合成器(DDS)技术形式的数控振荡器，用以产生频率/相敏正弦波。AD9851 采用最新的高速 DDS 内核可接受 32 位的频率控制字，系统时钟为 180 MHz，分辨率为 0.04 Hz。图 3-36 为数字信号发生器电路，AD9851 的第 7、8、22、25 引脚与单片机相连，用于接收单片机的频率控制字以产生合适频率的交流信号；第 9 引脚与30 MHz有源晶振连接；第 20、21 引脚为两个通道的信号输出端，与线圈的其中一端和信号放大电路相连；该芯片采用 5 V 作为工作电压。

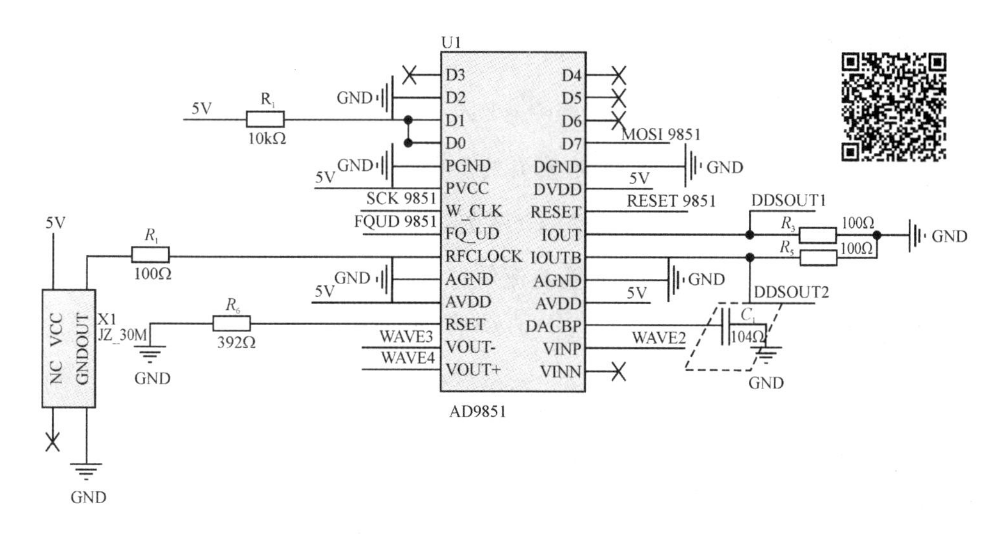

图 3 - 36　数字信号发生电路图

3. 信号放大电路

信号放大电路选用 Analog Devices 公司的 AD8606 芯片，AD8606 是一款双路、单电源放大器，其具有极低失调电压、低输入电压、低电流噪声和宽信号带宽等特性。图 3 - 37 为 AD8606 信号放大电路图，AD8606 芯片上有两个放大器，因此，其中一个用于放大线圈响应信号，另一个被设计为射随器，用于信号隔离，防止前后电流信号之间的干扰。

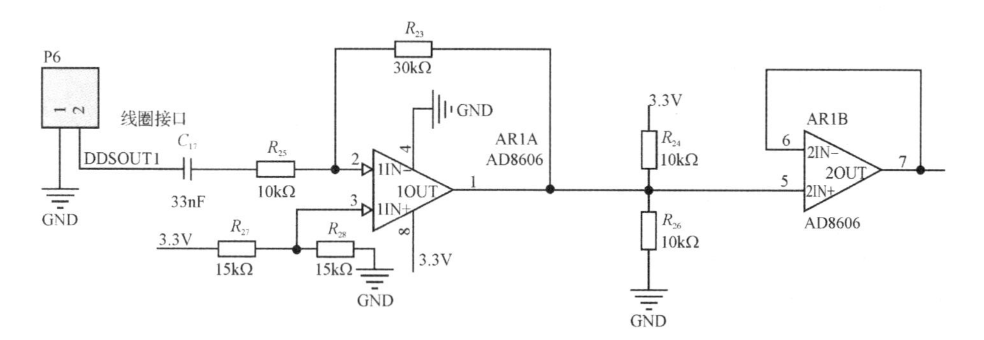

图 3 - 37　AD8606 信号放大电路图

4. 有效值-直流转换电路

有效值-直流转换电路采用 Analog Devices 公司的 AD536A 芯片，该芯片是一个完整的单片集成电路，具有真有效值直流转换功能，且具有激光修正精度高、响应范围宽、功耗低等特性，应用在磁弹性传感器共振频率测量系统中可以将线圈的交流响应信号转换为直流信号。通过上述操作使单片机的片上模数转换器能够进行采样分析。图 3-38 为 AD536A 有效值-直流转换的电路图，AD536A 的第 1 引脚为信号输入端，与信号发生电路的输出端相连；第 6 引脚为信号转换输出端，与单片机的片上模/数转换器输入接口相连。该芯片采用双电源供电，需要 5 V 和−5 V 同时供电。

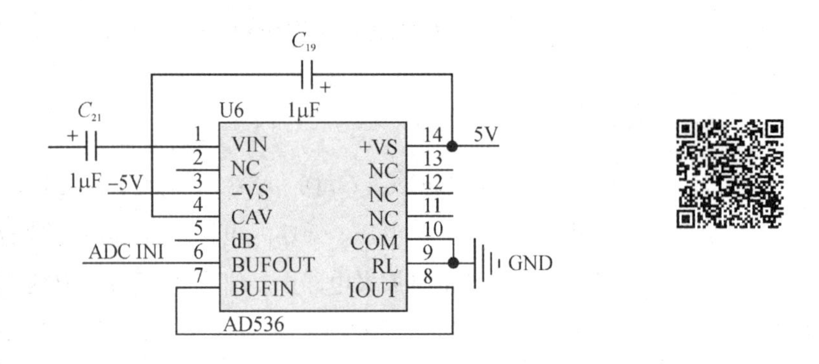

图 3-38 AD536A 有效值-直流转换的电路图

5. USB 接口电路

USB 接口电路不但具有单片机与计算机之间的通信功能，还具有锂电池充电功能。测量系统采用 TP4056 芯片作为充电芯片通过 USB 接口为锂电池充电，该芯片具有高达 1000 mA 的可编程电流，其外围电路设计时无需 MOSFET、检测电阻器或隔离二极管。图 3-39 为 USB 的接口电路，USB 接口的第 2、3 引脚与单片机相连，用于单片机和计算机之间的通信连接；TP4056 的第 2、4 引脚与 USB 接口的 5 V 电压输入相连，用于接收外部电源电压；第 5 引脚与锂电池的正极相连，为锂电池充电。

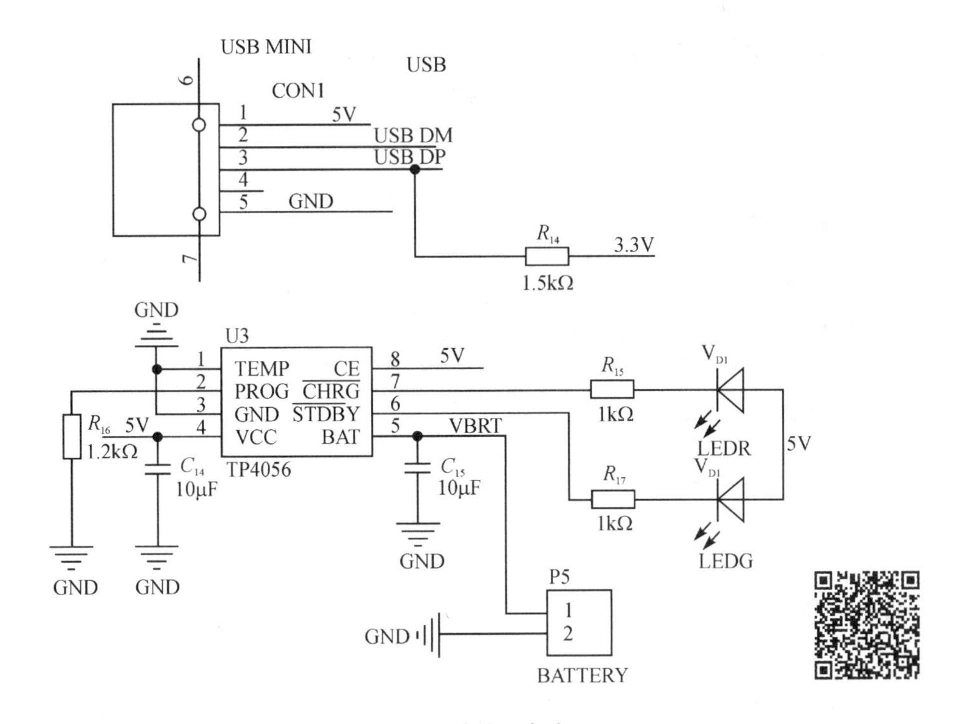

图 3-39　USB 的接口电路

6. 液晶显示电路及电源电路

液晶显示模块采用 TFT 液晶屏，通过 ILI9341 芯片来控制液晶显示。ILI9341 是一款用于 TFT 液晶显示的单芯片控制驱动器，其具有 262、144 色的 240RGB×320 像素的显示解决方案。由于测量系统需要采用 3.3 V、5 V 和 −5 V 三种不同幅值的电源电压，整个系统采用 3.7 V 锂电池供电，因此电源电路较为复杂。电源电路采用 TPS7333 芯片将 3.7 V 转换为 3.3 V，为单片机、放大器等电路供电；采用 TPS60110 芯片将 3.7 V 升压为 5 V，为数字信号发生器、有效值-直流转换电路供电；同时通过 TCL7660 芯片将 5 V 转换为有效值-直流转换电路所需的 −5 V 电压。图 3-40 所示为高频率磁弹性传感器共振频率测量系统的实物图。

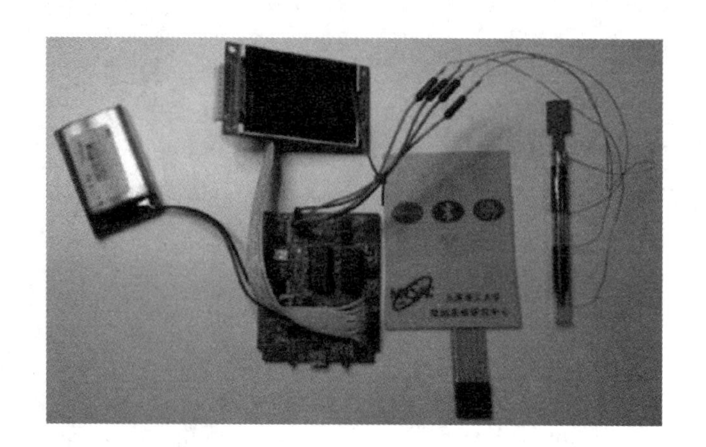

图 3-40 高频率磁弹性传感器共振频率测量系统的实物图

3.6.2 系统软件设计

单片机 STM32F072RX 是整个测试系统的控制核心，通过软件编程来完成对数字信号发生器 AD9821 以及模数转换等功能的逻辑控制，从而实现对磁弹性传感器共振频率的测量。图 3-41 为 STM32F072RX 的程序流程图。我们在测量过程中，首先，打开电源对单片机系统进行初始化设置，主要包括对各种串行接口，液晶屏显示等的初始化设置；通过软件设置扫频信号的起始频率、终止频率以及频率增量等信息；之后，单片机通过与数字信号发生器 AD9851 相连的 SPI 总线向其发送起始频率的控制字后开始频率扫描，并进行延时；启动单片机片上模数转换器进行模数转换；查看模数转换是否完成，未完成则继续进行，若完成，则存入数据并终止片上模数转换器；然后，查看该扫描频率点是否为终止频率，即频率扫描是否完成，未完成则向 AD9851 写入下一个频率的控制字并延时重复上述步骤，直到到达终止频率；比较所得测量数据并进行计算，求最值；最后，在液晶屏上绘制阻抗谱图，显示共振频率的测量结果等信息，测量结束。

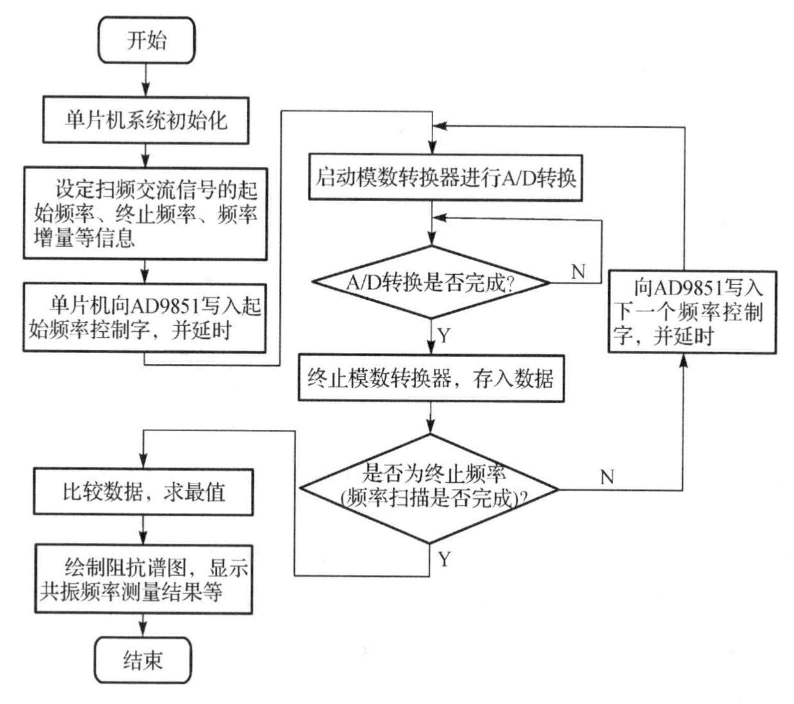

图 3-41　STM32F072RX 的程序流程图

3.6.3　系统测试

对设计的高频率磁弹性传感器共振频率测量系统进行测试，验证该测量系统的实用程度。待测磁弹性传感器是铁基非晶合金 Metglas 2826MB (Fe40Ni38Mo4B18)磁弹性材料，尺寸为 6 mm×2 mm×30 μm。

首先，使用基于矢量网络分析仪搭建的磁弹性传感器共振频率测量平台对该尺寸的 Metglas 2826MB 材料进行测量，得到其在空气中的共振频率为 375.1 kHz。因此，对测量系统的频率扫描参数设置为：起始频率为 370 kHz，终止频率为 380 kHz，频率增量为 5 Hz，共有 2000 个频率扫描点。

图 3-42 为尺寸为 6 mm × 2 mm × 30 μm 的铁基非晶合金 Metglas 2826MB 磁弹性材料的实际测量结果图。由图可知，使用磁弹性传感器共振频率测量系统测量得到的共振频率为 374.975 kHz，与使用矢量网络分析仪的测

量结果仅仅相差 125 Hz，这可能是因为测量系统之间正弦波激励电压幅值略有不同造成的，可以忽略不计。

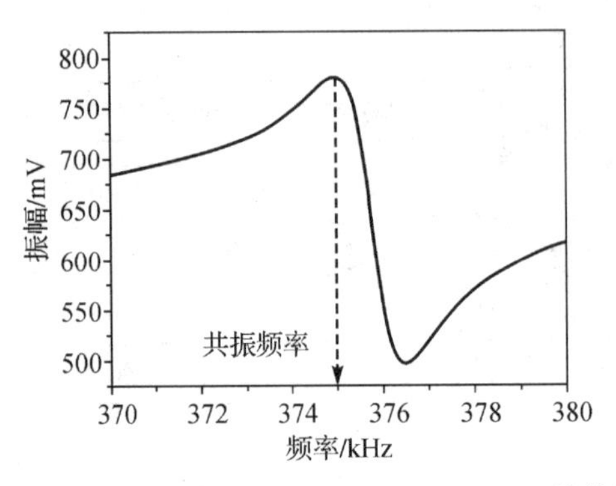

图 3-42　尺寸为 6 mm×2 mm×30 μm Metglas 2826MB 的线圈阻抗谱曲线图

图 3-43 为便携式高频率磁弹性传感器共振频率测量系统的实测结果图，该测试系统具有两个测量通道，可同时对两个磁弹性传感器的共振频率进行测量。测量结果显示一个磁弹性传感器的共振频率为 372.393 kHz，另一个为 373.257 kHz。这两个传感器的尺寸大小基本一致，二者共振频率之间的差异可能是由于切割的差异、偏置磁场的大小不完全一致造成的。图 3-43 中液晶屏显示中靠左且幅值较大的为传感器的第一共振峰，靠右且幅值较小的为第二共振峰。

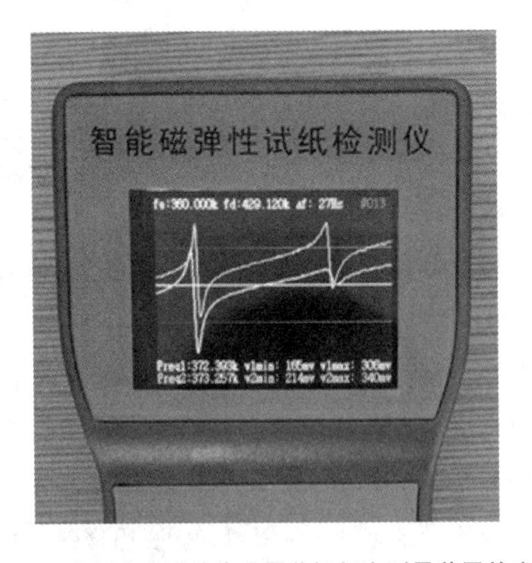

图 3-43　高频率磁弹性传感器共振频率测量装置的实测图

本 章 小 结

本章第一部分主要内容是针对现有磁弹性传感器的表面特性存在的不足，介绍了传感器表面优化设计方法。通过建模和仿真计算优化传感器的尺寸参数，通过表面沉积金属纳米粒子的方法实现防腐蚀处理并提供生物修饰界面，优选了功能化材料的修饰固定方法，优化了表面功能化结构设计，介绍了可提高磁弹性传感器稳定性、生物兼容性和灵敏度的设计方法。

本章第二部分主要内容是介绍了磁弹性传感器共振频率测量方法，并基于此详细介绍了三种磁弹性传感器的共振频率测试系统：

（1）根据磁弹性传感器的优化尺寸，对线圈直径大小进行优化，设计并实现了基于矢量网络分析仪的共振频率测试系统并验证了其可用性。通过减小线圈直径，可实现小尺寸磁弹性传感器共振频率的测量。

（2）通过采用阻抗法测量原理，构建了一款基于 AD5933 阻抗转换器芯片的便携式磁弹性传感器共振频率测试系统。分别介绍了该测试系统的硬件和软件设计，硬件部分介绍了该测试系统电路设计的主要模块，对使用的单片机及相关芯片进行了介绍；软件部分介绍了测试系统的程序流程，对 AD5933 阻抗转换器芯片的控制寄存器等进行了简要的说明。测试了基于 AD5933 阻抗转换器芯片的磁弹性传感器共振频率测试系统，并通过与基于矢量网络分析仪的共振频率测试系统的测量结果比较，验证了该便携式测试系统的可靠性。

（3）本章介绍了一款测量能力更强的便携式高频率磁弹性传感器共振频率测试系统，简要介绍了其硬件电路设计的主要部分以及软件流程的实现方案，对该测试系统进行了实验测量，验证了该测试系统的可行性。该系统可实现对共振频率在 450 kHz 以下的磁弹性传感器测量。

第4章　磁弹性传感器在环境检测领域的应用

4.1 引　言

科学技术的迅猛发展促进了当今社会经济的不断进步，然而工业发展带来的环境污染问题(如土地污染、大气污染、水污染等)已相当严重。如何实现环境污染物的低浓度实时检出已经成为迫切需要解决的现实问题。

工业生产制造过程中废渣、废水和废气的大量排放导致了严重的重金属污染问题。第十一届中国经济法论坛报道，中国每年的遭受重金属污染的粮食有1200万吨，每年的损失高达200亿元。据统计，孟加拉国1.2亿人口中有3500万至7700万人正在饮用受污染水源。重金属对人体伤害极大，过量摄入会引起人体慢性或急性中毒、肾衰竭、头痛、失眠、精神错乱、关节疼痛、结核病、腹泻、支气管炎、结石、癌症等疾病。因此，实现重金属离子的低剂量实时检测对于环境检测、食品安全和可持续发展是非常重要的技术突破。

当前较为常用的重金属离子检测方法包括原子吸收光谱法[112]、电化学溶出伏安法[113]、荧光光谱法[114]、表面等离子体共振法[115]等。这些技术不同程度地存在依赖大型仪器设备、样品处理复杂、耗时、成本高等问题，难以适应当前检测工作的需要。Y. Kim等[116]基于纳米金粒子在二价金属离子存在时聚集会导致吸收光谱变化的原理，开发了一种重金属离子比色检测技术，但是该技术的灵敏度不高。基于表面增强拉曼光谱的原理，袁亚仙等[117]开发了一种重金属离子检测的技术，提高了检测的灵敏度，然而该技术只限于半定量或者定性测试。S. Gao等[118]最先研究了磁弹性传感器在重金属离子检测中的应用，利用置换反应原理实现了对铅离子的检测，但是该检测方法对于低浓度离子的响应灵敏度不高，检测极限达不到标准要求。

除了重金属排放带来的环境污染问题，农药污染也对生态环境造成了难以估计的危害。阿特拉津(ATZ)是一种常用的三嗪类农药[119]。1957 年瑞士的 H. Geisin 和 E. Knusley 发现了农药 ATZ 的除草特性，它的生物毒性来源于其中的氯原子，可以防除多种一年生禾本科植物和阔叶杂草，主要用于玉米、高粱和甘蔗的苗前苗后除草[120]。ATZ 的结构相对比较稳定，不容易降解，再加上长时间的大量使用，已经对海洋、湖泊、土壤生态环境造成了污染[121]。研究表明：ATZ 具有神经毒性、免疫毒性和生殖发育毒性，长期低浓度暴露会引发人体和动物的一系列疾病，具有潜在的致癌性[122-124]。目前，ATZ 已被列入美国、欧盟国家和日本的内分泌干扰物质清单[125]。美国环境保护署提出了每升饮用水中含有三微克 ATZ 的终身健康建议量[126]。因此，建立针对 ATZ 的低剂量检测方法具有重要意义。

目前，ATZ 的检测技术包括色谱分析[127]、表面等离子共振免疫传感技术[128]、电化学免疫传感法[129]、液相色谱-质谱分析[130]等。这些传统方法都不同程度地存在设备昂贵、特异性差、操作复杂耗时等问题。同时由于农药 ATZ 是小分子物质，质量效应不够明显，因此利用磁弹性传感器实现对农药小分子物质的微量检测仍然具有挑战性。

4.2　基于磁弹性传感器的重金属离子检测

本节采用牛血清白蛋白(BSA)作为功能化敏感层修饰于磁弹性传感芯片的表面，基于重金属离子引起的 BSA 沉淀物附着于传感器表面可导致共振频率下降的原理，介绍一种可用于重金属离子检测的新型无线磁弹性传感器，还介绍了磁弹性传感器检测 Pb^{2+}、Cd^{2+}、Cu^{2+} 的传感性能，如灵敏度、重复性以及抗干扰特性等，并对其表面形貌和化学组分进行了分析。

4.2.1 制备工艺技术

1. 实验试剂与仪器

实验所用的材料和化学试剂的名称、规格与生产厂家如表 4-1 所示。

表 4-1 实验所用材料及化学试剂

名 称	规 格	生产厂家
丙酮(CH_3COCH_3)	分析纯级	北京国药集团
异丙醇(C_3H_8O)	分析纯级	北京国药集团
无水乙醇(C_2H_6O)	分析纯级	北京国药集团
牛血清白蛋白(BSA)		美国 Sigma 公司
11-巯基十一烷酸 ($SH-(CH_2)_{10}-COOH$)		美国 Sigma 公司
碳二亚胺(EDC)		美国 Sigma 公司
异硫氰酸荧光素 (FITC)标记的 BSA	BSA-FITC	北京博胜生物科技有限公司
硝酸铅($PbNO_3$)	分析纯级	北京国药集团
硝酸镉($CdNO_3$)	分析纯级	北京国药集团
硝酸铜($CuNO_3$)	分析纯级	北京国药集团
氯化钠(NaCl)	分析纯级	北京国药集团
N-羟基丁二酰亚胺(NHS)		美国 Sigma 公司
PBS 缓冲液	0.01 mol/L, pH = 7.4	美国 Sigma 公司
去离子水	电阻率≥18.25 MΩ·cm	

实验所用主要仪器及设备的名称、型号与制造厂商如表 4-2 所示。

表 4-2　实验所用主要仪器及设备

名　称	型　号	制造厂商
扫描电子显微镜(SEM)	SU3500	日本 Hitachi 公司
矢量网络分析仪	AV3620A	美国安捷伦公司
能谱仪(EDS)	QUANTAX200	日本 Hitachi 公司
荧光显微镜	DM 3000	德国徕卡公司
去离子水机	UPT-10	西安优普仪器设备有限公司
电子天平	BSA224S-CW	美国 Sartorius 公司
超声波清洗机	KQ-300VDB	江苏昆山超声仪器有限公司

2. 传感芯片表面的功能化修饰

采用 BSA 对磁弹性传感芯片表面进行生物功能化修饰的过程如图 4-1 所示，具体步骤如下：

(1) 将传感芯片分别在丙酮、异丙醇、去离子水和无水乙醇中超声清洗 10 min，最后在氮气流中干燥。

(2) 将 11-巯基十一烷酸溶解于无水乙醇中，配制浓度为 10 mmol/L 的巯基酸溶液，然后将清洗过的传感芯片浸入该溶液中，室温下静置过夜后自组装，避光放置，形成自组装膜(SAM)。最后使用酒精和去离子水洗涤 2～3 次，并在氮气流中进行干燥。

(3) 将表面自组装后的传感芯片浸入 40 mmol/L EDC-10 mmol/L NHS 混合溶液中进行活化处理 1 h，将羧基活化为活泼酯，然后用去离子水冲洗 2～3 次，除去未反应的活化剂，在氮气流中干燥。

(4) 将 BSA 溶于 0.01 mol/L PBS 缓冲液中制备 4 mg/mL 的 BSA 溶液，将活化处理之后的传感芯片浸入上述 1 mL BSA 溶液中，培育 2 h，然后通过 PBS 和去离子水进行洗涤以除去物理吸附的 BSA，在氮气流中干燥。

至此，可用于检测重金属离子的磁弹性传感器制备完成，将其置于冰箱中(4℃)备用。

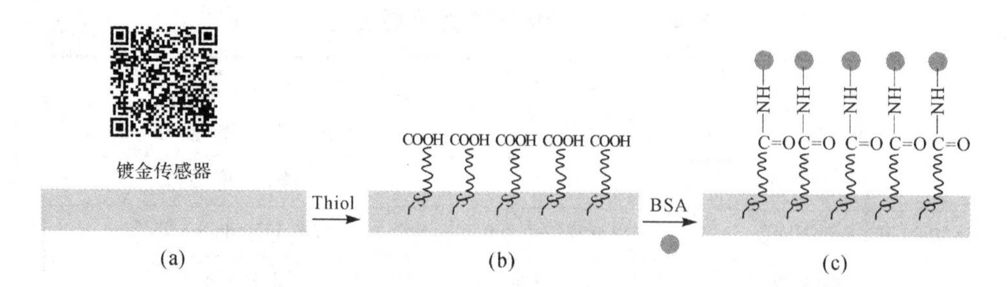

图 4-1 采用 BSA 对磁弹性传感器进行表面生物功能化修饰的过程示意图

3. 信号测量

利用0.9%的 NaCl 溶液作为溶剂，分别将 $PbNO_3$、$CdNO_3$、$CuNO_3$ 溶液配制成浓度为 0.6×10^{-6} mol/L、1.2×10^{-6} mol/L、1.8×10^{-6} mol/L、2.4×10^{-6} mol/L、3×10^{-6} mol/L、4.8×10^{-6} mol/L、9.6×10^{-6} mol/L，作为待测样本溶液。在室温环境下，将制备好的磁弹性传感器垂直插入缠绕线圈的小试管内，并且加入 0.5 mL 待测溶液，使传感器完全浸入待测样本溶液中。传感器与测试系统之间不需要任何的物理连接，通过监测共振频率随时间的变化关系来实现对不同浓度 Pb^{2+}、Cd^{2+}、Cu^{2+} 的实时测量。测定完成后，使用去离子水清洗传感器表面，并于氮气流中干燥，置于 4 ℃的冰箱中保存。

4.2.2 工作原理与特性

1. 传感器的响应机制

当前重金属离子作用 BSA 发生沉淀的原理已经得到了较为普遍的研究[131]。根据溶液中氢离子的浓度大于或者小于等电点处的浓度，蛋白质作为两性物质存在于溶液中。BSA 的等电点是 4.7，当溶液的 pH 值大于 4.7 时，BSA 作为阴离子存在于溶液中；当溶液的 pH 值小于 4.7 时，BSA 作为阳离子存在于溶液中。重金属盐沉淀理论如下：当将重金属盐稀溶液与 BSA 溶液($pH>4.7$)混合时，BSA 阴离子与重金属阳离子发生结合反应，产生沉淀。例如[132]：

$$BSA + Pb(Ⅱ) \rightarrow Pb(Ⅱ) - BSA \downarrow \tag{4-1}$$

$$BSA + Cd(Ⅱ) \rightarrow Cd(Ⅱ) - BSA \downarrow \tag{4-2}$$

$$BSA + Cu(Ⅱ) \rightarrow Cu(Ⅱ) - BSA \downarrow \tag{4-3}$$

基于上述蛋白质沉淀原理，本章采用 BSA 生物功能化对磁弹性传感器表面进行优化处理，当传感器浸入重金属离子溶液中时，传感器表面的 BSA 与重金属离子发生式(4-1)～(4-3)描述的反应，上述反应产生的沉淀物质附着于传感器的表面，导致传感器负荷质量增加，其共振频率降低。因此，通过测量传感器的共振频率偏移量即可实现对重金属离子的检测。

2. 形貌表征

研究人员可采用荧光显微镜技术对磁弹性传感器表面 BSA 的修饰效果进行表征。FITC 是一种具有吸湿性的黄色粉末，可以与氨基发生反应，最大可吸收光波长是 490～495 nm，呈现黄绿色荧光，因此，通过 FITC 对蛋白质染色可以证明蛋白质的存在[133-134]。按照 4.2.1 节中传感芯片的表面功能化修饰过程，将 BSA-FITC 固定于硫醇化的磁弹性传感芯片表面，其结构如图4-2(a)所示。通过荧光显微镜观察 BSA-FITC 修饰之后的传感器表面，激发波长设为 495 nm，如图 4-2(b)所示。可以明显看到，与修饰之前(见图 4-2(c))相比，修饰后的荧光图像出现了大量的黄绿色荧光点，分布于传感器表面[135]。结果表明，BSA-FITC 成功修饰于传感器表面，并进一步证明，通过自组装和共价键合法相结合的方法成功实现了磁弹性传感器表面 BSA 的功能修饰。

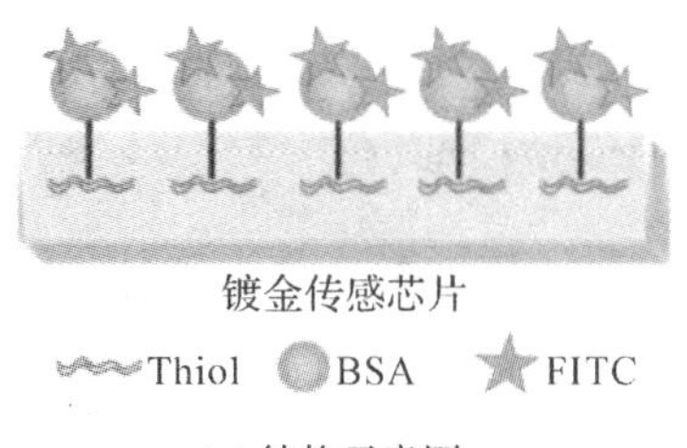

(a) 结构示意图

(b) 修饰后的荧光图像

(c) 修饰之前的空白对照图像

图 4-2　磁弹性传感器表面修饰 BSA-FITC 示意图

3. pH 参数优化

pH 环境是磁弹性传感器对重金属离子响应的重要影响参数。为了确定最佳的 pH 参数，科研人员分别测试了该传感器在 pH 值为 5.4、6.1、7.0 的溶液中对 9.6×10^{-6} mol/L Pb^{2+} 的频率响应，如图 4-3 所示。BSA 的等电点的 pH 值为 4.7，当溶液 pH 值小于 4.7 时，BSA 分子以阳离子的形式存在，不能与重金属离子反应；相反，当溶液 pH 值大于 4.7 时，BSA 分子以阴离子的形式存在，与阳离子形式的重金属离子反应形成沉淀。此外，较高的 pH 环境会对蛋白质 BSA 的三维结构造成破坏[136-137]，因此，在 pH 值为 4.7～7.0 范围内，分别测试传感器对相同浓度 Pb^{2+} 的信号响应。从图 4-3 中可以看出，对于同一浓度的 Pb^{2+} 溶液，pH 参数为 6.1 时传感器的共振频率偏移量达到最大，即信号响应最大。由此得出，pH 参数最佳为 6.1。

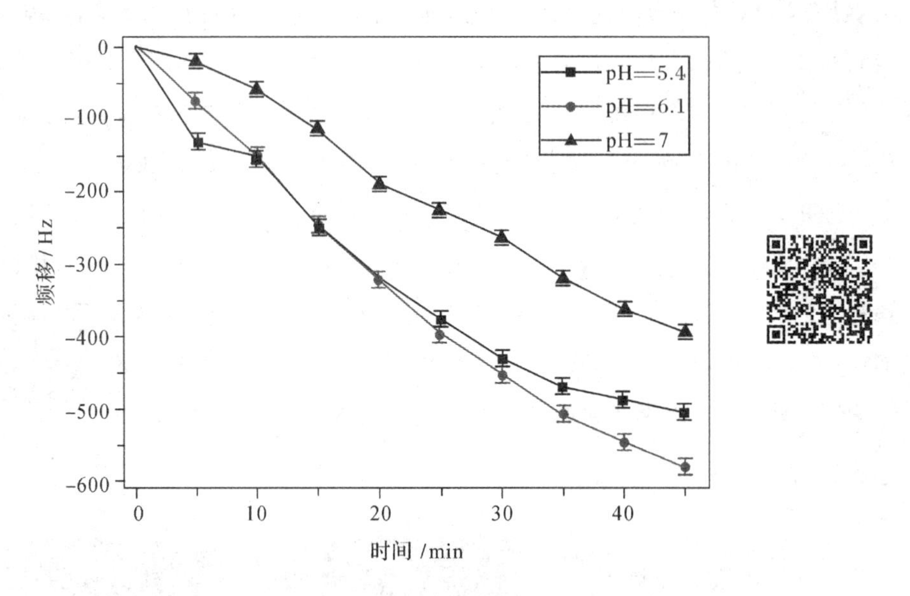

图 4-3 磁弹性传感器在不同 pH 环境下对 9.6×10^{-6} mol/L Pb^{2+} 的共振频率的响应曲线

4. 铅离子检测

图 4-4 是 BSA 功能化的磁弹性传感器对不同浓度 Pb^{2+} 的动态频率响应的特性曲线。从图 4-4 中可明显发现，在测试 Pb^{2+} 溶液(pH=6.1)的过程中，

传感器的共振频率逐渐降低，达到稳态响应需要约45 min，响应时间取决于BSA 与 Pb^{2+} 反应所需的时间，而对于更高的离子浓度，则需要更长时间来趋于稳定状态。这个现象归因于 Pb^{2+} 被传感器表面 BSA 分子的活性位点吸附发生沉淀反应，产生的 BSA-Pb 沉淀物附着于传感器表面，引起负荷质量增大，从而导致其共振频率降低。另外，从图 4-4 中可以看出，共振频率的改变速率随着 Pb^{2+} 浓度的增加而增加，Pb^{2+} 浓度从 0.6×10^{-6} mol/L 增加到 9.6×10^{-6} mol/L 时传感器的共振频率偏移量从 65 Hz 增加到 582 Hz，较高的 Pb^{2+} 浓度会导致较大的共振频率偏移量。这是由于随着更多的 Pb^{2+} 与 BSA 反应，产生了更多的沉淀物附着于传感器表面，对传感器的质量改变作用更大。测试结果表明，通过采用 BSA 功能化对磁弹性传感器表面进行改性优化，成功实现了对 Pb^{2+} 浓度的无线实时检测。

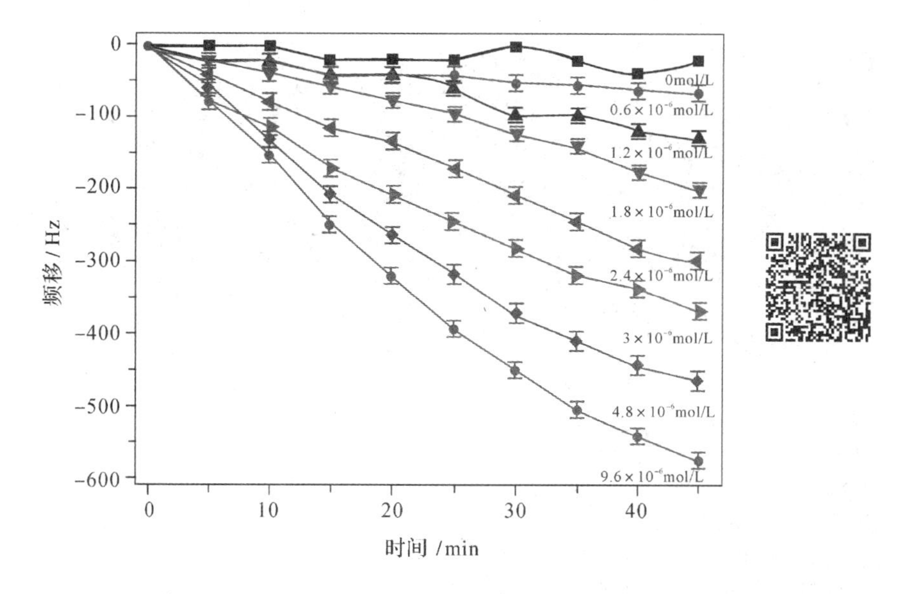

图 4-4　磁弹性传感器实时测定不同浓度 Pb^{2+} ($0\sim9.6\times10^{-6}$ mol/L) 的频率变化特性曲线

图 4-4 中 0 mol/L 曲线表示 Pb^{2+} 浓度为 0 mol/L 时进行的空白对照测试，结果显示背景噪声大约为 15 Hz，远小于检测信号。可见，噪声干扰可忽略不计。由此可以验证，Pb^{2+} 引起的 BSA 沉淀物是导致传感器信号响应的决

定性因素。

利用 SEM 和 EDS 对磁弹性传感器表面 BSA 修饰以及 Pb^{2+} 检测的过程进行表征分析。图 4-5(a)和(b)分别是传感器表面修饰 BSA 前后的 SEM 图。通过对比发现，在功能化修饰之后出现了球状团聚物均匀地分布于传感器表面。这可以由 BSA 是球状大分子蛋白质来解释。该现象在相关文献中也有报道[138-139]。图 4-5(c)是利用传感器测定 Pb^{2+} (9.6×10^{-6} mol/L)之后表面的 SEM 图。由于 Pb^{2+} 与 BSA 的沉淀反应，表面团聚物增多且粒径增大，出现了片状聚集物。为了进一步研究其反应过程，我们对检测 Pb^{2+} 前后的传感器表面进行了 EDS 能谱测试，如图 4-5(d)所示。从图 4-5(d)中可以看出，在检测 Pb^{2+} 之后传感器表面的 Pb 元素含量明显增多，可见成功实现了对 Pb^{2+} 的吸附。以上结果表明，BSA 成功地修饰并固定于磁弹性传感器表面，并且实现了对 Pb^{2+} 的检测，验证了该方法的可行性。

(a) 镀金传感器表面的SEM图

(b) 修饰BSA之后传感器表面的SEM图

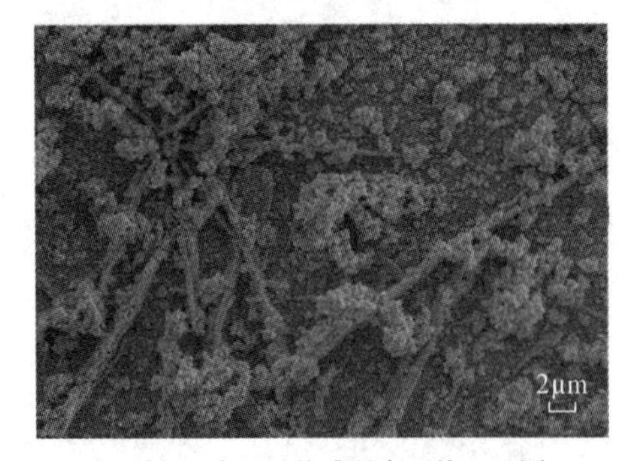

(c) 检测Pb^{2+}之后传感器表面的SEM图

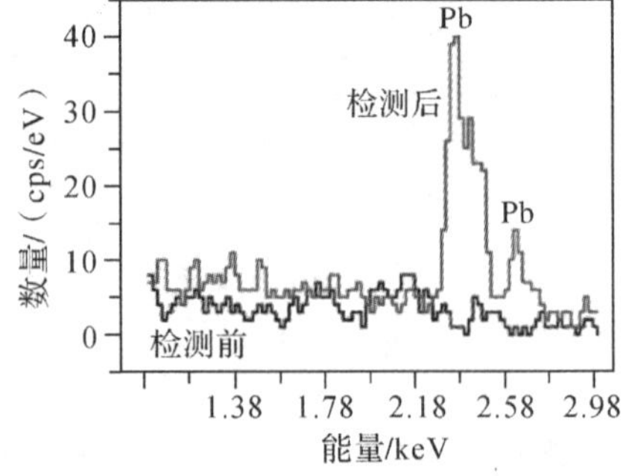

(d) 检测Pb^{2+}之前和之后传感器表面的EDS谱图

图 4-5 磁弹性传感器表面的形貌表征

5. 镉离子检测

图4-6是制备的磁弹性传感器对不同浓度Cd^{2+}的动态频率响应特性曲线。从图4-6中可以看到，随着反应时间增加，其共振频率迅速下降并且在大约45 min后趋于稳定，Cd^{2+}浓度从0.6×10^{-6} mol/L增加到9.6×10^{-6} mol/L时传感器的共振频率偏移量从49 Hz增加到413 Hz。可见，随着Cd^{2+}浓度的增大，共振频率改变量增大。这是由于Cd^{2+}与BSA反应得到的BSA-Cd沉淀物附着于传感器表面，导致其质量负荷增大，共振频率减小。结果表明，该磁弹性传感器可实现对Cd^{2+}浓度的无线实时检测。

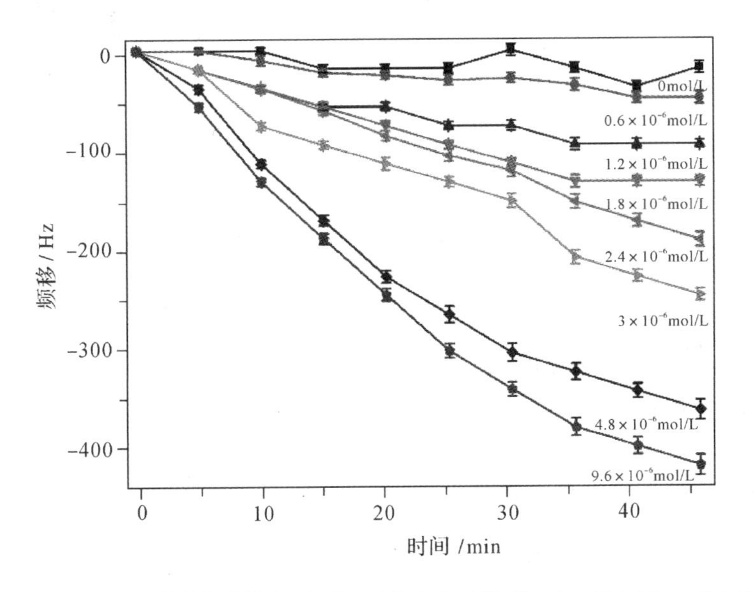

图4-6　磁弹性传感器实时测量不同浓度Cd^{2+}($0\sim9.6\times10^{-6}$ mol/L)的频率变化特性曲线

6. 铜离子检测

下面进一步研究该传感器对Cu^{2+}的频率响应特性，选择与Pb^{2+}和Cd^{2+}一致的浓度测试范围，即$0\sim9.6\times10^{-6}$ mol/L。图4-7是利用该传感器实时测定不同浓度Cu^{2+}获得的共振频率变化特性曲线。从图4-7中可以看到，随着反应时间的增加，传感器的共振频率逐渐下降，并且随着Cu^{2+}浓度的增大，共振频率的偏移量逐渐增大，从 39 Hz(0.6×10^{-6} mol/L)增加到 301 Hz(9.6×10^{-6} mol/L)。这个现象可以解释为:通过 BSA 与 Cu^{2+} 反应产生的沉淀物 BSA-Cu 在传感器表面上的沉积，引起质量负荷增加，从而导致传感器的共振频率降低。结果表明，BSA 功能化的磁弹性传感器可实现对 Cu^{2+} 的无线实时检测。

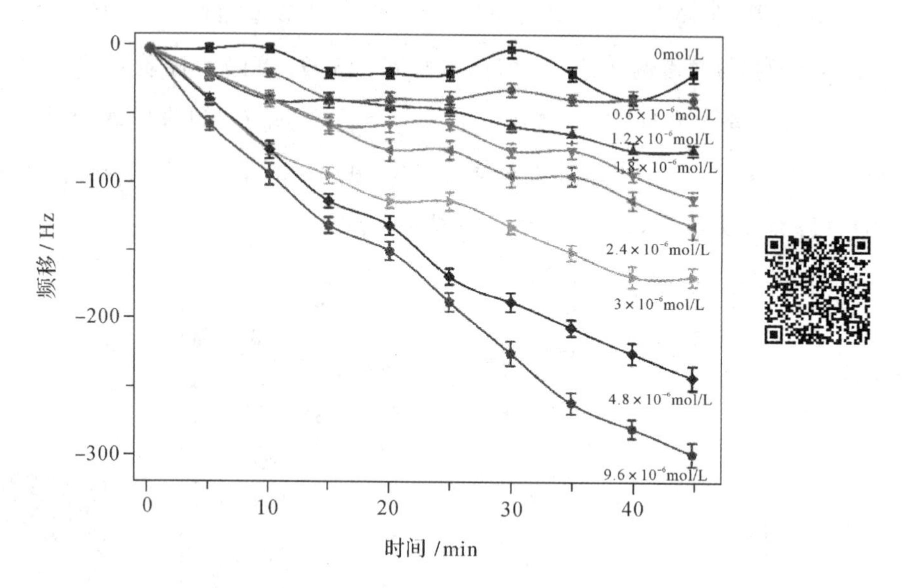

图 4-7 磁弹性传感器实时测定不同浓度 Cu^{2+} (0～9.6×10^{-6} mol/L)的频率变化特性曲线

7. 传感器的灵敏度和重复性研究

图 4-8 所示为磁弹性传感器共振频率偏移量对 Pb^{2+}、Cd^{2+}、Cu^{2+}浓度的校正关系曲线，测定反应时间为 45 min，五次重复测试实验的结果误差均在可控范围之内，可见其重复性良好。如图 4-8 所示，传感器共振频率偏移量随重金属离子浓度的增大而增大，且当重金属离子浓度在 0～4.8×10^{-6} mol/L 范围时，其共振频率偏移与重金属离子的浓度为线性变化关系。当重金属离子的浓度继续增加时，其共振频率偏移量也逐渐增加，但是偏离线性关系并且逐渐达到饱和状态。Pb^{2+}、Cd^{2+}、Cu^{2+} 检测的线性方程分别为 $\Delta f=-1.5\times 10^{8}C_{Pb^{2+}}-11(R^2=0.972)$，$\Delta f=-7.4\times 10^{7}C_{Cd^{2+}}-8.9(R^2=0.989)$，$\Delta f=-4.9\times 10^{7}C_{Cu^{2+}}-15(R^2=0.991)$。该传感器对 Pb^{2+}、Cd^{2+}、Cu^{2+} 的检测灵敏

度分别为 9.4×10^7 Hz/(mol·L^{-1})、7.1×10^7 Hz/(mol·L^{-1})、4.7×10^7 Hz/(mol·L^{-1})。根据式(4-4)[140]计算可知，传感器对 Pb^{2+}、Cd^{2+}、Cu^{2+} 的检测限分别为 3.3×10^{-7} mol/L、2.4×10^{-7} mol/L、2.3×10^{-7} mol/L。

$$\mathrm{LOD}=\frac{3S_B}{b} \tag{4-4}$$

式中，S_B是空白对照样本的标准偏差，b是线性方程的斜率。

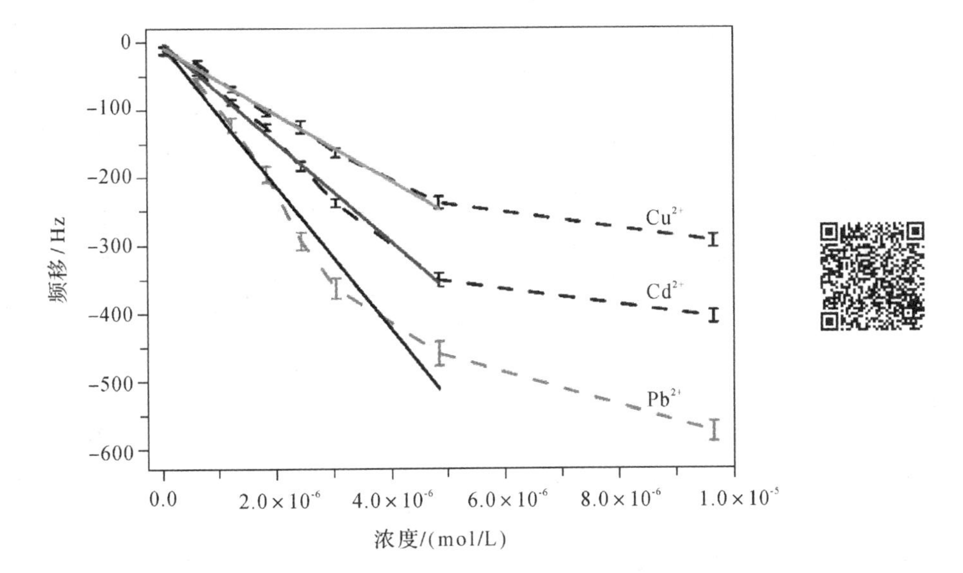

图 4-8　磁弹性传感器的共振频移与重金属离子浓度 ($0\sim9.6\times10^{-6}$ mol/L)的关系曲线

Pb^{2+}、Cd^{2+} 的检测限可以分别换算成 0.107 mg/L、0.074 mg/L，均低于国家污水综合排放标准 GB 8978—1996 中对 Pb^{2+}、Cd^{2+} 规定的最高允许排放上限 1 mg/L、0.1 mg/L。结果表明：采用 BSA 功能化修饰对磁弹性传感器表面进行改性优化，极大降低了检出限，其检测限低于国家要求排放标准的上限，实现了对重金属离子的微量实时无线检测。

为了评估磁弹性传感器对于重金属离子检测的性能优劣，对其他重金属离子检测方法进行了调研总结，并对比了其检测限和灵敏度，如表 4-3 所示。结果表明，相比基于置换反应的检测方法，BSA 功能化的磁弹性传感器对 Pb^{2+} 的检测灵敏度提高了约 4 个数量级，检测限降低了约 5 个数量级，对比发现该传感器对重金属离子检测具有较低的检测限和较高的灵敏度，优于目前文献报道的其他方法。

表 4-3 各种重金属离子检测技术的性能比较

方 法	灵敏度/[Hz/(mol/L)]	检测极限/(mol/L)	参考文献
BSA 修饰的磁弹性传感器	Pb^{2+}：9.4×10^{7}	Pb^{2+}：3.3×10^{-7} Cu^{2+}：2.3×10^{-7} Cd^{2+}：2.4×10^{-7}	本书
基于置换反应机制的磁弹性传感器	Pb^{2+}：8.0×10^{3}	Pb^{2+}：1.5×10^{-2}	[118]
基于 BSA 的 PQCI 方法		Pb^{2+}：4.8×10^{-4}	[131]
		Cu^{2+}：9.98×10^{-5}	[133]
光谱法		Pb^{2+}：1.0×10^{-4}	[141]
基于碳纳米管的 SWASV 方法		Cd^{2+}：1.0×10^{-6}	[142]
基于 NH2-CMS 的 SWASV 方法		Pb^{2+}：3.8×10^{-7} Cu^{2+}：2.5×10^{-7} Cd^{2+}：1.1×10^{-6}	[143]

为了校准不同传感器的响应值，将 $f_r=450$ kHz 设置为置于空气中的磁弹性传感器的标准参考频率，校准后的共振频率偏移 ΔF 可以利用式(4-5)和式(4-6)计算得出。

$$\Delta f_r = f - f_r \tag{4-5}$$

$$\Delta F = \Delta f - \Delta f_r \tag{4-6}$$

其中，f 是磁弹性传感器在使用前于空气中测量得到的共振频率，Δf 是在检测过程中测量得到的共振频率偏移量。由此实现不同传感器响应偏差的校准。

此外，从图 4-8 中可以看到，同浓度的三种重金属离子引起传感器共振频移的排列顺序为 $Pb^{2+} > Cd^{2+} > Cu^{2+}$。铅、镉、铜的相对原子质量分别为

207.2、112.4、64，铅的相对原子质量是三种重金属中最大的，因而 Pb^{2+} 引起的沉淀物 BSA－Pb 质量也最大。因此，BSA 功能化的磁弹性传感器对三种重金属离子的检测灵敏度的排序规律为 $Pb^{2+} > Cd^{2+} > Cu^{2+}$。结果显示，BSA 功能化的磁弹性传感器对相对原子质量较大的重金属响应更为灵敏。

8. 抗干扰特性

为了研究不同重金属离子之间存在的相互干扰，测试了磁弹性传感器对 Pb^{2+}、Cu^{2+} 以不同比例混合时对应的频率响应特性，关系曲线如图 4－9 所示。

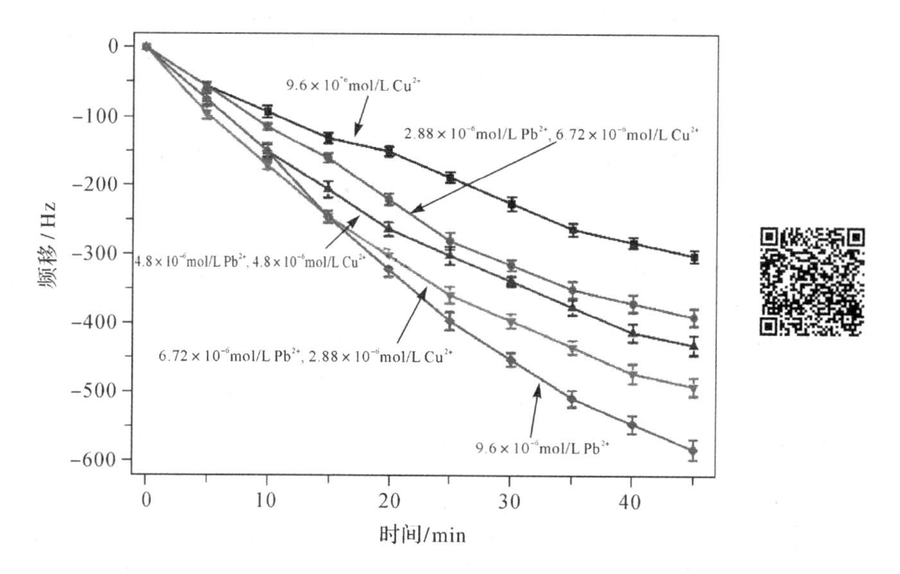

图 4－9　磁弹性传感器对按照不同比例混合的 Pb^{2+}、Cu^{2+} 溶液的频率响应特性曲线

图 4－9 中显示，随着 Cu^{2+} 比例增大，传感器共振频移的改变速率和幅度减小。此外，在总离子摩尔数一定的情况下，Cu^{2+} 存在时测得的共振频率偏移量小于单独测定 Pb^{2+} 得到的共振频移。结果表明，溶液中共存的 Cu^{2+} 会降低磁弹性传感器对 Pb^{2+} 的响应灵敏度。这是因为 Cu^{2+} 对应的 BSA－Cu 沉淀物对传感器的质量变化贡献作用小于 Pb^{2+} 对应的 BSA－Pb 沉淀物的贡献作用。同样地，共存的 Pb^{2+} 也会增强传感器对 Cu^{2+} 的响应灵敏度。

4.3 基于磁弹性传感器的阿特拉津检测

本节介绍了一种基于竞争免疫分析法的磁弹性传感检测方法(该方法用于农药小分子ATZ的检测),采用蛋白A实现了阿特拉津抗体(anti-ATZ)的定向固定,同时采用竞争免疫分析法优化了传感器表面功能化结构,实现了信号放大,从而提高了传感器的灵敏度、降低检测极限。本节还介绍了检测机制以及传感器的灵敏特性、特异性及稳定性,并对传感器表面形貌进行了表征分析。

4.3.1 制备工艺技术

1. 实验试剂与仪器

实验所用的材料和化学试剂的名称、规格与生产厂家如表4-4所示。

表4-4 实验所用材料及化学试剂

名称	规格	生产厂家
丙酮(CH_3COCH_3)	分析纯级	北京国药集团
异丙醇(C_3H_8O)	分析纯级	北京国药集团
无水乙醇(C_2H_6O)	分析纯级	北京国药集团
阿特拉津抗体(anti-ATZ)		重庆艾达令生物科技有限公司
阿特拉津-BSA偶联物(ATZ-BSA)		重庆艾达令生物科技有限公司
阿特拉津(ATZ)		重庆艾达令生物科技有限公司
蛋白A(Protein A)		重庆艾达令生物科技有限公司
西玛津(Simazine)		成都华夏化学试剂有限公司

续表

名　称	规　格	生产厂家
扑草净(Prometryn)		成都华夏化学试剂有限公司
双对氯苯基三氯乙烷(DDT)		成都华夏化学试剂有限公司
牛血清白蛋白(BSA)	99%	美国 Sigma 公司
β-巯基乙胺(Cysteamine)		美国 Sigma 公司
N-羟基丁二酰亚胺(NHS)		美国 Sigma 公司
碳二亚胺(EDC)		美国 Sigma 公司
PBS 缓冲液	0.01 mol/L，pH=7.4	美国 Sigma 公司
去离子水	电阻率≥18.25 MΩ·cm	

实验所用主要仪器及设备的名称、型号与制造厂商如表 4-5 所示。

表 4-5　实验所用主要仪器及设备

名　称	型　号	制造厂商
扫描电子显微镜(SEM)	SU3500	日本 Hitachi 公司
矢量网络分析仪	AV3620A	美国安捷伦公司
原子力显微镜 AFM	ND-100	韩国 Park 公司
去离子水机	UPT-10	西安优普仪器设备有限公司
电子天平	BSA224S-CW	美国 Sartorius 公司
超声波清洗机	KQ-300VDB	江苏昆山超声仪器有限公司

2. 基于竞争法的传感芯片表面功能化修饰

基于竞争免疫测定法的磁弹性传感芯片表面生物功能化过程如图 4-10 所示，具体详细步骤如下：

(1) 将镀金膜的传感芯片(见图 4-10(b))分别置于丙酮、异丙醇、去离子水、无水乙醇中超声波清洗 10 min，最后于氮气流中干燥。

(2) 将冲洗过的传感芯片完全浸入 10 mmol/L 巯基乙胺溶液，室温环境静置过夜培育，形成自组装膜(SAM)，然后使用酒精和去离子水清洗 2～3 次，在氮气流中干燥，如图 4－10(c)所示。

(3) 由于蛋白 A 可以与抗体的恒定(Fc)区域发生特异性结合，使抗体的抗原结合位点 Fab 段暴露在修饰膜外层，上述过程提高了抗体与抗原的反应活性[144]。因此，我们采用蛋白 A 定向固定 anti－ATZ，可以提供更多的抗原结合位点，表现出更好的抗原结合力，进而提升生物传感器性能[145]。将蛋白 A (1 mg/mL)通过 EDC(4 mg/mL)－NHS(4 mg/mL)混合溶液室温下活化 30 min，将自组装之后的传感芯片浸入经过活化处理的蛋白 A 溶液中在 37℃培育30 min，用 PBS 冲洗并于氮气流中干燥，如图 4－10(d)所示。

(4) 将蛋白 A 修饰的传感芯片浸入一定浓度的 anti－ATZ 溶液中在 37℃下培育 50 min，然后用 PBS 冲洗除去物理吸附的 anti－ATZ，在氮气流中干燥，如图 4－10(e)所示。

(5) 为了防止非特异性吸附，修饰抗体的传感芯片采用 0.5% 的 BSA 溶液封闭处理 30 min，最后使用 PBS 清洗去除物理吸附的 BSA，在氮气流中干燥，如图 4－10(f)所示。

至此，可用于 ATZ 检测的磁弹性传感器制备完成，将其置于 4℃环境中保存。

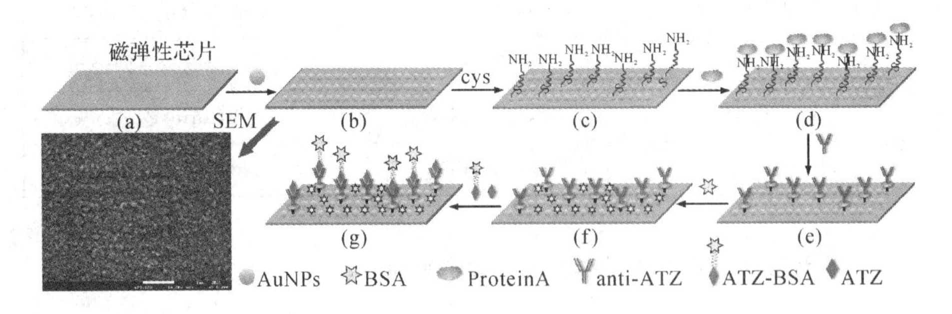

图 4－10 基于竞争法的磁弹性传感器表面生物功能化过程示意图

3. 信号测量

将制备好的磁弹性传感器垂直插入(与测量装置无任何导线连接)装有 30 μL待测样品溶液的小试管中，使传感器完全浸没于待测溶液中，通过测量传感器共振频率随时间的变化关系实现对待测样品的实时检测。

4.3.2　工作原理与特性

1. 响应机制

竞争免疫方法可以分为直接竞争免疫测定法和间接竞争免疫测定法两种。直接竞争免疫法是将抗体固定于传感器表面，通过待测物和待测物与蛋白质的偶联物竞争地与传感器表面的抗体发生结合反应，从而实现对待测物的检测，其响应信号主要是由结合的蛋白偶联物引起的。间接竞争免疫法是将待测物与蛋白质的偶联物固定于传感器表面，使用待测物和抗体的混合液作为样品溶液，其响应信号主要是由被传感器表面的蛋白偶联物捕获的抗体引起的[146]。因此，竞争免疫法可以提高检测小分子物质的灵敏度。间接竞争法对微量浓度的小分子物质具有更高的灵敏度，但是该方法操作复杂且不易实现，无法可靠地重复使用[147]。然而，直接竞争免疫法分析非常快速，操作简单，而且不需要额外的试剂[148]。

因此，针对农药小分子的检测，本章采用直接竞争免疫法对磁弹性传感器表面的功能化结构进行优化，提高其检测的灵敏度。在传感器表面修饰 anti - ATZ，并使用 ATZ 小分子和 ATZ - BSA 的混合液作为待测样品，ATZ 与 ATZ - BSA 竞争地与传感器表面的抗体发生结合反应，随着 ATZ 浓度的增大，抗体捕获的 ATZ - BSA 大分子减少，使得传感器表面增加的质量减少，导致共振频率偏移量减小。由此可见，传感器共振频率改变量与 ATZ 浓度呈反比变化关系。

2. 形貌表征

利用 AFM 对传感器表面功能化的过程进行了表征分析。图 4 - 11(a)和(b)分别是传感芯片表面镀金膜和修饰 anti - ATZ 后的 AFM 图。从图 4 - 11(b)中可以看到，修饰 anti - ATZ 之后表面粗糙度增加，平面图中白色亮点直径增大且数量增多，这是由于抗体分子呈三维立体构象，分子体积较大，当 AFM 探针扫描时其具有较大的高度，因而，抗体的结合位点表现为最亮的区域，增加的表面粗糙度是由共价固定的 anti－ATZ 引起的。AFM 横截面形貌的综合分析显示，AuNPs 涂覆的传感器表面的高度变化为 13.421 nm；然而，在抗体修饰后，该值增加至 28.425 nm，而抗体分子的直径约为 15 nm。结果表明，anti－ATZ 在传感器的表面成功实现了功能化修饰。

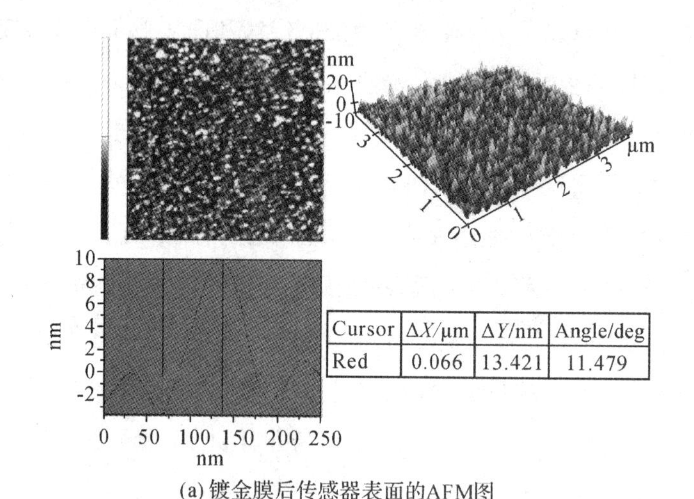

Cursor	ΔX/μm	ΔY/nm	Angle/deg
Red	0.066	13.421	11.479

(a) 镀金膜后传感器表面的AFM图

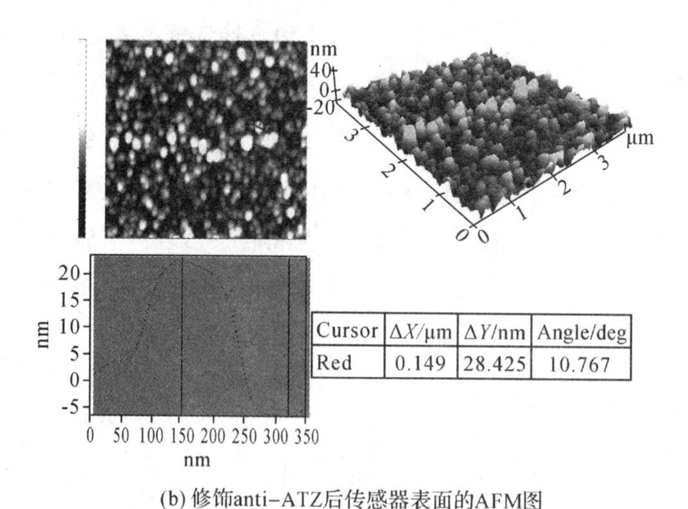

Cursor	ΔX/μm	ΔY/nm	Angle/deg
Red	0.149	28.425	10.767

(b) 修饰anti−ATZ后传感器表面的AFM图

图 4－11 传感器表面功能化后的表征分析

3. anti－ATZ 修饰浓度的优化

抗体的修饰浓度对传感器的灵敏度具有重要的影响，浓度过小会降低传感器的灵敏度，浓度过高会导致抗体分子堆积不利于与抗原分子的结合，为了确定最佳修饰浓度，测试了不同浓度(25 μg/mL、50 μg/mL、75 μg/mL、100 μg/mL)的 anti－ATZ 修饰于传感器表面引起的共振频率偏移量，如图 4－12(a)所示。其响应随着抗体修饰浓度的增加而不断增大，当 anti－ATZ 浓度在50 μg/mL时，对应的共振频率偏移量达到最大，然而当抗体浓度超过 50μg/mL 时，共振频率偏移量随浓度增加而减小，这是由于空间位阻效应和静电斥力的影响[149]，如图 4－12(b)所示。结果表明，50 μg/mL 的 anti－ATZ 修饰于传感器表面，对其负载质量改变最大，引起的频率响应最大，可以达到趋于饱和的修饰密度。因此，anti－ATZ 的最佳修饰浓度为50 μg/mL。

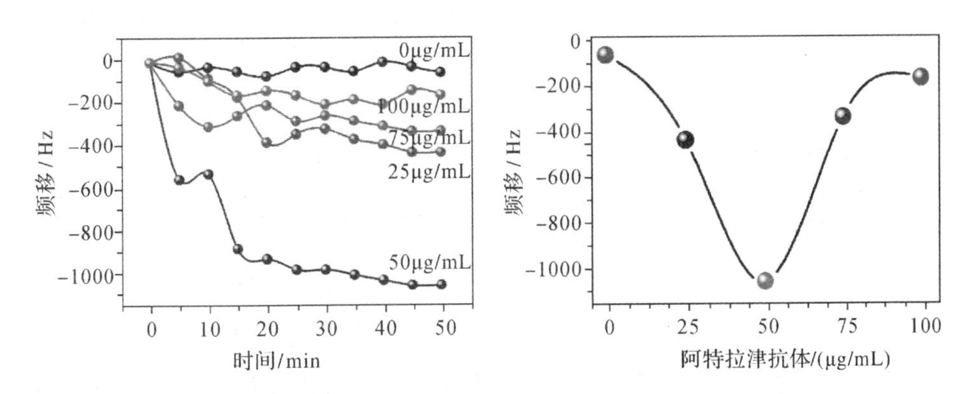

图 4－12　传感器表面修饰不同浓度 anti－ATZ 引起的共振频率响应

4. ATZ－BSA 浓度参数的优化

基于竞争免疫反应机制，ATZ 和 ATZ－BSA 竞争地与传感器表面修饰的 anti－ATZ 发生结合反应，因此，ATZ－BSA 的工作浓度也是影响传感器检测灵敏度的一个关键因素。当 ATZ－BSA 浓度过低时，不会使传感器的负载质量产生较大变化，传感器信号较弱不易测量；当ATZ－BSA浓度过高时，低浓度 ATZ 与抗体的结合受到抑制，不利于实现目标待测物 ATZ 的检测。为了确定 ATZ－BSA 的最佳工作浓度，测试了传感器对于不同浓度 ATZ－BSA

(20 μg/mL、40 μg/mL、60 μg/mL、80 μg/mL)的频率响应，如图 4－13 所示。从图 4－13 中可以观察得到，在 ATZ－BSA 浓度为 40 μg/mL 时，传感器的信号响应值达到最大。因此，ATZ－BSA 的最佳浓度参数为 40 μg/mL。

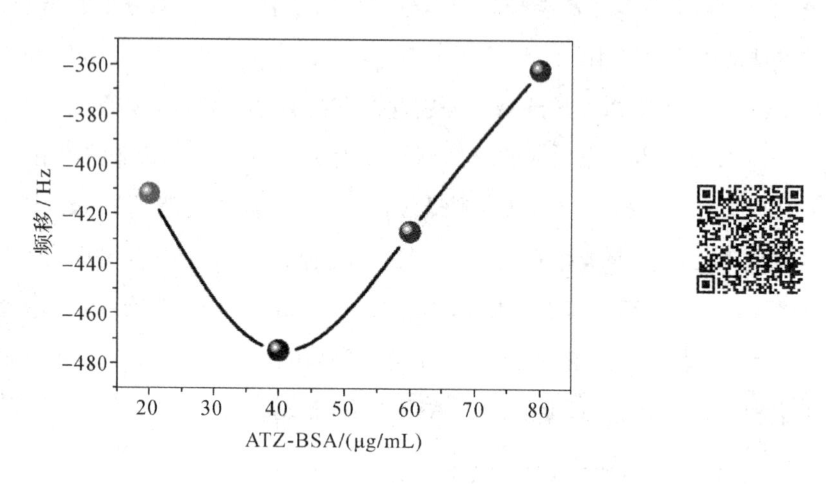

图 4－13 磁弹性传感器对于不同浓度 ATZ－BSA 的频率响应曲线

5. 阿特拉津检测

为了探索磁弹性传感器对 ATZ 的响应特性，利用制备好的传感器对不同浓度的 ATZ(0 ng/mL，1 ng/mL，10 ng/mL，100 ng/mL，1000 ng/mL，10 μg/mL，50 μg/mL，100 μg/mL)进行了频率响应测试。由于 ATZ 是小分子物质，为了放大响应信号，采用竞争免疫测定方法，引入 ATZ－BSA 大分子，将 15 μL ATZ－BSA(40μg/mL)和 15μL ATZ 的混合溶液作为待测样品溶液。图4－14中显示了磁弹性传感器对于不同浓度 ATZ 检测的动态频率响应特性曲线，反应初期共振频率迅速降低，在大约 50 min 后逐渐趋于稳态响应。同时，随着 ATZ 浓度的增加，其共振频率的偏移量逐渐减小，从 475 Hz(0 ng/mL)减小至 132 Hz(100 μg/mL)。这是由于 ATZ－BSA 和 ATZ 靶分子竞争地与传感器表面的抗体发生结合反应(见图 4－10(g))，导致传感器表面的质量负荷增大，使得其共振频率降低。ATZ－BSA 分子总量和传感器表面 anti－ATZ 提供的抗原结合位点总量是一定的，因此，被抗体捕获的 ATZ 分子数量与

ATZ－BSA分子数量成反比。随着 ATZ 浓度的增大，被抗体捕获的 ATZ 数量增多，ATZ－BSA 数量则减少，而 ATZ 的分子数量远小于 ATZ－BSA 的分子数量，导致传感器的质量变化量减小，共振频率偏移量减小。因此，较高的 ATZ 浓度会引起较小的频移量，共振频率偏移量与靶分子 ATZ 的浓度成反比的变化关系。图4－14中曲线*表示空白对照测试结果，即在传感器表面不修饰 anti－ATZ 的情况下测试对 ATZ－BSA 的响应，其频移量约为 45 Hz，远远小于检测信号，说明是非特异性吸附可以忽略不计。实验结果表明：采用竞争免疫法优化磁弹性传感器的表面功能化结构，成功实现了对小分子 ATZ 的无线实时检测。

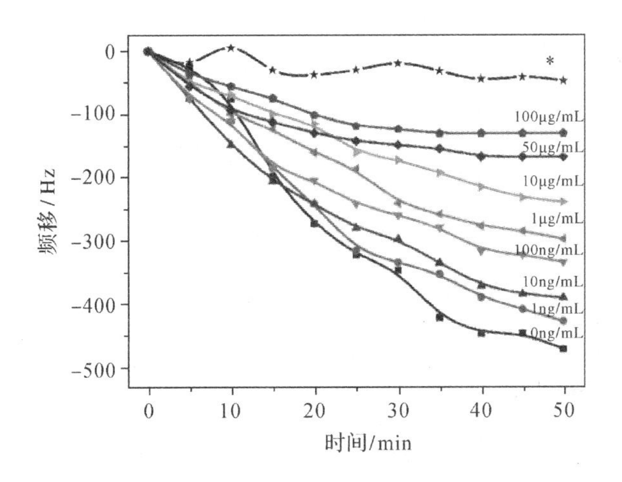

图 4－14　磁弹性传感器实时测定不同浓度 ATZ(0～100μg/mL)的频率响应特性曲线

图 4－15 是磁弹性传感器共振频率偏移量与 ATZ 浓度进行线性拟合的结果。对于每一个待测浓度，重复测试五次均可做出良好的响应，其最大相对标准偏差为 25 Hz，远小于检测信号，说明其重复性较好。图 4－15 中显示，在 1 ng/mL ～100 μg/mL 范围内，共振频率偏移量与 ATZ 浓度的对数值呈线性反比的变化关系，关系表达式为 $\Delta f=54.717\lg C_{\text{Atrazine}}-442.45(R^2=0.971)$，灵敏度为 3.43 Hz/(μg · mL^{-1})，检测极限低至 1ng/mL，远远低于美国环境保护署(EPA)对健康饮用水规定的最高允许上限 3 μg/L，满足标准要求。此

外，该检测极限明显低于已有文献报道的 ATZ 检测方法的检测限[150-151]。由此可见，通过采用竞争法对磁弹性传感器的表面功能化结构进行优化设计，极大地降低了检出极限，为微量实时检测小分子 ATZ 提供了一种非常有效的新方法。

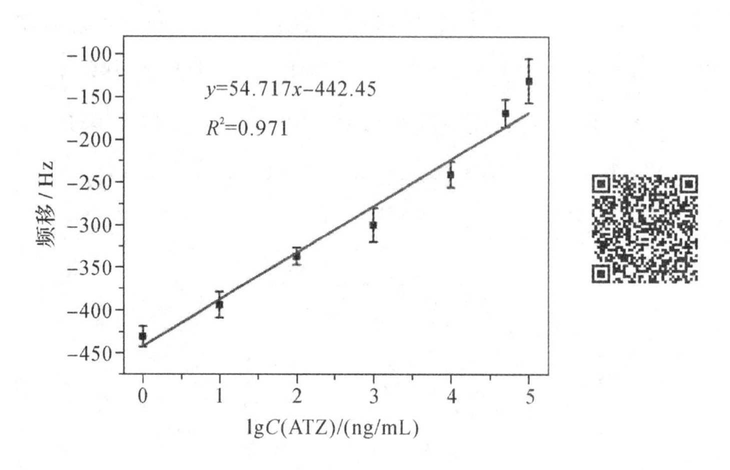

图 4－15 磁弹性传感器共振频率偏移量对于 ATZ 浓度的校正关系曲线

6. 传感器的特异性研究

特异性是传感器用于实际检测的重要性能参数，因此，对比测试了磁弹性传感器对其他三种常见农药的频率响应。图 4－16 利用传感器检测 100 μg/mL 西玛津、扑草净、DDT 的响应柱状图。从图 4－16 中可明显看出，由于非特异性吸附，传感器对其他农药的响应水平都接近对空白对照样品的响应水平，可忽略不计。同时对西玛津和扑草净的响应水平略高于 DDT，这可能是由于西玛津和扑草净都具有与 ATZ 相似的分子结构，属于三嗪类农药，但 DDT 是一种有机氯杀虫剂。结果显示，传感器对 ATZ 比对其他农药具有更高的响应信号，证明 ATZ 被有效识别并与传感器表面修饰的 anti－ATZ 发生了特异性结合反应。因此，本章制备的磁弹性传感器对 ATZ 检测具有优异的特异选择性。

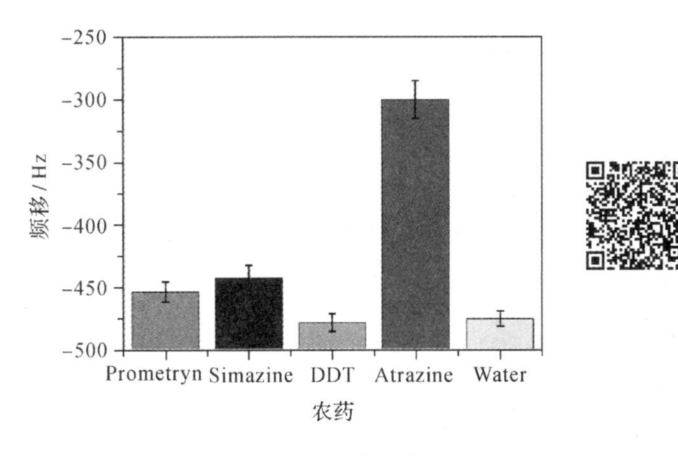

图 4－16　磁弹性传感器对于其他农药的频率响应

7. 传感器的稳定性研究

图 4－17 显示了在一周内对磁弹性传感器稳定性测试的结果。在同一实验条件下，同时制备 6 个相同的传感器存放于 4℃环境中，每天同一时间利用其中一个传感器对 10ng/mL 的 ATZ 进行测试。从图 4－17 中可以看到，传感器共振频率响应的变化幅度很小，几乎保持恒定，相对标准偏差(RSD)计算结果为 1.8%。结果表明，该磁弹性传感器的稳定性较好。

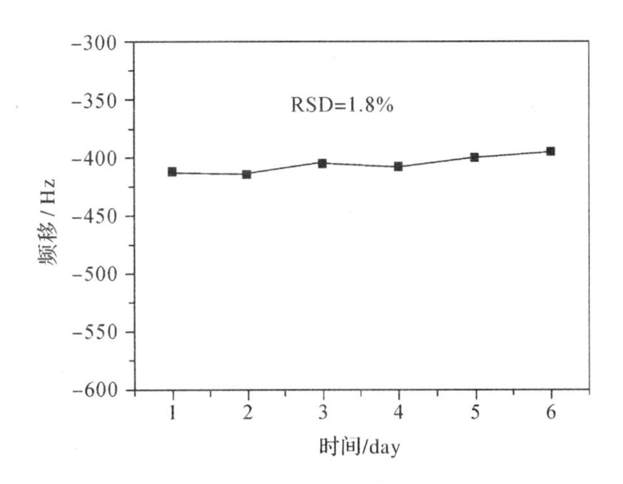

图 4－17　磁弹性传感器的稳定性测试

本章小结

本章针对热点的环境检测问题，以重金属离子和农药小分子阿特拉津为例，提出了基于磁弹性传感器的检测方法，实现了对重金属离子和阿特拉津的微量实时无线检测，解决了磁弹性传感器应用于重金属离子和农药小分子检测的关键共性问题。

针对重金属离子检测，本节提出基于重金属离子引起BSA沉淀的磁弹性传感检测方法，制备了BSA功能化的无线磁弹性传感器，研究了其对Pb^{2+}、Cd^{2+}、Cu^{2+}的响应特性，并对传感器表面形貌进行了表征分析，得到以下主要结论：

(1) 基于BSA与重金属离子作用可得到沉淀附着于传感器表面进而导致负载质量增加、共振频率降低的原理，采用BSA功能化修饰对磁弹性传感器表面进行改性优化，设计了一种可用于重金属离子检测的新型无线磁弹性传感器。优化pH值得到其最佳参数为6.1，SEM、EDS和荧光显微镜表征结果证明BSA成功修饰于传感器表面，并且实现了对Pb^{2+}的吸附。

(2) 利用制备的传感器测定了不同浓度的Pb^{2+}、Cd^{2+}、Cu^{2+}，结果表明传感器对三种重金属离子都表现出良好的响应特性。共振频率偏移量随重金属离子浓度的增大而增大，线性响应区间为$0\sim4.8\times10^{-6}$ mol/L，且重复性较好。传感器对Pb^{2+}、Cd^{2+}、Cu^{2+}的检测极限分别为3.3×10^{-7} mol/L、2.4×10^{-7} mol/L、2.3×10^{-7} mol/L，均低于国家污水综合排放标准规定的排放上限；检测灵敏度分别为9.4×10^{7} Hz/(mol·L^{-1})、7.1×10^{7} Hz/(mol·L^{-1})、4.7×10^{7} Hz/(mol·L^{-1})(排序规律为$Pb^{2+}>Cd^{2+}>Cu^{2+}$)，对原子量较大的重金属响应更为灵敏。相比基于置换反应的检测方法，本章制备的传感器对Pb^{2+}的检测灵敏度提高了约4个数量级，检测限降低了约5个数量级。由此证明，通过采用BSA功能化对磁弹性传感器表面进行改性优化，突破了检测极限和灵敏度，成功实现了对重金属离子的微量实时无线检测。

(3) 本书中对近几年其他重金属离子检测方法的报道进行了整理总结，并与本章中制备的无线磁弹性传感器进行了比较，发现BSA功能化的磁弹性传感器对于重金属离子检测具有更高的灵敏度、更低的成本和更低的检测限，综合性能较好。

针对农药小分子检测，本节提出基于竞争免疫分析法的磁弹性传感检测方法，介绍了一种可用于农药 ATZ 检测的新型无线磁弹性传感器。优化了 anti - ATZ和 ATZ - BSA 的浓度参数，并对传感器表面功能化过程进行 AFM 表征。系统地研究了传感器对不同浓度 ATZ 的敏感性、特异性及稳定性，得到以下主要结论：

(1) 采用蛋白 A 实现了 anti - ATZ 的定向固定，在传感器表面提供更多的抗体活性位点，使其可以结合更多抗原分子并提供更加有效的抗原结合力，提升了传感器的灵敏特性。优化 anti - ATZ 修饰浓度，得到其最佳浓度参数为 50 μg/mL。

(2) 采用竞争免疫分析法优化传感器表面的功能化结构，引入 ATZ - BSA 大分子，通过其与 ATZ 竞争地结合传感器表面修饰的 anti - ATZ 分子，放大响应信号。优化 ATZ - BSA 浓度参数为 40 μg/mL。利用制备好的传感器对 ATZ 进行了浓度梯度测试，结果表明：随着 ATZ 浓度增大，传感器的共振频率偏移量逐渐减小，在 1～100 μg/mL 范围内呈线性反比的变化关系。该传感器的响应灵敏度为 3.4 Hz/($\mu g \cdot mL^{-1}$)，检测极限低至 1 ng/mL，检测极限远远低于美国环境保护署对健康饮用水规定的标准上限，并且低于已有文献报道的检测方法的检测极限。

(3) 通过对西玛津、扑草净、DDT 等三种常见农药的干扰测试，验证了该传感器对 ATZ 检测的高特异性。此外，测试了传感器的稳定性，测试过程中响应值几乎保持不变，相对标准偏差(RSD)为 1.8%，表现出较好的稳定性。以上结果证明，通过采用竞争法对磁弹性传感器表面的功能化结构进行优化设计，极大地降低了检测限，成功实现了对 ATZ 的微量实时特异性检测。

(4) 综合以上测试与分析，竞争免疫分析法在磁弹性传感器表面优化设计中的应用极大地降低了传感器的检出限，通过改变其功能化材料可以被用于多种农药小分子物质的检测领域中，丰富了所构建传感器的种类和扩大了传感器的应用范围，指出了其在其他环境污染物检测和水质监测方面的潜在实用性。

第 5 章　磁弹性传感器在癌胚抗原检测中的应用

5.1 引　言

癌症是目前人类尚未攻克并且严重危害人类生命健康的恶性疾病[152]。近年来，我国的老龄化进程加速，癌症的患病率甚至死亡率不断升高[153]。癌症不但对于人类健康有着巨大的威胁，而且常常造成严重的家庭经济负担和沉重的心理压力，成为当代世界的一大公共健康隐患。据报道，2015 年中国新发癌症病例有四百多万，其中将近一半癌症患者死亡[154]。根据 2017 年发布的中国城市癌症的最新数据，平均每天约 1 万人确诊患癌，平均每分钟就有 7 人被确诊[155]。对于疾病诊断，我国乃至全球面临的一个迫切需要解决的关键性问题是：癌症的预防、早期诊断与治疗。如何有效攻克癌症难题已成为世界卫生组织（WHO）和各国卫生部门的首要任务之一[156]。

传统的癌症检测方法有肝肾功能、B 超、X 射线、CT、ECT、核磁共振等。其优点是比较可靠和稳妥，缺点是检测时间长，患者承受的痛苦较大。随着科技的发展，一些新的检测手段出现了，如滴血芯片检测、基因检测、纳米检测，但是其价格昂贵，可靠性低。

目前，肺癌和消化系统癌症是世界范围内最为常见的癌症，消化系统癌症包括胃癌、肝癌、食管癌、大肠癌等[157]。研究表明：癌胚抗原（CEA）的水平可以反映这类癌症的病变程度。CEA 是由大肠癌组织产生的酸性糖蛋白，其广泛见于消化系统癌症中，并且存在于正常胚胎的消化道组织和正常人的血清中[158]。人体在健康状态时，CEA 水平很低，但是人体组织病变为肿瘤细胞时，CEA 水平会迅速升高[159]。CEA 是国际公认的癌症标志物之一，主要与消化系统癌症有关，也见于胰腺癌、胆管癌、肺癌、乳腺癌等[160]。因此，制备高灵敏度传感器实现 CEA 的特异性检测对癌症的诊断与预防、愈后观察、疗效评估等具有重要意义。

当前，传统的 CEA 检测方法有 ELISA[161]、荧光免疫测定法[162]、电化学免疫测定法[163]。ELISA 实验过程需要保证恒温 37℃，以及相应特需的 pH 值等，实验过程较复杂；荧光免疫测定法相对简单，有利于提高实验效率，但是对于大分子物质的检测不适用；电化学免疫测定法的测试灵敏度高，响应速度快，但是需要大型仪器设备，成本昂贵。因此，设计一种操作简单、成本低、可对癌症标记物 CEA 实现低剂量特异性检测的传感器是极其有意义的。

5.2　基于抗体修饰的磁弹性传感器检测 CEA

本节介绍了一种新型的磁弹性癌胚抗原传感器，利用抗原抗体特异性免疫沉淀法，采用癌胚抗原抗体(CEA - Ab)对传感器的表面进行改性优化，特异性识别 CEA 靶分子并与修饰在传感器表面的 CEA - Ab 发生结合反应，从而实现了对不同浓度 CEA 的低剂量特异性检测，重点阐述了磁弹性癌胚抗原传感器的制备工艺技术及其传感检测性能。

5.2.1　制备工艺技术

1. 实验试剂与仪器

实验所用的材料和化学试剂的名称、规格与生产厂家如表 5 - 1 所示。

表 5-1 实验所用材料及化学试剂

名　称	规　格	生产厂家
丙酮(CH_3COCH_3)	分析纯级	北京国药集团
异丙醇(C_3H_8O)	分析纯级	北京国药集团
无水乙醇(C_2H_6O)	分析纯级	北京国药集团
癌胚抗原抗体(CEA-Ab)		上海生工生物工程公司
癌胚抗原(CEA)		上海生工生物工程公司
人血清白蛋白(HSA)		北京索莱宝生物科技有限公司
甲胎蛋白(AFP)		北京索莱宝生物科技有限公司
黏蛋白(MUC)		北京索莱宝生物科技有限公司
β-巯基乙胺(Cysteamine)		美国 Sigma 公司
牛血清白蛋白(BSA)	99%	美国 Sigma 公司
N-羟基丁二酰亚胺(NHS)		美国 Sigma 公司
碳二亚胺(EDC)		美国 Sigma 公司
PBS 缓冲液	0.01 mol/L，pH=7.4	美国 Sigma 公司
去离子水	电阻率≥18.25 MΩ·cm	

实验所用主要仪器及设备的名称、型号与制造厂商如表 5-2 所示。

表 5-2 实验所用的主要仪器及设备

名　称	型　号	制造厂商
原子力显微镜 AFM	ND-100	韩国 Park 公司
矢量网络分析仪	AV3620A	美国安捷伦公司
去离子水机	UPT-10	西安优普仪器设备有限公司
电子天平	BSA224S-CW	美国 Sartorius 公司
超声波清洗机	KQ-300VDB	江苏昆山超声仪器有限公司

2. 传感芯片表面的功能化修饰

采用CEA-Ab对传感芯片表面进行生物功能化修饰的过程如图5-1所示。首先，在室温环境下采用40 mmol/L巯基乙胺溶液对制备好的传感芯片处理12 h，使传感芯片表面形成自组装层(SAM)，将SAM作为固定CEA-Ab的功能层。之后，将自组装后的传感器浸入10 mg/mL EDC-10 mg/mL NHS活化后的CEA-Ab溶液中，在37℃环境培育50 min，使传感芯片表面修饰固定CEA-Ab。最后，采用0.1% BSA溶液将传感芯片封闭30 min，通过减少非特异性吸附和空间位阻效应提高传感器的性能。

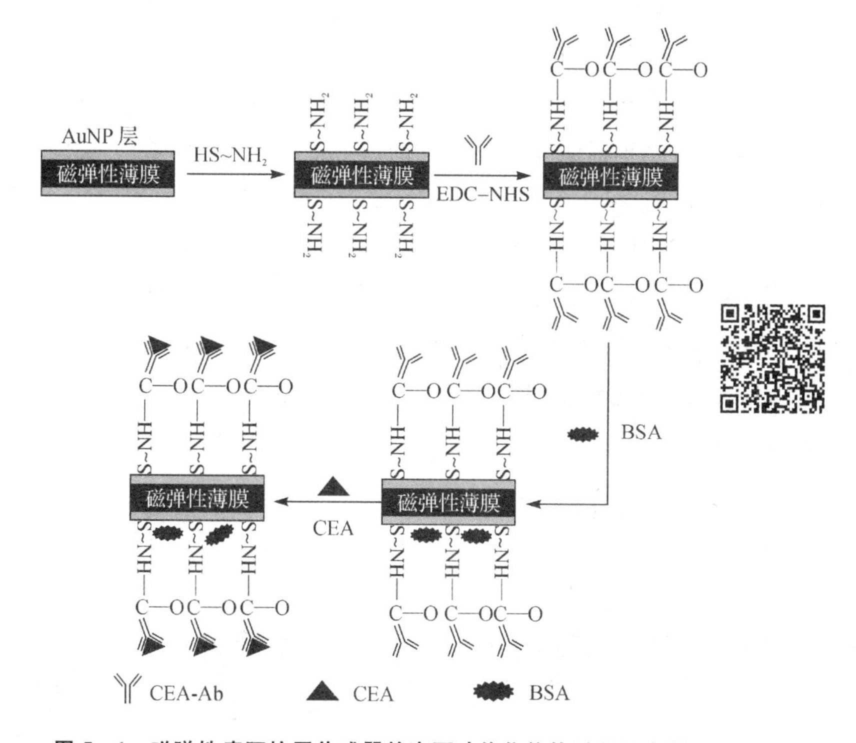

图5-1　磁弹性癌胚抗原传感器的表面功能化修饰过程示意图

3. 信号测量

我们将不同浓度的CEA待测溶液(0～100 ng/mL)加入被线圈缠绕的小试管中，在小试管中垂直插入制备好的传感器，使传感器完全浸入待测液体中，通过测量磁弹性传感器的共振频率随时间的变化关系即可实现对不同浓度CEA的实时检测。之后，使用PBS对传感器表面进行冲洗并于氮气流中干燥，用于AFM表征。

5.2.2　工作原理与特性

1. CEA－Ab修饰浓度的优化

传感器表面生物识别分子的修饰浓度是影响检测灵敏度的一个重要因素。为了提高传感器的灵敏特性，研究人员对传感器表面抗体的修饰浓度进行了优化，测试了不同表面修饰浓度CEA－Ab(20 μg/mL、50 μg/mL、70 μg/mL、100 μg/mL)引起的传感器的频率响应，如图5－2(a)所示。从图5－2(a)中可以看到，CEA－Ab修饰前期传感器的共振频率迅速下降，随着时间推移，共振频率的变化速率减小，逐渐趋于稳定，并在50 min时达到饱和状态，这也是选择50 min作为抗体修饰时间的原因。根据图5－2(a)可绘制传感器共振频率偏移量与CEA－Ab修饰浓度的关系柱状图(见图5－2(b))。由图5－2(b)可得，当CEA－Ab修饰浓度为50 μg/mL时，传感器的共振频率偏移量达到最大，约为448 Hz，即达到了最大的修饰密度。然而当CEA－Ab浓度达到70 μg/mL时，共振频率偏移量开始减小，这是由于空间位阻效应和静电斥力的影响[164]。因此，CEA－Ab的最佳修饰浓度为50 μg/mL。

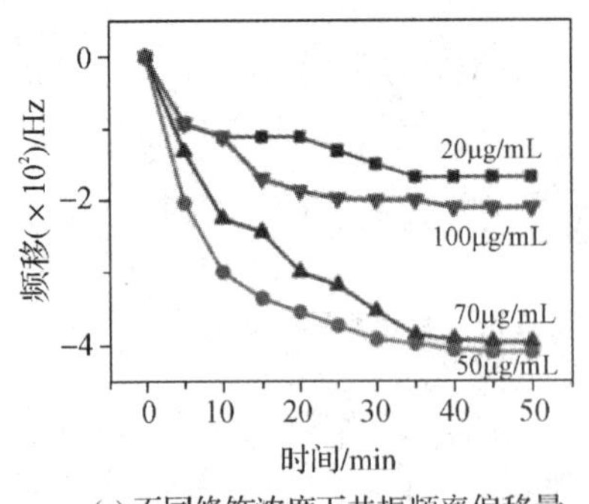

(a) 不同修饰浓度下共振频率偏移量随时间的变化曲线

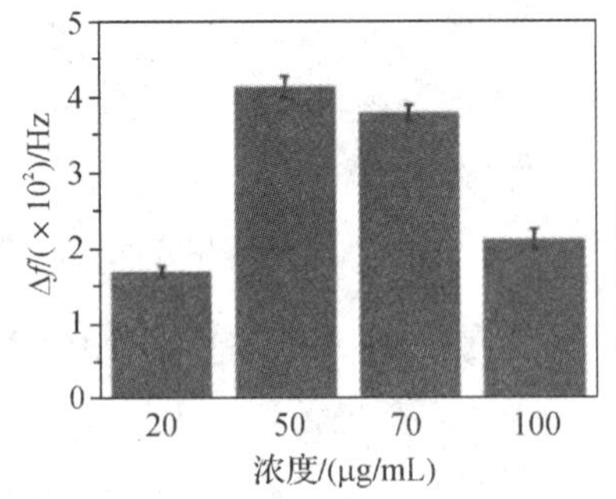

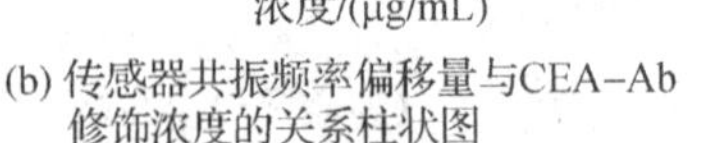
(b) 传感器共振频率偏移量与CEA－Ab修饰浓度的关系柱状图

图5－2　CEA－Ab修饰浓度优化

2. 传感器表面形貌的表征

图5-3是磁弹性传感器表面修饰及检测过程的AFM表征。图5-3(a)是传感器表面形成自组装分子层(SAM)的AFM图。从图中可以看到，SAM层分布均匀并且突起的直径较小。图5-3(b)是表面修饰CEA-Ab之后的AFM图，与SAM层相比，表面粗糙度增加，突起形状分布均匀，其高度和直径都有所增大，表明CEA-Ab通过共价键合的方式成功修饰于传感器表面。图5-3(c)表示利用传感器检测CEA分子之后的AFM表征。从图中可以看到，表面突起形状的高度增加，同时其直径较之前更大，证明CEA靶分子被传感器表面的抗体分子特异性识别并且发生了结合反应。

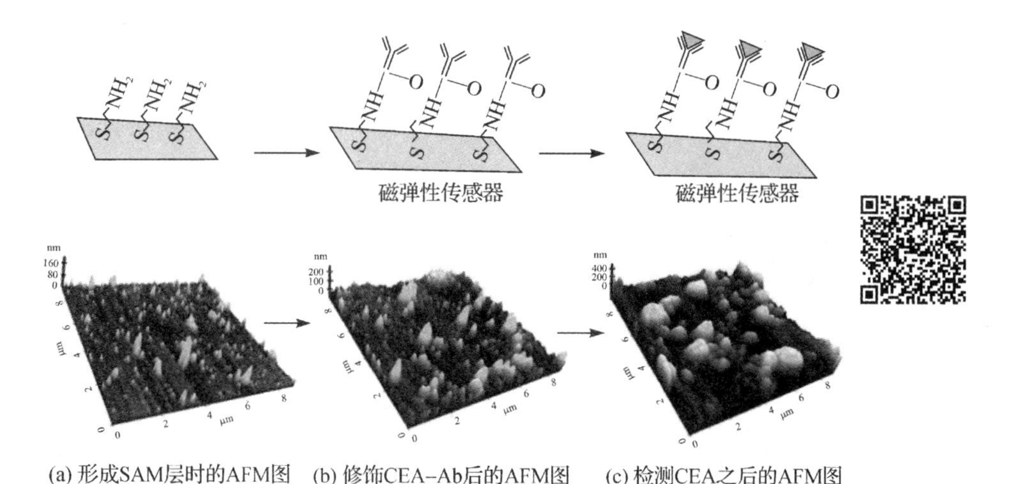

图5-3　磁弹性传感器表面修饰及检测过程的AFM表征

3. 癌胚抗原检测

图5-4(a)是磁弹性传感器对浓度范围为0～100 ng/mL CEA的频率实时响应特性曲线。从图5-4(a)中可以看到，其共振频率随着反应时间的增加而逐渐降低，大约在40 min时达到稳态响应。同时，随着CEA浓度增大，传感器共振频率的偏移速率和幅度都随之增大，从50 Hz(0.1 ng/mL)增大到630 Hz(100 ng/mL)。基于抗原抗体的特异性结合特性，当待测样品中的CEA

靶分子被传感器表面修饰的 CEA - Ab 分子特异性识别并且捕获时，反应形成的抗原抗体复合物附着于传感器表面，引起共振频率降低。响应时间取决于复合物形成并附着于传感器表面所需的时间。图 5 - 4(a)中 0 ng/mL 曲线代表相同的传感器在没有 CEA 靶分子时的背景噪声。从图5 - 4(a)中可观察到约 13 Hz 的噪声水平，远小于检测信号，表明非特异性吸附可以忽略不计。因此，磁弹性传感器的响应信号仅仅是由于 CEA 分子被特异性吸附于传感器表面引起的，与 AFM 表征的结果相符。

图 5 - 4(b)是传感器的共振频率偏移量对于 CEA 浓度(0.1～100 ng/mL)的校正关系曲线，测定反应时间为 40 min，五次重复测试均可做出良好的响应，其误差在可控范围之内，说明其具有较好的可重复性。从图中可以明显看到，在 0.1～100 ng/mL 范围内，传感器共振频率偏移量与 CEA 浓度的对数值呈线性变化关系(R^2＝0.9688)，检测极限低至 2.5 pg/mL，远远低于健康成人血清中 CEA 浓度上限 2.5 ng/mL，满足标准要求。此外，该检测极限明显低于已有文献报道的 CEA 检测方法的检测极限[165-166]。结果表明，通过采用 CEA - Ab 功能化对磁弹性传感器的表面进行改性优化，成功实现了对 CEA 的低剂量无线实时检测。

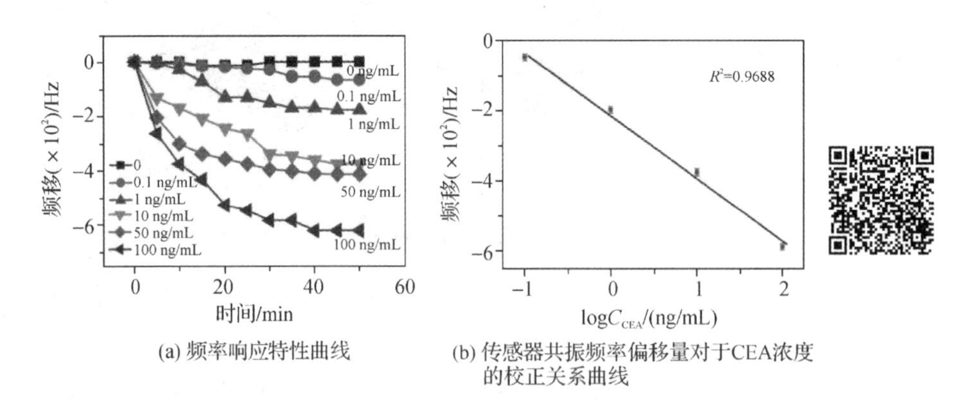

(a) 频率响应特性曲线

(b) 传感器共振频率偏移量对于CEA浓度的校正关系曲线

图 5 - 4 传感器检测 CEA 的响应特性

表 5 - 3 总结了现有文献报道的各种 CEA 检测方法的性能比较，对比发现本章制备的磁弹性癌胚抗原传感器检测极限更低，线性响应区间更宽，响应时间较短，并且无须标记，降低了成本且无污染，操作简单便携，易于实现，与

现有方法相比综合性能更佳。

表 5 - 3　各种 CEA 检测方法之间的性能比较

方　法	检测限 /(ng/mL)	线性区间 /(ng/mL)	时间 /min	标记物	参考文献
磁弹性癌胚抗原传感器	0.0025	0.1～100	40	无须标记	本书
氧化石墨烯薄膜修饰丝网印刷电极	35	50～500	120～180	辣根过氧化物酶	[167]
流动注射电化学装置	0.5	1.5～60	30	无须标记	[168]
表面等离子体共振生物传感器	1	1～60	16.5	链霉亲和素修饰的纳米金颗粒	[169]
比色荧光生物传感器	0.1	0.5～20	90	无须标记	[170]

4. 传感器的特异性

为了评估传感器的特异性，利用所制备的磁弹性传感器对 100 ng/mL 的 HSA、AFP、MUC、BSA 等同类型干扰物质进行了干扰对比测试，如图 5 - 5 所示。传感器对同等浓度的 CEA 表现出比对其他干扰待测物更高的频率响应信号，表明由非特异性吸附导致的干扰信号较小，可忽略不计，证明 CEA 可以被传感器表面修饰的 CEA - Ab 特异性识别。由此可见，该磁弹性传感器对 CEA 检测具有良好的特异选择性。

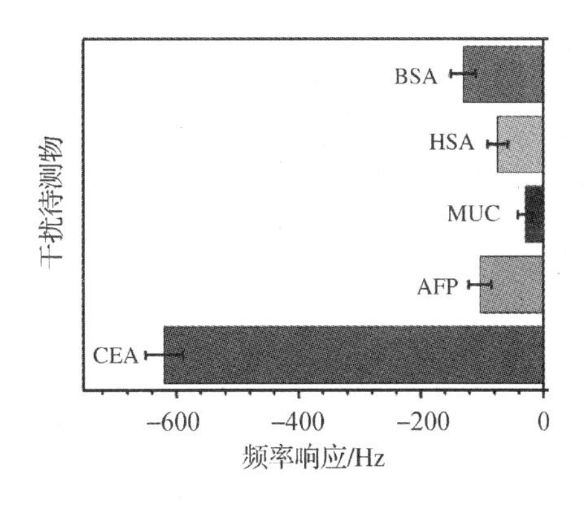

图 5 - 5　磁弹性癌胚抗原传感器对其他干扰物质的频率响应

5.3 磁弹性 DNA 传感器检测 CEA

本节介绍了基于竞争机制的磁弹性 DNA 生物传感器，用于检测 CEA，采用磁弹性材料作为传感平台，CEA 适配体作为特异性识别元件，为了提高传感器的灵敏度，采用 DNA - AgNCs 放大信号。当加入 CEA 后，基于竞争机制，CEA 适配体会优先与 CEA 结合，形成稳定的复合物，导致 CEA 适配体和 DNA - AgNCs 从传感器表面脱落。基于磁弹性材料的磁致伸缩特性，传感器的共振频率随着 DNA - AgNCs 和 CEA 适配体的释放而增大。本节通过紫外-可见光谱、X 射线光电子能谱(XPS)、拉曼光谱、透射电子显微镜(TEM)和原子力显微镜(AFM)对传感器表面修饰和检测过程进行了表征，并介绍了传感器的灵敏度、检测极限、稳定性和特异性等传感性能。

5.3.1 制备工艺技术

1. 实验试剂与仪器

实验所用的材料和化学试剂的名称、规格与生产厂家如表 5 - 4 所示。

表 5 - 4 实验所用材料及化学试剂

名 称	规 格	生产厂家
磁致伸缩材料	Metglas alloy2826	美国 Honeywell 公司
6 -巯基- 1 -己醇(6 - Mercapto - 1 - hexanol，MCH)		日本东京化工有限公司
丙酮(CH_3COCH_3)	分析纯级	北京国药集团
异丙醇(C_3H_8O)	分析纯级	北京国药集团
无水乙醇(C_2H_6O)	分析纯级	北京国药集团

续表

名　称	规　格	生产厂家
甲胎蛋白(AFP)		北京索莱宝科技有限公司
癌胚抗原(CEA)		北京科跃中楷生物技术有限公司
人血清白蛋白(HSA)		上海宸功生物科技有限公司
凝血酶(TT)		上海宸功生物科技有限公司
黏蛋白(MUC)		上海宸功生物科技有限公司
碳二亚胺(EDC)		美国 Sigma 公司

实验中使用的缓冲溶液如表 5－5 所示。

表 5－5　实验中使用的缓冲溶液

溶　液	缓 冲 液	pH 值
HS－DNA	0.01 mol/L PBS，1.0 m mol/L TCEP	7.0
CEA 适配体	0.01 mol/L PBS	7.4
CEA	0.01 mol/L PBS	7.4

实验中所用的 DNA 序列均由生工生物工程(上海)股份有限公司合成和纯化，其序列如表 5－6 所示。

表 5－6　实验中使用的寡核苷酸

DNA 序列名称	序　列
DNA (CEA 适体)	5’－ATACCAGCTTATTCAATT－3’
DNA(以 Au—S 键的形式被固定在涂有金层的芯片表面)	5’－AAGCTGGTAT－(CH2)6－SH－3’
DNA(用于合成 DNA－AgNCs)	5’－CCCCCCCCCCCCAATTGAAT－3’

实验所用主要仪器及设备的名称、型号与制造厂商如表 5－7 所示。

表 5-7 实验所用主要仪器及设备

名　称	型　号	制造厂商
紫外-可见分光光度计	UV-8000A	上海元析仪器有限公司
矢量网络分析仪	AV3620A	美国安捷伦公司
透射电子显微镜(TEM)	JEM 2010	日本 Electronics 公司
拉曼光谱仪	Leica 型	英国 Renishaw 公司
X 射线光电子分光镜		日本 Amicus Budget 公司
原子力显微镜(AFM)	NX10	韩国 Park

2. DNA 模板银纳米团簇的制备

首先将 48 μL 的 $AgNO_3$ 溶液(1 mmol/L)加入 DNA 溶液中(50 μmol/L、160 μL)以提供 6∶1的 Ag^+∶DNA 的摩尔比。将上述溶液在冰浴中避光孵育 15 min后，在剧烈振荡下加入新鲜制备的 $NaBH_4$ 溶液(2 mmol/L、15 μL)来还原该混合物。将上述溶液在 25℃下避光反应 3 h。最后将溶液保存在 4℃的冰箱中。

3. 磁弹性芯片制备和表面的修饰

将磁弹性材料(Metglas alloy2826)切割成 5 mm×1 mm×28 μm 的尺寸作为传感芯片。用等离子溅射法在材料表面溅射一层金属铬，其厚度约为 100 nm。铬层被用作黏合剂来黏合磁弹性材料和金层，也还可以在富铁基材上形成电化学保护层，防止基材在盐环境中流失。再在铬层表面溅射一层金，其厚度约为 100 nm。金层的作用是促进 DNA 生物传感器的修饰，提高其生物相容性。然后分别用甲醇和去离子水清洗磁弹性芯片。最后，将磁弹性芯片在 200℃下退火 3 h，消除材料表面的残余应力。该磁弹性芯片在空气中的谐振频率约为 440 kHz。

将上述制备的镀金磁弹性芯片在丙酮、异丙醇、乙醇、去离子水中均超声清洗 5 min，在氮气中干燥。将清洗过的传感芯片浸入混合了 TCEP 溶液的 HS-DNA溶液(2 μmol/L)中，室温避光环境下放置 12 h 后取出。TCEP 是一种还原剂，可以减少溶液中的二硫键(—S—S—)，保证自由的—SH 基团可以与金表面发生反应[171]。由于 DNA 带负电荷，所以 DNA 分子之间存在静电斥力，这种静电力会阻碍其他 DNA 分子的吸附或杂交[172]。因此，这一固定步骤需要 12 h 才能形成稳定的 DNA 结合物。然后用去离子水冲洗磁弹性 DNA 生物传感器，将其浸泡在 MCH 溶液(1 mmol/L)中 1 h，目的是除去非特异性吸附，然后将磁弹性 DNA 生物传感器从溶液中取出，再次用去离子水冲洗。

将 DNA - AgNCs 溶液(20 μL)和 CEA 适配体溶液(20 μL、50 μmol/L)转移到同一离心管中进行充分涡旋。最后，将磁弹性 DNA 生物传感器置于混合溶液中室温浸泡 1 h，取出后进行 CEA 检测。

4. 信号测量

磁弹性 DNA 生物传感器与检测仪器之间不存在物理连接，通过磁场进行激励和反馈信号[173]，可实现无线检测。采用矢量网络分析仪为线圈提供激励信号，并测量其反馈信号。线圈外的磁体为检测系统提供直流偏置磁场，最大限度地提高磁弹性 DNA 生物传感器的响应强度。当磁弹性 DNA 生物传感器的振动频率与交变磁场的频率重合时，反射系数 S_{11} 达到最低点。CEA 的浓度可以通过监测谐振频率的偏移来反映，即反射系数 S_{11} 的最低点的偏移量。无线磁弹性 DNA 生物传感器测量系统原理如图 5 - 6 所示。将制备好的磁弹性 DNA 生物传感器置于缠绕有线圈的小试管中，在试管中滴加入一定浓度的 CEA 溶液，每隔 5 min 监测并记录一次谐振频率的变化。

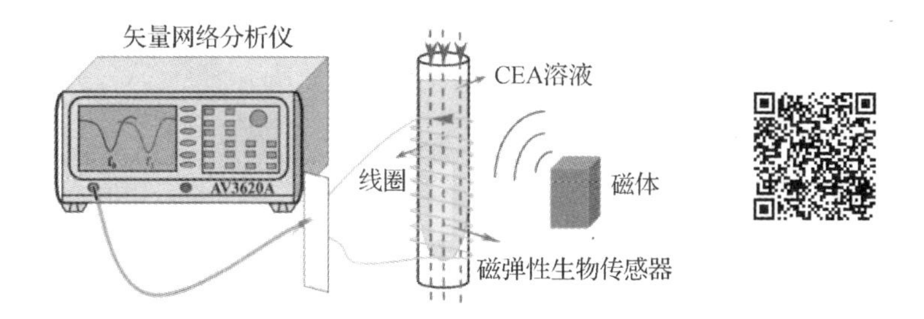

图 5 - 6　无线磁弹性 DNA 生物传感器测量系统原理图

5.3.2 工作原理与特性

1. 传感器的传感机制

磁弹性 DNA 生物传感器功能化过程原理如图 5-7 所示。一方面，将与CEA 适配体半互补的硫醇化单链 DNA(HS-DNA)通过金-硫键固定在镀金磁弹性平台表面。同时，作为间隔物的 MCH 也被固定在传感器表面。MCH 的应用降低了非特异性吸附和空间位阻，提高了磁弹性 DNA 生物传感器的性能。另一方面，通过 DNA 杂交将 CEA 适配体和 DNA-AgNCs 诱导到磁弹性DNA 生物传感器表面。当加入 CEA 溶液后，CEA 适配体会优先与 CEA 结合形成复合物，从而导致 CEA 适配体和 DNA-AgNCs 从传感器表面释放，磁弹性 DNA 生物传感器表面质量的降低，引起共振频率的偏移。在检测过程中，CEA 不会被吸附到传感器表面，不会因为大分子体积而占据表面的反应位点，有利于后续的反应。同时，DNA-AgNCs 的使用放大了检测信号，提高了传感器的灵敏度，实现了对 CEA 的高灵敏度检测。

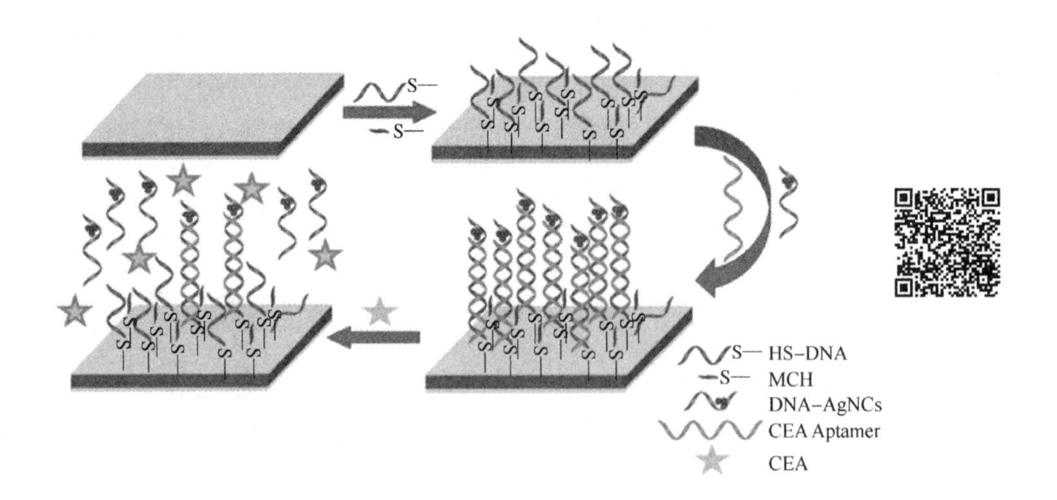

图 5-7 磁弹性 DNA 生物传感器功能化过程原理图

2. DNA - AgNCs 的表征

为了表征合成的 DNA - AgNCs，对其用紫外-可见光谱进行了分析。图 5 - 8(a)中的吸收光谱显示，DNA - AgNCs 的峰值分别为 261 nm 和 412 nm，261 nm 处为 DNA 的紫外吸收峰，412 nm 处为银的紫外吸收峰，与文献报道一致[174]。同时，DNA - AgNCs 在室内光下呈现明显的浅棕色(见图(a)中的Ⅰ)，在紫外光下呈现红色(见图(a)中的Ⅱ)，说明成功制备出了 DNA - AgNCs。利用 TEM 图像观察 DNA - AgNCs 的形态，如图 5 - 8(b)所示。可以看出，DNA - AgNCs呈球形，粒径均匀，大小约为 3 nm。DNA - AgNCs 的 TEM 观察形态与文献报道的结果一致，进一步证明了 DNA - AgNCs 的成功制备。

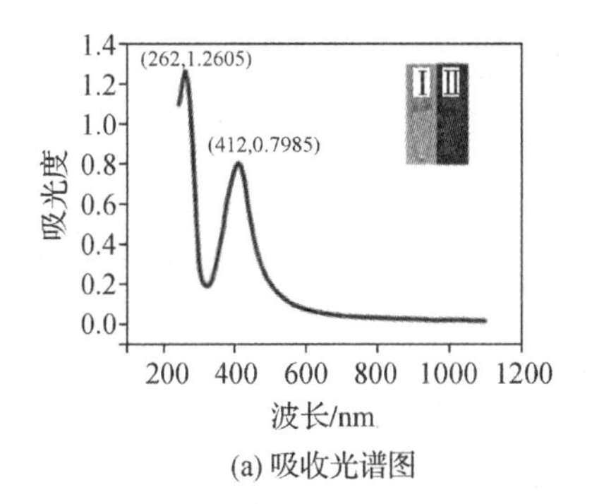

(a) 吸收光谱图

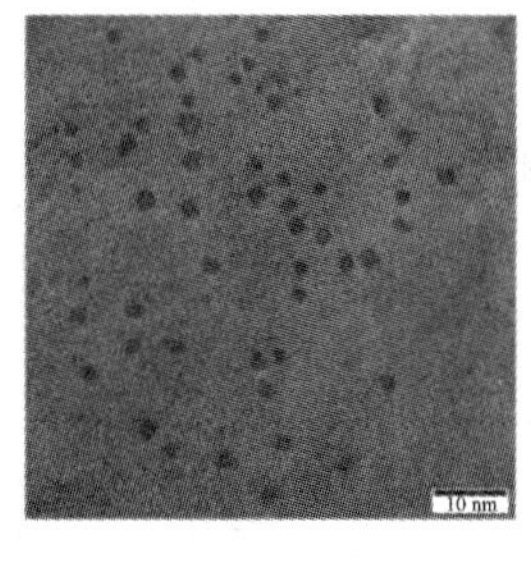

(b) DNA–AgNCs的TEM图

图 5 - 8　DNA - AgNCs 的表征

3. 可行性验证

为了建立一种高灵敏的 CEA 检测方法，采用竞争法设计传感器结构并且通过 DNA - AgNCs 放大信号。为了验证杂交过程的可行性，对传感器制备中的杂交过程进行了监测，如图5 - 9 所示。在杂交过程中，随着时间的推移，共振频率的变化逐渐减小，说明 CEA 适配体和 DNA - AgNCs 被成功

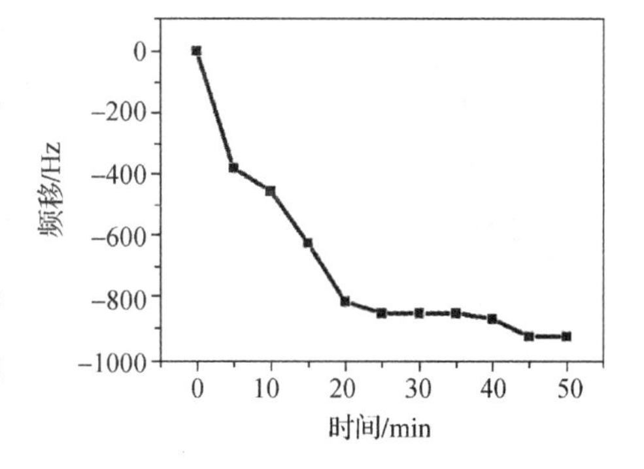

图 5 - 9　杂交过程中共振频率的变化

诱导到磁弹性 DNA 生物传感器的表面，并且 HS - DNA 和 CEA 适配体之间的相互作用足以支持杂交。

由于 DNA 的质量相对较小，在存在 CEA 的情况下，CEA 适配体本身不能引起共振频率的较大变化。因此，信号放大是提高磁弹性 DNA 生物传感器灵敏度的关键因素。在传感器的制备过程中，通过与 CEA 适配体杂交，DNA - AgNCs被诱导在传感器的表面。在 CEA 的检测过程中，CEA 适配体的释放会导致 DNA - AgNCs 的释放，从而增强了磁弹性 DNA 生物传感器表面的质量变化。如图 5 - 10 所示，与只使用相同浓度的 CEA 适配体(0.05 ng/mL)相比，DNA - AgNCs 的存在将信号响应放大了约 2.1 倍，磁弹性 DNA 生物传感器的灵敏度得到了提高，由此证明了 DNA - AgNCs 的信号放大作用。

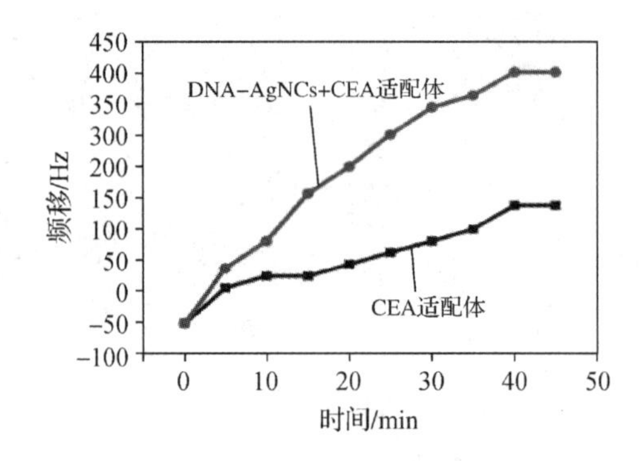

图 5 - 10 在 DNA - AgNCs 存在和不存在的情况下检测相同浓度 CEA 时共振频率的变化

在实验过程中，磁弹性 DNA 生物传感器的表面会暴露在作为溶剂的盐溶液中，因此，验证盐溶液对磁弹性 DNA 生物传感器的影响是非常重要的。图 5 - 11为制备的磁弹性 DNA 生物传感器在不同浓度 PBS 溶液下的共振频率响应。共振频率变化的最大值为 75 Hz，平均值约为 25 Hz。共振频率的变化与盐浓度之间没有明显的规律性，说明磁弹性 DNA 生物传感器的表面对盐浓度不敏感。

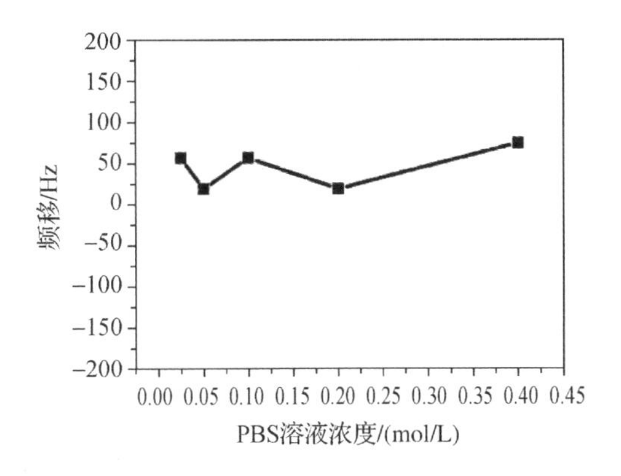

图 5－11　制备的纳米生物传感器在不同浓度 PBS 溶液中的响应

此外，还对磁弹性 DNA 生物传感器检测过程中表面主要元素(C、N、O、P)的变化进行了逐步表征以证明竞争策略的可行性。从图 5－12 中可以看出，CEA 适配体修饰到传感器表面后(列Ⅱ)的元素含量较修饰前(列Ⅰ)有所增加。CEA 加入后，随着反应时间的增加，列Ⅱ～Ⅳ表面元素含量逐渐减少，表明 CEA 适配体和 DNA－AgNCs 从表面逐渐释放，证明了 CEA 适配体优先结合 CEA，从而证明了竞争策略的可行性。

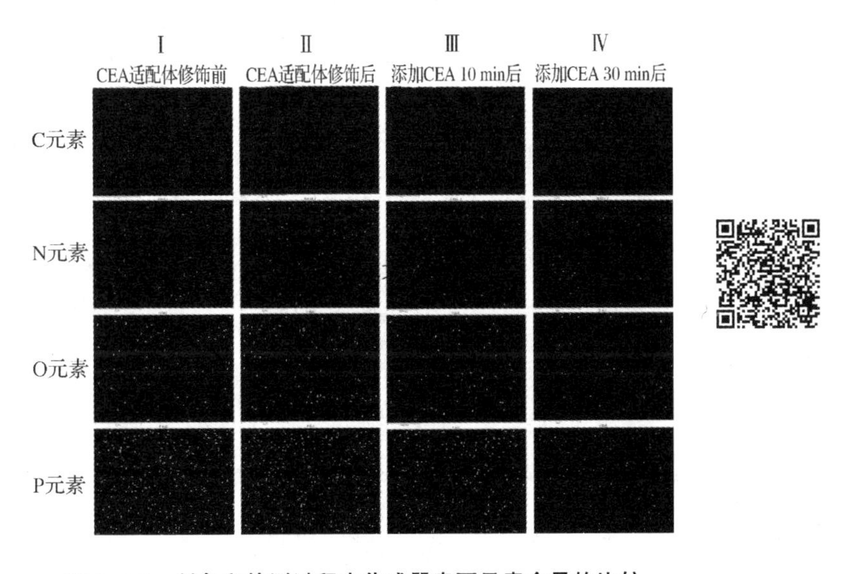

图 5－12　制备和检测过程中传感器表面元素含量的比较

4. 磁弹性 DNA 生物传感器表面功能化的表征

为了减少 HS - DNA 的非特异性吸附，防止表面分子过密而不利于后续的杂交，将 HS - DNA 修饰在金层上后，选择 MCH 混合单层分子。通过 XPS 对表面元素进行表征，获得了关于 HS - DNA 和 MCH 固定后的传感器的表面信息。图 5 - 13 中提供了一组 HS - DNA 和 MCH 层主要元素的 XPS 数据(C、O 和 N，H 不能被 XPS 观测到)。碳的结合能为286 eV，氧的结合能为 533.1 eV[175]。含氮嘌呤和嘧啶碱基在 405.9 eV 处出现一个 N1s 特征峰[176]。任何观测到的 N1s 信号都完全来源于 DNA，所以 XPS 数据中N1s峰的存在是 DNA 存在的一个可靠的标志，说明 DNA 被吸附在金表面。从图 5 - 13(c)中可以看出，N1s信号强度较高，说明 HS - DNA 修饰成功，在金层上有较高的覆盖度。

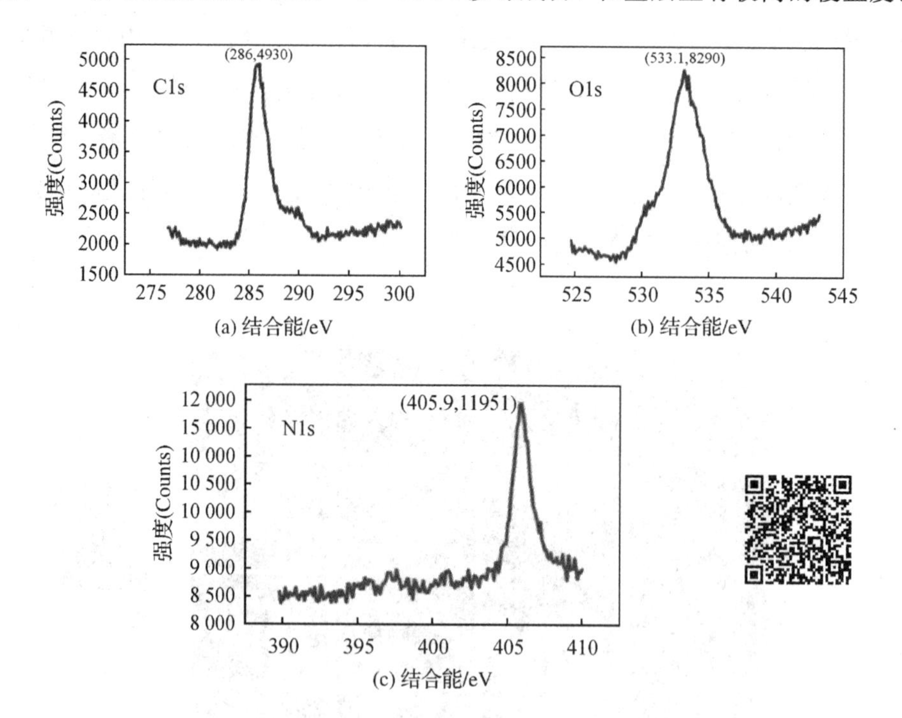

图 5 - 13 HS - DNA 和 MCH 层在金表面的 XPS 表征

将 HS - DNA 固定在磁弹性 DNA 生物传感器的表面后，通过 DNA 杂交将 DNA - AgNCs 和 CEA 适配体诱导至表面，形成氢键。利用拉曼光谱分析该过程，如图 5 - 14 所示。从图 5 - 14 中可以看出，1669 cm^{-1}处的氢键强度较高，说明 DNA 杂交成功。

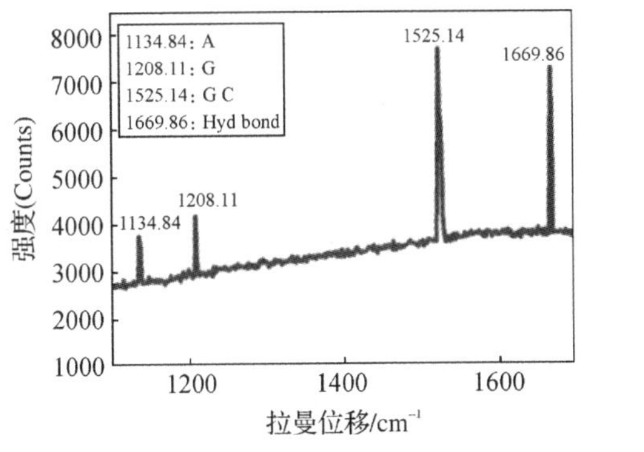

图 5 - 14　三种 DNA 修饰后的拉曼光谱

图 5 - 15 为每一步骤的 AFM 表征图。图 5 - 15(a)为裸金表面，最高高度为 15 nm。由于金表面是通过溅射附着上的，因此表面呈现尖刺状。图 5 - 15(b)为 HS - DNA 修饰后的传感器表面，其最高高度为20 nm。与图 5 - 15(a)中裸金表面的高度相比，图 5 - 15(b)中的高度增加了 5 nm，与 HS - DNA 的长度基本相同，说明 HS - DNA 被成功修饰并均匀分布于表面。图 5 - 15(c)为 DNA - AgNCs 与 CEA 适配体杂交后的表面。表面呈峰形，与图5 - 15(b)相比，峰宽也增大，说明 DNA - AgNCs 和 CEA 适配体成功诱导到表面。AFM 图像也进一步证明了磁弹性 DNA 生物传感器表面的功能化是成功的。

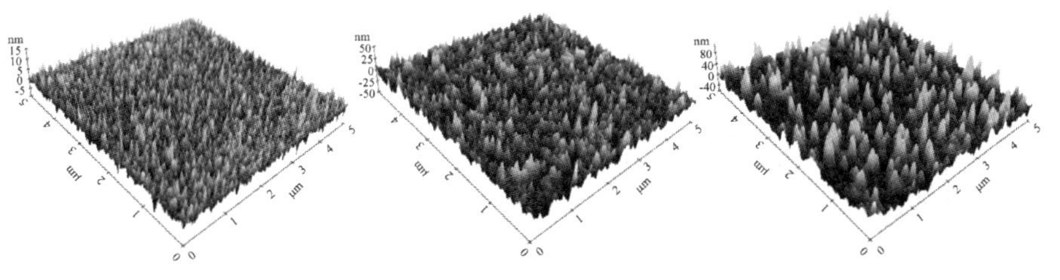

(a) 裸露金层表面的AFM图像　(b) HS-DNA修饰后表面的AFM图像　(c) DNA-AgNCs和CEA适配体杂交后的表面AFM图像

图 5 - 15　磁弹性 DNA 生物传感器表面功能化的各步表征

5. 癌胚抗原检测

磁弹性 DNA 生物传感器对 CEA 反应的动态响应如图 5 - 16(a)所示，CEA 浓度为 0～6.25 ng/mL。当磁弹性 DNA 生物传感器在室温下浸入 CEA 溶液中时，传感器表面的 CEA 适配体与 CEA 成比例地结合形成复合物。CEA 适配体与 CEA 之间的择优反应使得 CEA 适配体与 DNA - AgNCs 从磁弹性 DNA 生物传感器表面释放，导致表面质量下降。随着反应时间的增加，谐振频率的变化量也随之增加，在 45 min 后达到稳定状态。如图5 - 16(a)所示，随着 CEA 浓度的增加，谐振频率的变化量也随之增加。为了验证磁弹性 DNA 生物传感器仅对 CEA 响应，空白对照实验在没有 CEA 的情况下进行，如图 5 - 16(a)的 PBS 曲线所示。由于非特异性结合，其噪声水平约为 31 Hz。空白 PBS 的噪声水平是多种因素共同作用的结果。首先，磁弹性 DNA 生物传感器

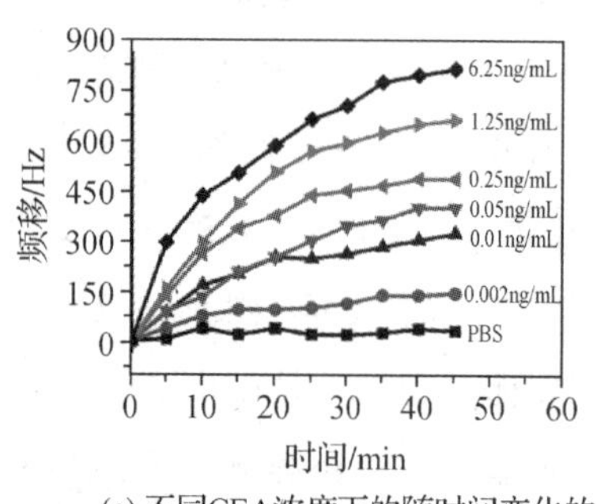

(a) 不同CEA浓度下的随时间变化的频率响应，范围为0~6.25 ng/mL

(b) 校准曲线：共振频率在45 min内随CEA浓度变化的偏移

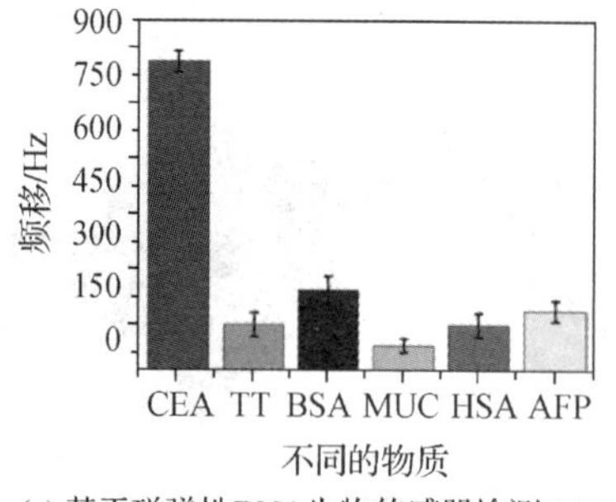

(c) 基于磁弹性DNA生物传感器检测CEA和其他5种相关蛋白的共振频率偏移的比较

(d) 7个磁弹性DNA生物传感器在0.05 ng/mL CEA溶液中7天内共振频率的变化

图 5 - 16　传感器检测 CEA

表面吸附了少量的盐晶体，这可能是由于非特异性吸附所致；其次，液体黏度影响磁弹性 DNA 生物传感器的频率响应。在我们之前的研究中，由于液体黏度的阻尼力，其共振频率会略有降低[177]。而在同一时间段内，当 CEA 浓度为 0.002 ng/mL 时，共振频率的变化量为 144 Hz。因此，非特异性吸附在检测 CEA 的过程中只会导致很小的频率变化。如图 5-16(b)所示，磁弹性 DNA 生物传感器的共振频率的变化量在前 45 min 与 CEA 浓度的对数为线性关系，CEA 浓度范围为 0.002～6.25 ng/mL，传感器灵敏度为 105.05 Hz/(ng·mL^{-1})，检测限(Limit Of Detection，LOD)为 1 pg/mL，低于正常值参考范围的最小值。在相同的条件下，每种浓度测试三次，如图 5-16(b)所示。可以看出，三种浓度的测量结果差异不大，说明磁弹性 DNA 生物传感器具有较好的重复性。线性方程可表示为 $\Delta f=184.523 \lg C_{CEA}+642.077(R^2=0.999)$，实现了一种快速、准确、灵敏的 CEA 检测方法。

CEA 的各种检测方法如表 5-8 所示。磁弹性 DNA 生物传感器具有成本低、制造简单、无线、无源等优点。在检测了不同浓度的 CEA 后，可以得到较宽的线性范围和较低的检测限。从表 5-8 中可以看出，磁弹性 DNA 生物传感器的性能与其他方法相当，甚至优于其他方法。它的高灵敏度和宽线性范围是由于高灵敏度的磁弹性材料与 DNA-AgNCs 的扩增效应产生的。结果表明，与其他报道的方法相比，磁弹性 DNA 生物传感器具有很大的优越性。

表 5-8　利用适配体作为识别元件检测 CEA 的各种方法的性能比较

检测方法	线性范围/(ng/mL)	检测限/(pg/mL)	参考文献
荧光检测	0.5～1	300	[178]
电位适配体传感器	0.01～100	9.4	[162]
荧光生物传感器	0.1～100	34	[179]
比色法	0.1～8.0	60	[180]
化学发光法	0.0654～6.54	8	[181]
磁弹性 DNA 传感器	0.002～6.25	1	本书

考虑到正常人血清中其他蛋白的真实含量，通过研究其他五种相关蛋白

(TT、BSA、MUC、HSA 和 AFP)在 3.5 mg/mL 浓度下的反应，可评估磁弹性 DNA 生物传感器的特异性。如图 5-16(c)所示，与 CEA 相比，由于非特异性吸收，磁弹性 DNA 生物传感器对其他相关蛋白的响应信号并不显著。CEA 与其他蛋白在响应上的显著差异表明共振频率的改变仅仅是由于 CEA 和 CEA 适配体的特异性结合。因此，磁弹性 DNA 生物传感器对 CEA 具有良好的特异性。

为了测试磁弹性 DNA 生物传感器的稳定性，同时制备了 7 个磁弹性 DNA 生物传感器。将这些磁弹性 DNA 生物传感器置于 4℃冰箱中，每隔一天测量 0.05 ng/mL 浓度的 CEA 引起的共振频率偏移，以评估磁弹性 DNA 生物传感器的稳定性。从图 5-16(d)可以看出，在 7 天的时间里，谐振频率的变化量基本上是稳定的。共振频率变化的最大值与最小值之差为 75 Hz，相对标准偏差(RSD)为 7.7%，说明磁弹性 DNA 生物传感器具有较好的稳定性。

本章小结

本章第一部分介绍了基于抗体修饰的磁弹性癌胚抗原传感器，提出采用 CEA-Ab 功能化修饰对传感器表面进行改性优化，实现了对 CEA 的低剂量特异性无线检测，对人体疾病进行了探索性的研究。对不同浓度的 CEA 进行定量检测，研究了其敏感特性，并对其表面生物功能化过程和检测过程进行了表征分析。具体内容总结如下：

(1) 优化 CEA-Ab 修饰浓度可以提高其灵敏特性，确定最佳修饰浓度为 50 μg/mL。通过 BSA 封闭来减少非特异性吸附和空间位阻效应，可进一步提升传感器的整体性能。利用 AFM 表征传感器的表面形貌，结果表明CEA-Ab成功修饰于传感器表面，并且实现了与 CEA 靶分子的特异性结合。

(2) 传感器的共振频率随时间推移逐渐降低，并且在约 40 min 后达到稳态响应；传感器共振频率的偏移量随着 CEA 浓度的增大而增大，在 0.1～100 ng/mL范围内呈线性变化，检测极限低至 2.5 pg/mL，远远低于健康成人血清中 CEA 浓度上限，满足医学应用的要求。

(3) 传感器对 CEA 具有比对其他同类型物(HSA、AFP、MUC、BSA)更高的响应水平，显示出优异的特异性，证明采用 CEA - Ab 功能化对传感器表面进行改性优化，可以成功实现对 CEA 的低剂量特异性无线检测。

(4) 基于抗体修饰的磁弹性癌胚抗原传感器表现出优异的检测性能，相比传统方法其具有制备简单、成本低、检测极限低、无线无源检测、线性范围宽、特异性好等优点，在癌症的早期预防与诊断领域中显示出良好的应用前景。

本章第二部分介绍了一种磁弹性 DNA 生物传感器，提出一种基于竞争机制的方法实现 CEA 检测，并对实验原理和过程进行了分析，具体内容总结如下：

(1) DNA 杂交将 CEA 适配体和 DNA - AgNCs 诱导到磁弹性 DNA 生物传感器的表面。当加入 CEA 溶液后，CEA 适配体会优先与 CEA 结合形成复合物，从而导致 CEA 适配体和 DNA - AgNCs 从传感器表面释放，磁弹性 DNA 生物传感器表面质量降低，引起共振频率的偏移。检测过程中表面元素含量的逐步对比证明了竞争机制的可行性。

(2) 对比 DNA - AgNCs 存在和不存在的情况下检测相同浓度 CEA 时共振频率的偏移量，可知 DNA - AgNCs 的存在将响应信号放大了约 2.1 倍，磁弹性 DNA 生物传感器的灵敏度因此得到了提高。

(3) 当磁弹性 DNA 生物传感器在检测不同浓度的 CEA 时，共振频率偏移与 CEA 浓度的对数呈线性关系，范围为 2 pg/mL～6.25 ng/mL。该磁弹性 DNA 生物传感器的灵敏度为 105.05 Hz/($ng \cdot mL^{-1}$)，LOD 为 1 pg/mL，低于正常值参考范围的最小值。磁弹性 DNA 生物传感器的特异性和稳定性较好，证明其在临床诊断中的可行性。

(4) 磁弹性 DNA 生物传感器对于 CEA 的检测具有更高的灵敏度、更低的成本和更低的检测限，综合性能较好。

第 6 章　磁弹性传感器在人血清白蛋白检测中的应用

6.1 引　言

随着社会的发展与生活水平的不断提高，肾病伴随着糖尿病、高血压、心脏病、肥胖等并发症越来越呈现年轻化的趋势。尤其是糖尿病肾病，近年来在我国的发病率呈上升趋势，目前已成为导致终末期肾脏病的第二大原因。糖尿病是影响人类健康的内分泌和代谢疾病，糖尿病肾病是糖尿病病人最严重的并发症之一[182]。由于其存在复杂的代谢紊乱问题，一旦发展到终末期肾脏病，往往比其他肾脏疾病的治疗更加棘手，因此及时排查与防治对于延缓糖尿病肾病的意义十分重大。人体尿液中人血清白蛋白的含量是早期排查与诊断糖尿病肾病的重要指标[183]之一。目前糖尿病协会建议，对于 1 型糖尿病患者，自确诊起 5 年后就要进行尿白蛋白的筛查；而对于 2 型糖尿病患者则在确诊糖尿病时就应同时进行检查[184]。为了降低糖尿病肾病的发病率，早期排查与诊断的高效性与准确性是至关重要的。一些国内外权威的肾病专家主张早期预防糖尿病肾病要从青壮年开始，因此，针对白蛋白的检测方法与系统设备的需求量会越来越大。

血清白蛋白在肝脏中合成，是脊椎动物血浆中最丰富的蛋白质[185-186]。人血清白蛋白(HSA)约占血浆蛋白总量的 60%，是人血浆中的重要蛋白之一，分子量为 67 kDa，血浆中浓度为 42 $g \cdot L^{-1}$[187-188]。在正常生理条件下，由于白蛋白的分子量大，不能越过肾小球基膜，因此，在健康人尿液中仅能检测到浓度很低的白蛋白。在肾疾病状况下，肾小球基膜受到损害致使通透性增高，白蛋白越过基膜进入尿液，尿液中白蛋白浓度出现持续升高的现象。尿白蛋白水平升高(20～200 mg·L^{-1})，称为蛋白尿，可能会表现为肾功能不全[189]。蛋白尿是肾脏病的常见表现，全身性疾病亦可出现蛋白尿。由于尿白蛋白的排泄量存在较大程度的变异，所以在未确诊时的尿液标本一次白蛋白水平升高可能并无意义，连续2～3次增高才存在诊断的价值。因此，所制备的传感器想要投放实际使用，需要具备灵敏度高、特异性强和稳定性良好等特性，在临床医学和生物化学实验中准确检测和定量分析HSA是非常必要的工作。

6.2 磁致伸缩免疫传感芯片检测HSA

国内外对HSA的检测开展了大量的研究工作，致力于降低成本、提高灵敏度、简化操作流程等内容，主要从传感器的制备、功能材料以及生物探针的选择进行了研究。检测方法包括磺基水杨酸法[190]、双缩脲比色法[191]、压电免疫分析法[192]、光谱相关干涉法[193]、荧光免疫分析法[194]、表面等离子体共振法[195]、量子点光学免疫法[196]、电化学免疫分析法[197]等。本节介绍了一种新型的用于人血清白蛋白检测的无线磁致伸缩免疫传感芯片，以磁致伸缩材料Metglas alloy 2826为基底，以抗体为捕获探针，基于抗体与抗原的特异性结合特性实现对HSA的检测。

6.2.1 制备工艺技术

1. 实验试剂与仪器

实验所用的材料和化学试剂的名称、规格与生产厂家如表6-1所示。

表 6-1 实验所用材料及化学试剂

名 称	规 格	生产厂家
人血清白蛋白抗体(anti-HSA IgG)		上海宸功生物技术有限公司
人血清白蛋白(HSA)		上海宸功生物技术有限公司
癌胚抗原抗体(CEA-Ab)		上海生工生物工程公司
癌胚抗原(CEA)		上海生工生物工程公司
血红蛋白(HGB)		上海樊克生物技术有限公司
尿酸(UA)		上海樊克生物技术有限公司
肌酐(CRE)		上海樊克生物技术有限公司
碳二亚胺 (EDC)		美国 Sigma 公司
β-巯基乙胺(CYS)		美国 Sigma 公司
牛血清白蛋白(BSA)	99%	美国 Sigma 公司
N-羟基丁二酰亚胺(NHS)		美国 Sigma 公司
PBS 缓冲液	0.01 mol/L，pH=7.4	美国 Sigma 公司
癌胚抗原(CEA)		北京科跃中楷生物技术有限公司
去离子水	电阻率≥18.25 MΩ·cm	

实验所用主要仪器及设备的名称、型号与制造厂商如表 6-2 所示。

表 6-2 实验所用主要仪器及设备

名 称	型 号	制造厂商
电子天平	LE203E	梅特勒-托利多仪器有限公司
矢量网络分析仪	AV3620A	美国安捷伦公司
移液枪	10 μL～1 mL	Eppendorf 公司
拉曼光谱仪	Leica 型	英国 Renishaw 公司
X 射线光电子分光镜		日本 Amicus Budget 公司
原子力显微镜 AFM	ND-100	韩国 Park System 公司

2. 磁致伸缩免疫传感芯片的制备

将镀金的磁致伸缩传感芯片 Metglas alloy 2826(见图 6－1(a))在超声波清洗机中依次使用丙酮、异丙醇、无水乙醇和去离子水清洗 5 min，清洗完毕后在氮气流中干燥。如图 6－1(b)所示，将清洗过的传感芯片浸入浓度为 40 mmol/L 的巯基乙胺水溶液中，室温避光环境下放置 12 h 后取出，形成自组装膜(SAM)。然后将形成了 SAM 的传感芯片从巯基乙胺溶液中取出，并用去离子水冲洗五次后在氮气流中干燥以除去未结合的巯基乙胺。

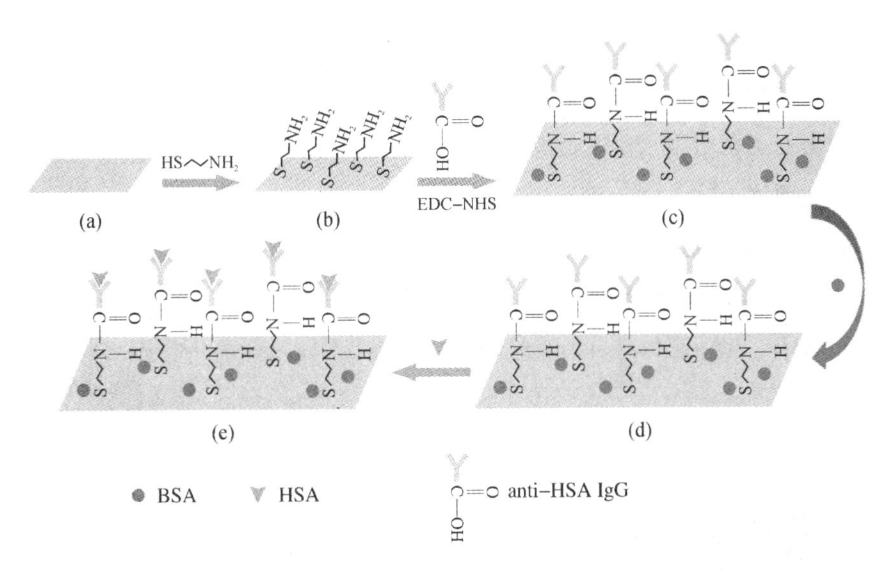

图 6－1　免疫传感芯片的改性和检测过程示意图

使用 PBS 溶液稀释 HSA 抗体溶液，制备合适浓度的抗体溶液。在室温下，将抗体溶液与含有 4 mg · mL^{-1} EDC 和 4 mg · mL^{-1} NHS 的溶液混合 30 min，目的是将抗体中的羧基活化为 NHS 酯，可以更有效地与自组装膜上的氨基结合[198]。

随后将传感芯片浸入活化后的抗体溶液中，室温下放置 1 h，将抗体均匀地固定在传感芯片表面(见图 6－1(c))。然后，将抗体修饰的传感芯片从溶液中取出，并用 PBS 冲洗 5 次，以除去物理吸附在表面上的抗体。之后，为了避免静电吸附以及抗体间的空间位阻效应，用 0.1% BSA 封闭表面的未结合和非特异性位点 30 min(见图 6-1(d))。最后，再次使用 PBS 冲洗传感芯片五次，并在氮气流中干燥，至此用于 HSA 检测的磁致伸缩免疫传感芯片制备完成。

3. 信号测量

1) 系统搭建

免疫传感芯片的共振频率可以通过图 6-2 中搭建的系统进行无线监测，装置包括矢量网络分析仪(AV3620A)、细小玻璃管、铜线圈、磁铁、同轴电缆线、导线和位移平台。采用直径 0.2 mm 的铜线缠绕在内径 2 mm、外径 3 mm 的细小玻璃管上，线圈长度为 20 mm，线圈通过电缆线与网络分析仪连接，其可以产生交变磁场，导致传感芯片发生沿其长度方向伸缩振动的现象。将磁致伸缩传感芯片垂直插入玻璃管内部，玻璃管外部用位移平台固定的条形磁铁产生的静磁场可以增强传感芯片的这种振动，通过精确调节磁铁的位置可以确定最佳共振频率。

如图 6-2 所示，在玻璃管中放入制备的磁致伸缩传感芯片后，通过调整外部条形磁铁位置得到平滑且波谷最深的曲线，测量其在空气中的共振频率为 451.15 kHz，与理论值吻合。因此，该系统可实现磁致伸缩传感芯片共振频率的测量。

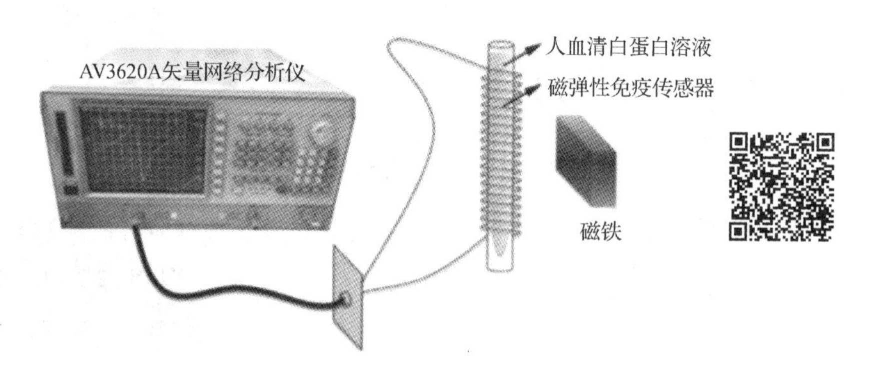

图 6-2 无线免疫传感芯片检测系统的装置

2) 检测过程

在细小玻璃管中注入 40 μL 的 HSA 溶液，随后将免疫传感芯片在没有任何直接物理连接的情况下放入试管中进行共振频率的检测。不同浓度的 HSA

溶液通过用 PBS 连续稀释获得。检测过程中，每 5 min 记录一次共振频率，连续记录 60 min。检测结束后，用 PBS 冲洗免疫传感芯片 5 次后在氮气流中干燥以备进行 AFM 分析。

6.2.2　工作原理与特性

1. 抗体浓度优化

抗体浓度对免疫传感芯片的检测至关重要，成功地固定抗 HSA 抗体能提供具有更高性能的 HSA 结合位点。因此，为了提高免疫传感芯片的灵敏度，需优化抗 HSA 抗体的工作浓度，如图 6－3 所示。当抗 HSA 抗体的浓度从 13 $\mu g \cdot mL^{-1}$增加至 100 $\mu g \cdot mL^{-1}$时，传感芯片的频率响应偏移量先增加后减少，如图 6－3(b)所示。结果表明，当抗体浓度为 25 $\mu g \cdot mL^{-1}$时，频率响应偏移量达到最大值，约为 1254 Hz。随着抗 HSA 抗体浓度的进一步增大，由于抗体之间相邻的静电斥力较弱，因此会出现强烈的空间位阻效应，导致频率响应不断下降，从而影响传感芯片的灵敏度。这里选择 25 $\mu g \cdot mL^{-1}$作为最佳抗体的固定浓度。

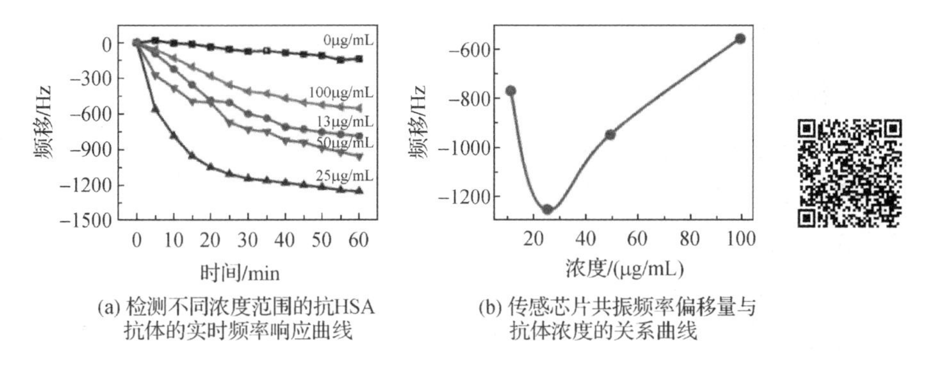

(a) 检测不同浓度范围的抗HSA抗体的实时频率响应曲线

(b) 传感芯片共振频率偏移量与抗体浓度的关系曲线

图 6－3　优化抗体浓度的检测

2. 抗体固定化表征

首先利用 Leica 拉曼光谱仪(光栅扫描类型：静态；光谱中心：520 cm^{-1}；激光：514 nm；光栅：1800 L/mm)验证抗 HSA 抗体在免疫传感芯片表面上的

固定效果。CYS 修饰的传感芯片表面的拉曼光谱如图 6-4(a)所示。图中，290.722 cm^{-1}处的拉曼峰属于 Au-S 键，660.901 cm^{-1}处的拉曼峰属于 C—S 键[199]，930.742 cm^{-1}处的拉曼峰属于—CH_2—，1097.549 cm^{-1}处的拉曼峰属于 C—C 键[200]。因此，可以证明，巯基乙胺可通过 Au-S键自组装技术修饰在传感芯片的表面。

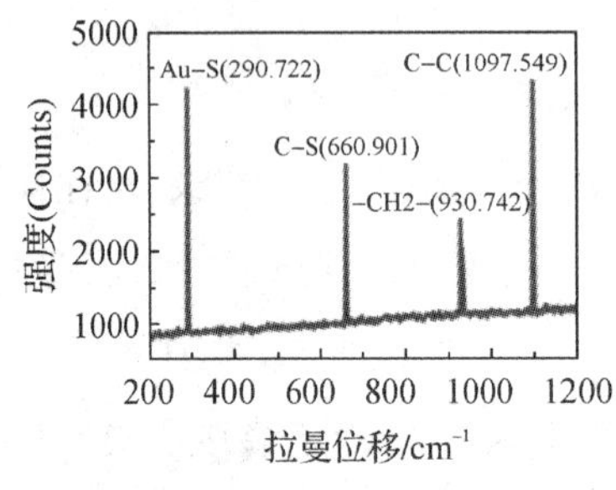

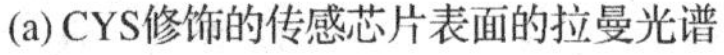
(a) CYS修饰的传感芯片表面的拉曼光谱

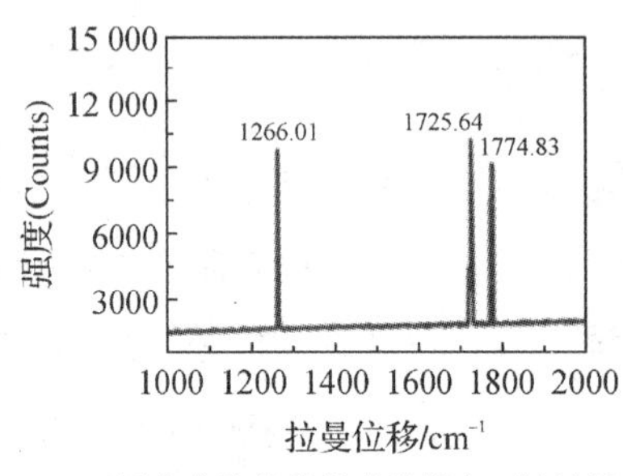

(b) 固定有抗体的传感芯片表面的拉曼光谱

图 6-4 抗体固定化表征图

固定有抗体的传感芯片表面的拉曼光谱如图 6-4(b)所示。图中，1266.01 cm^{-1}处的拉曼峰属于酰胺键Ⅲ带[201]，1725.64 cm^{-1}和 1774.83 cm^{-1}处的拉曼峰属于酰胺键Ⅰ带[202-203]。酰胺键的存在证明抗体通过其末端的羧基与自组装膜表面的氨基共价键合，表明抗体已成功固定在传感芯片的表面。

接着使用 X 射线光电子能谱法证实抗体已成功固定在传感芯片的表面。XPS 监测是通过使用 MgK α 射线的 X 射线光电子能谱仪进行的，扫描范围为 −5～1200 eV，测试过程在压强为 1×10^{-7} Pa 的真空环境中进行。图 6-5(a)所示显示了经 CYS 修饰的传感芯片表面(深色曲线)和固定有抗体的传感芯片表面(浅色曲线)的 XPS 全谱。

固定有抗体的传感芯片表面的 C1s 和 O1s 峰比 CYS 修饰的传感芯片表面的 C1s和 O1s 峰更明显，而 N1s 的峰非常弱，在全谱中几乎看不到[204]。此外，在 CYS修饰的传感芯片表面上检测到较强的 Au4f 信号，而该信号在固定有抗体的传感芯片表面上检测不到。图 6-5(b)、(c)、(d)、(e)分别是 Au4f、C1s、N1s和O1s的XPS单谱，从

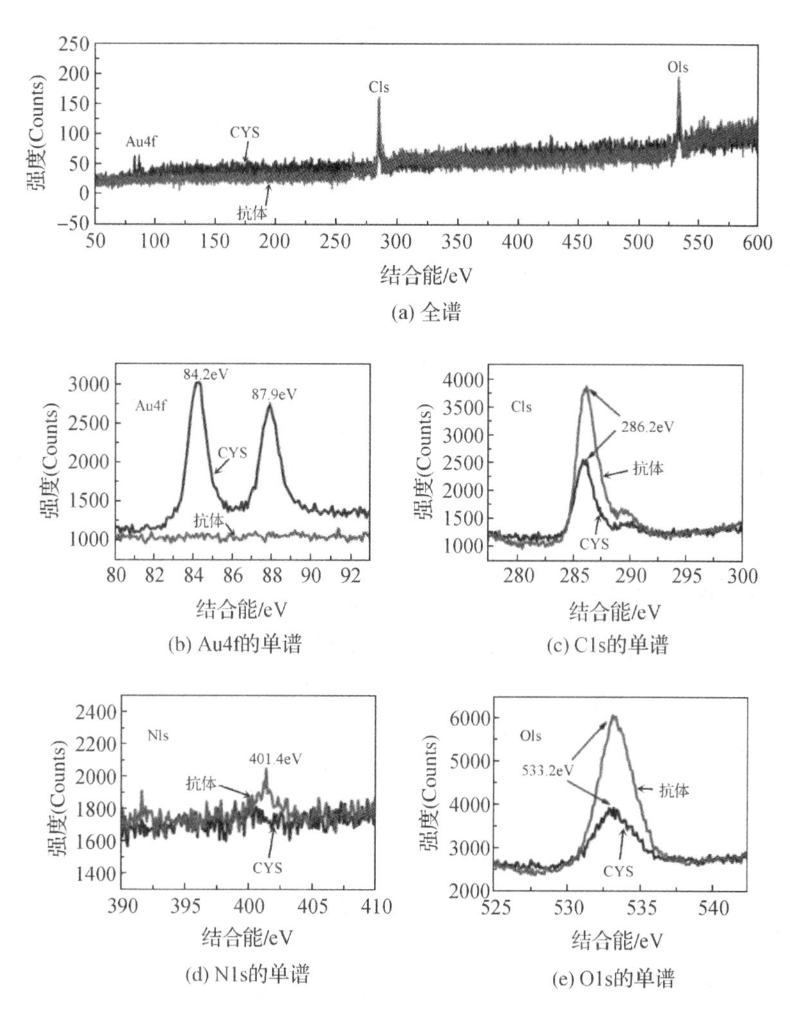

(a) 全谱
(b) Au4f的单谱
(c) C1s的单谱
(d) N1s的单谱
(e) O1s的单谱

图 6-5　CYS 修饰的传感芯片表面(深色曲线)和抗体固定的传感芯片表面(浅色曲线)的 XPS 谱图

中可以更直观地看出差异[205]。由图 6-5(b)可以看出，在 CYS 修饰的传感芯片表面检测到较强的 Au4f 信号，但在抗体固定的传感芯片表面上几乎检测不到。Au 信号在传感芯片表面消失是由于 XPS 的检测极限所致，其检测深度约为 12 nm。固定抗体后，传感芯片表面的生物分子层均匀致密，厚度超过 XPS 检测极限，因此无法检测到 Au 信号。在固定有抗体的传感芯片表面的单谱中可以看到微弱的 N1s 信号，如图 6-5(d)所示。从单谱中可以直观地看出，C、

N、O元素对应的浅色线的峰高于深色线的峰，这表明在固定了抗体的传感芯片表面上，这三个元素的含量明显增加。因此，抗体成功地被固定在传感芯片的表面。

3. HSA检测

抗体可变区是识别抗原的主要结合位点，其氨基酸序列具有很大的变异性[206]，因此修饰了抗体的免疫传感芯片可以特异性识别目标待测物HSA。图6-6(a)是检测浓度为0～200 $\mu g \cdot mL^{-1}$ HSA的免疫传感芯片的动态频率响应。当将免疫传感芯片浸入HSA溶液中时，目标HSA被免疫传感芯片表面的抗HSA抗体特异性捕获，如图6-1(e)所示。

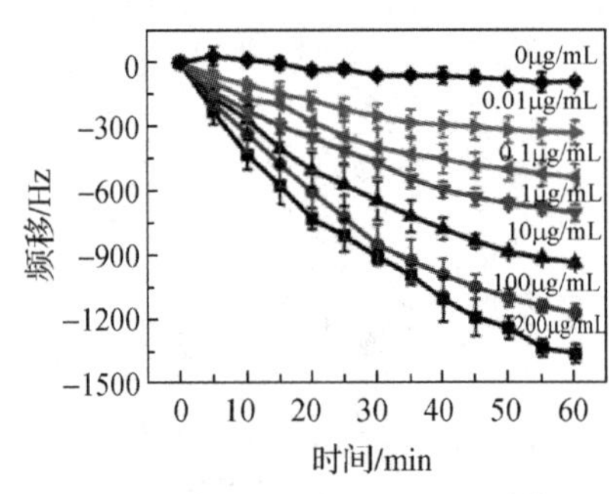

(a) 检测浓度为0~200μg·mL⁻¹的HSA的实时频率响应曲线

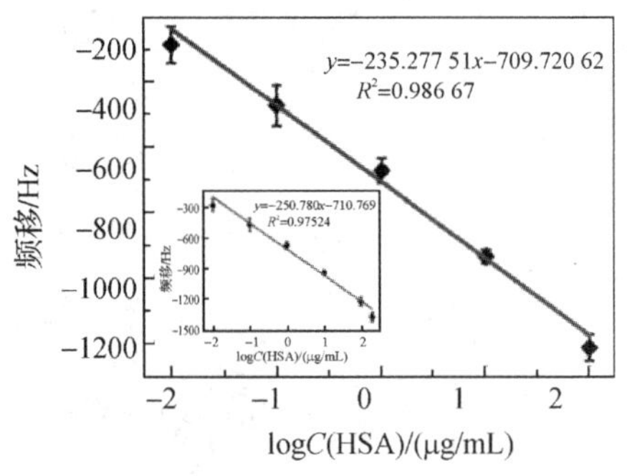

(b) 免疫传感芯片共振频率偏移量与HSA浓度的线性关系图(HSA浓度为0~100μg·mL⁻¹插图中HSA浓度为0~200μg·mL⁻¹)

图6-6 传感器检测HSA的响应

抗体与HSA的特异性结合引起免疫传感芯片上的质量负载增加，从而导致共振频率降低。结果表明，随着HSA浓度的增加，共振频率的变化速率增大，并且HSA浓度越高，共振频率的变化越大。从图6-6(a)中可以看出，频率变化在60 min后趋于稳定，并且高浓度HSA溶液达到饱和所需要的时间相对较长。在空白对照实验中，使用免疫传感芯片检测了0 $\mu g \cdot mL^{-1}$ HSA(即PBS缓冲溶液)，以验证反应仅是由于HSA引起的。从图中可以看到，由于非特异性结合，噪声响应约为91 Hz。此外，噪声响应远小于对应于0.01 $\mu g \cdot mL^{-1}$

HSA的频率响应，因此在检测过程中可以忽略不计。图6-6(b)的结果表明，免疫传感芯片的共振频率偏移量和浓度范围为0.01～100 $\mu g \cdot mL^{-1}$的HSA浓度的对数两者之间存在良好的线性相关性，线性方程为$y=-235.277\ 51x-709.720\ 62$，相关系数为0.986 67。但HSA浓度为0.01～200 $\mu g \cdot mL^{-1}$时，线性关系减弱，线性方程为$y=-250.780x-710.769$，相关系数为0.975 24，如图6-6(b)中插图所示。由此说明，免疫传感芯片检测HSA的最佳线性浓度范围为0.01～100 $\mu g \cdot mL^{-1}$。表6-3总结了近年来检测HSA的几种方法。与报道的其他检测系统相比，磁致伸缩免疫传感芯片的线性范围和检测限具有突出的优越性。因此，磁致伸缩免疫传感芯片在检测HSA方面有更好的技术突破。实验结果表明，无线磁致伸缩免疫传感芯片可以快速、准确、高灵敏度地检测HSA。

表6-3 HSA检测方法的比较

检测方法	线性范围 /($\mu g \cdot mL^{-1}$)	检测限 /($\mu g \cdot mL^{-1}$)	参考文献
压电石英晶体免疫传感器	16～128	16	[192]
光谱相关干涉法	0.07～20	0.07	[193]
QCM生物传感器	10～100	5	[195]
量子点光学免疫法	0.2～200	0.03	[196]
磁致伸缩免疫传感芯片	0.01～100	0.01	本书

4. 实验过程表征

本书作者通过原子力显微镜(AFM)分析评估了整个实验过程。在探头扫描之前，扫描速度设置为0.25 Hz，扫描区域像素设置为512，大小为5 μm。NCM扫频设置中驱动为0.739%，振幅为20 nm。一个样品的扫描过程需要30 min。平整且未经修饰的图6-7(a)来自没有功能化的镀金传感芯片表面，其表面光滑，没有杂质，最大高度仅为20 nm，平均粗糙度仅为1.86 nm。从图6-7(b)中可以看出，采用CYS修饰后的传感芯片表面高度增加，最高高度为

80 nm，平均粗糙度为 20.16 nm，说明 CYS 分子均匀地分布在传感芯片表面，形成了 SAM。其他研究者也发现了类似的结果[207]。固定抗体后，传感芯片的表面高度与平均粗糙度均高于 CYS 修饰的表面高度，如图 6-7(c)所示，最高高度为 120 nm，平均粗糙度为 29.59 nm。结合前面拉曼光谱和 XPS 的结论，综合分析可以证明抗体末端的羧基与 SAM 的氨基有效共价键和，表示此时传感芯片的表面已成功固定有抗 HSA 抗体，并且通过对比粗糙度可以看出抗体固定较为均匀。当将固定有抗体的传感芯片暴露于 100 $\mu g \cdot mL^{-1}$ 的 HSA 溶液中时，HSA 被抗 HSA 抗体的特异性识别区域吸附，免疫传感芯片的表面高度与平均粗糙度大大增加，最高高度为 200 nm，平均粗糙度为 48.32 nm，如图 6-7(d)所示。通过对比 AFM 图像可以得出结论，免疫传感芯片的表面改性和检测过程均是成功的。

(a) 镀金表面

(b) 经CYS修饰的表面

(c) 固定有抗体的表面

(d) 捕获HSA后的表面

图 6-7 传感芯片表面的 AFM 图像

5. 免疫传感芯片的特性研究

1）免疫传感芯片的特异性评估

免疫传感芯片的基本原理是基于抗 HSA 抗体与 HSA 的特异性结合来检测 HSA。因此，为了证明免疫传感芯片的特异性，还对比检测了其他生物分子，如 UA、CRE、HGB、BSA 和 CEA（浓度均为 100 $\mu g \cdot mL^{-1}$）。从图 6-8 中可以清楚地看到，由 HSA 引起的频移几乎是其他生物分子引起的频移的四倍，表明这些生物分子在该捕获过程中不能与抗 HSA 抗体结合，同时证实了该免疫传感芯片具有对 HSA 的高特异性检测性能。

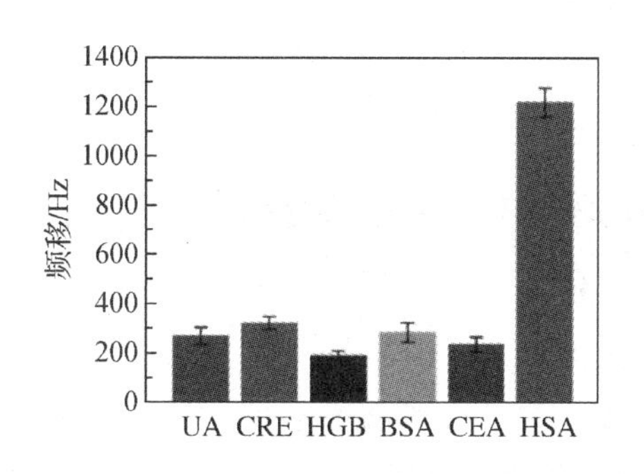

图 6-8　免疫传感芯片的特异性测定

2）免疫传感芯片的稳定性评估

我们通过使用免疫传感芯片每天对 10 $\mu g \cdot mL^{-1}$ HSA 检测的响应来评估免疫传感芯片的稳定性和寿命，评估过程持续了一周。在相同的时间和条件下制备了 7 个免疫传感芯片，每天使用其中的一个。免疫传感芯片使用前保存在 4℃的干燥环境中。从图 6-9 中可以看出，每天测量的免疫传感芯片的频移几乎是恒定的。通过整理和分析 7 天的数据，计算出相对标准偏差(RSD)为 3.433%，每天测得的频移的相对偏差（见图 6-9 中的 $RD_1 \sim RD_7$）。其中，第六天对应的 RD_6 值最大为 5.859%，第五天对应的 RD_5 值最小为 0.468%，7 个相对偏差的最大值与最小值作差后其结果仅为 5.391%。以上结果表明，所测得的 7 天频移离散程度较小。因此，该免疫传感芯片可以长期保存并且具有良好的稳定性。

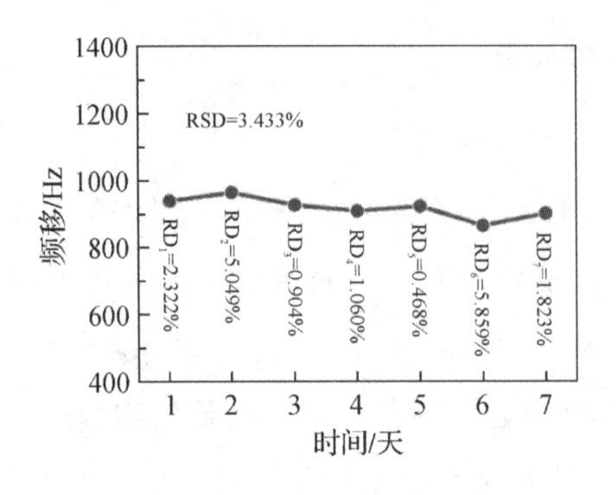

图 6-9 免疫传感芯片的稳定性测定

6.3 纸基磁弹性生物传感芯片检测 HSA

传统的生物传感器大多以电极、玻璃等不可再生、难降解的材料作为基底[208]。但随着不可再生资源的日渐减少，开发可再生资源的需求日渐紧迫。近年来，纸张因其绿色环保、可降解、可再生、通过毛细作用可实现无动力流体运输、网状分布的纤维结构能够储存纳米材料或生物化学分子等优点成为热门的生物传感器基底[209]。纸基生物传感器是将纸张与生物传感器通过特定手段结合在一起，与相应的分析技术形成一种完整的检测系统。它的提出，顺应了社会可持续发展的潮流，推动传感技术向材料环境友好与可再生降解的方向发展，成为21世纪新兴的热门高科技产业的重要组成部分[210]。

6.3.1 制备工艺技术

1. 实验试剂与仪器

实验所用的材料和化学试剂的名称、规格与生产厂家如表 6-4 所示。

表6-4 实验所用材料及化学试剂

名 称	规 格	生产厂家
Whatman色谱纸No.1	20 cm×20 cm	正诚科学实验器材
铁酸镍($NiFe_2O_4$)	20～30 nm	上海宸功生物技术有限公司
氯金酸	分析纯级	北京国药集团
柠檬酸钠	分析纯级	北京国药集团

实验所用主要仪器及设备的名称、型号与制造厂商如表6-5所示。

表6-5 实验所用主要仪器及设备

名 称	型 号	制造厂商
透射电子显微镜(TEM)	JEM 2010	日本Electronics公司
动态光散射分析仪(DLS)	ZS90	英国Malvern公司
离心机	TG16～WS	上海实验仪器有限公司
超声波粉碎仪	FX550	美国BRANSON
电热板		
扫描电子显微镜(SEM)	SU3500	日本Hitachi公司
傅里叶红外光谱仪(FTIR)	BOGT27	德国Ettlingen公司
振动样品磁力计(VSM)	SQUID	美国Quantum Design公司
高斯计		
能谱分析仪(EDS)	QUANTAX200	日本Hitachi公司

2. 纸基磁弹性生物传感芯片的制备

1) 纸张的准备

本实验选择厚度为180μm，克重为88 g/m^2 的Whatman色谱1号纸为基底材料，制备了$NiFe_2O_4$/纸基纳米复合材料($NiFe_2O_4$/纸)。制备不同尺寸的纸张(16 mm×1 mm，4 mm×4 mm)与$NiFe_2O_4$复合，得到$NiFe_2O_4$/纸，如图6-10(a)①所示。采用SEM、EDS和FTIR对其进行表征。

2）$NiFe_2O_4$/纸的制备

在制备 $NiFe_2O_4$/纸之前，通过将 $NiFe_2O_4$ 纳米粒子分散到去离子水中制备 $NiFe_2O_4$ 纳米流体。首先，称量一定量的 $NiFe_2O_4$ 纳米粒子，并加入合适比例的去离子水。然后，使用超声波粉碎仪将 $NiFe_2O_4$ 纳米粒子充分分散到去离子水中，时间为 20 min，得到均匀的 $NiFe_2O_4$ 纳米流体。采用 TEM 对 $NiFe_2O_4$ 纳米粒子进行表征。

$NiFe_2O_4$/纸的制备过程：

(1) 将制备好不同尺寸的纸在 $NiFe_2O_4$ 纳米流体中浸泡 1 h 直至完全饱和，如图 6－10(a)②所示。

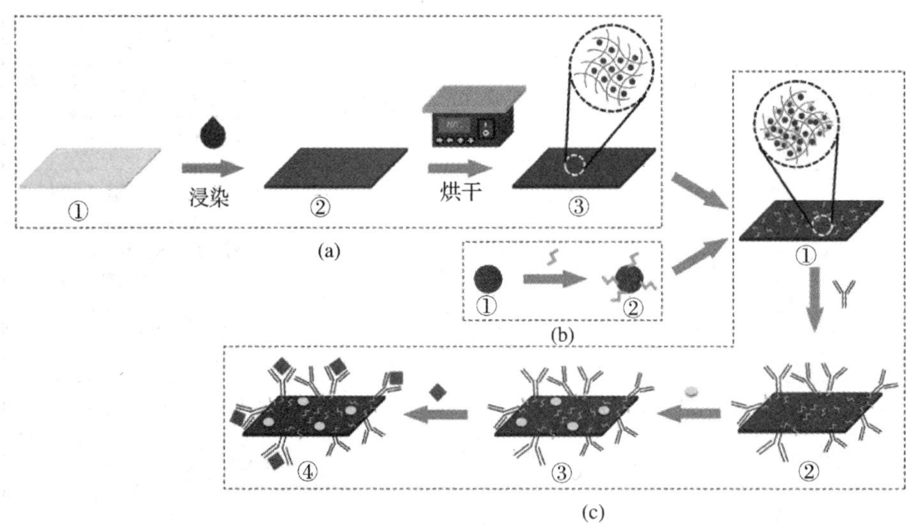

图 6－10　纸基磁弹性生物传感芯片的制备及检测过程原理图

(2) 浸染后的纸在 70℃电热板上干燥 10 min，达到烘干效果，如图 6－10(a)③所示。

(3) 干燥后的 $NiFe_2O_4$/纸存放在恒温恒湿的环境中。

采用 SEM、EDS 和 FTIR 对纳米复合材料进行表征。

3）纸基磁弹性传感芯片的制造

首先，制备金纳米粒子(AuNPs)。向 100 mL 去离子水中加入 250 nL、

0.1 mol/L 氯金酸溶液，加热至沸腾，然后迅速将600 nL、0.25 mol/L 柠檬酸钠溶液加入沸腾溶液中，溶液在短时间内由淡黄色变为深红色，继续加热30 min，保证完全还原。所得溶液以12000 r/m 离心15 min，洗涤3次。最后将AuNPs重新分散到去离子水中，在4℃环境中保存(见图6-10(b)①)。

其次，对制备好的AuNPs进行功能化处理。将4 mmol/L 巯基乙胺溶液与AuNPs溶液按体积比1∶9混合，室温放置12 h，得到硫醇化的AuNPs(CYS-AuNPs)，如图6-10(b)②所示。采用TEM和DLS对AuNPs和CYS-AuNPs进行表征。

第三，制备了纸基磁弹性传感芯片。将尺寸为4 mm×4 mm的$NiFe_2O_4$/纸水平沉浸在CYS-AuNPs溶液中2 h，通过物理沉积的方法将CYS-AuNPs固定在纤维素纸的纤维上和纤维网络中。最后，将固定了CYS-AuNPs的$NiFe_2O_4$/纸在氮气中干燥，得到纸基磁弹性传感芯片(见图6-10(c)①)。

4) 抗体固定

可使用PBS溶液稀释HSA抗体溶液，制备合适浓度的抗体溶液。将抗体溶液与含有4 $mg \cdot mL^{-1}$ EDC和4 $mg \cdot mL^{-1}$ NHS的溶液在室温下混合30 min，目的是将抗体上的羧基活化成NHS酯，这样可以更有效地与CYS-AuNPs上的氨基结合。

将纸基磁弹性传感芯片浸入活化后的抗体溶液中，室温下放置1 h，将抗体均匀地固定在纸基磁弹性传感芯片的CYS-AuNPs上(见图6-10(c)②)。然后，将抗体修饰过的纸基磁弹性传感芯片从溶液中取出，用PBS冲洗五次，以去除物理吸附的抗体。之后，为了避免静电吸附以及抗体间的空间位阻效应，使用0.1% BSA溶液封闭纸基磁弹性传感芯片上的未结合和非特异性位点30 min(见图6-10(c)③)。最后，用PBS冲洗纸基磁弹性传感芯片五次，并在氮气中干燥，这样用于HSA检测的纸基磁弹性生物传感芯片就制备完成。

3. 信号测量

可利用高斯计测量纳米复合材料的磁场强度，检测装置如图6-16(a)所示。用镊子夹住$NiFe_2O_4$/纸的一端，镊子尾部用胶带固定在刻度板上。通过调节$NiFe_2O_4$/纸与磁铁之间的距离产生的可变外磁场，测量$NiFe_2O_4$/纸自由端的偏转位移和弯曲角度。同时，通过放置和移除磁铁实现加载和卸载磁场。

利用 VSM 测试 $NiFe_2O_4$ 纳米粒子、$NiFe_2O_4$/纸和纸基磁弹性生物传感芯片在室温下的磁滞回线和饱和磁感应强度(B_s)，最大外加磁场为 1.1 T。由于 VSM 的测试条件要求样品平面尺寸不超过 4 mm×4 mm，因此，采用平面尺寸为 4 mm×4 mm 的 $NiFe_2O_4$/纸用于检测磁滞回线。在磁场强度检测实验中，发现长条形样品比正方形样品更容易检测偏转位移和弯曲角度，所以测试采用面积相同的尺寸为 16 mm×1 mm 的长条形 $NiFe_2O_4$/纸。不同浓度的 HSA 溶液通过使用 PBS 连续稀释得到。将纸基磁弹性生物传感芯片浸入 HSA 溶液，室温下浸泡 1 h，然后取出并在氮气中干燥(图 6-10(c)④)。

6.3.2 工作原理与特性

1. $NiFe_2O_4$ 纳米粒子和 AuNPs 的表征

可利用高分辨率透射电子显微镜(TEM)对 $NiFe_2O_4$ 纳米粒子进行表征。图 6-11 为不同倍数下 $NiFe_2O_4$ 纳米粒子的 TEM 图像。由于 $NiFe_2O_4$ 纳米粒子具有铁磁性，所以其表面能较大，容易聚集。从图 6-11(a)中可以看出，大量 $NiFe_2O_4$ 纳米粒子聚集成雾状的团簇，其中大部分为球形，少部分为多边形。纳米粒子的尺寸范围为 20～30 nm，如图 6-11(b)所示。

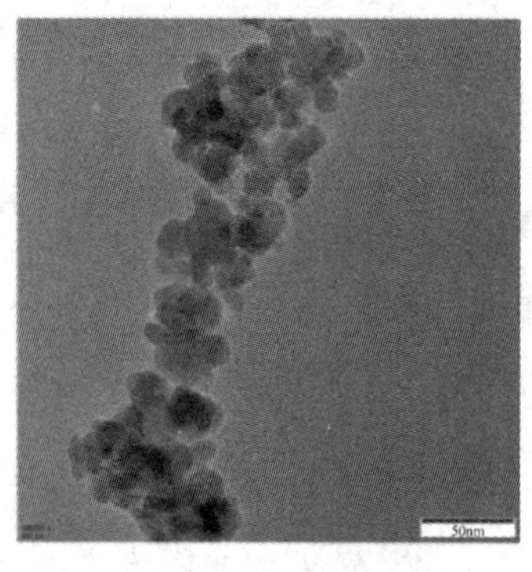

(a) 刻度为50 nm的TEM图

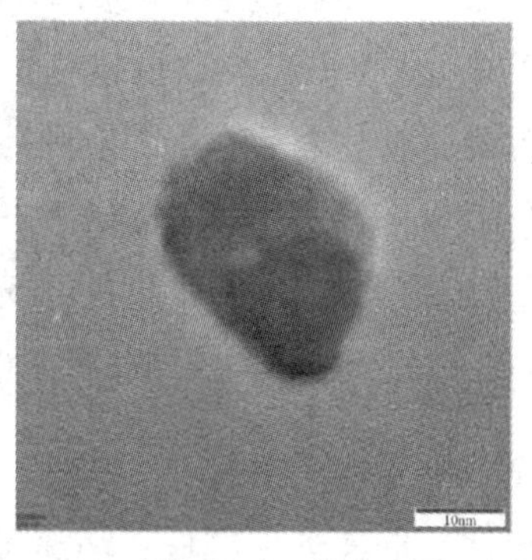

(b) 刻度为10 nm的TEM图

图 6-11 不同倍数下 $NiFe_2O_4$ 纳米粒子的 TEM 图像

可利用 TEM 对 AuNPs 和 CYS-AuNPs 进行表征。从图 6-12(a)、(c)中

可以看出，AuNPs和CYS-AuNPs均为球形，AuNPs分布均匀，部分经过CYS修饰的AuNPs有轻微聚集现象。利用动态光散射分析仪(DLS)可分析AuNPs和CYS-AuNPs的粒径分布。根据DLS分析，如图6-12(b)、(d)所示，AuNPs的粒径分布集中在约22.48 nm，平均粒径为25.21 nm，而CYS-AuNPs的粒径分布集中在27.55 nm，平均粒径增加到31.59 nm，表明巯基乙胺对AuNPs进行了有效的改性。

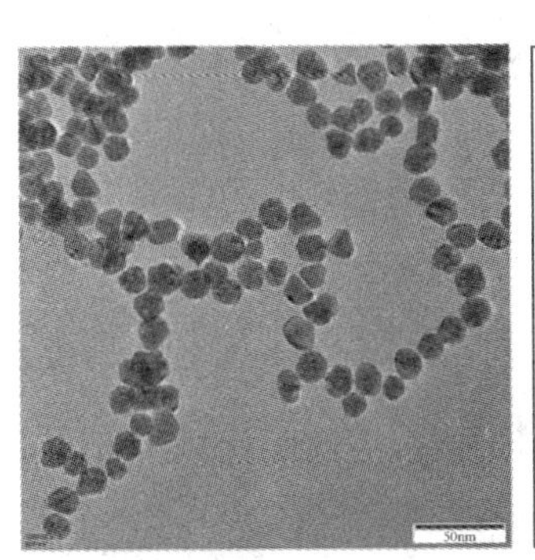

(a) AuNPs的TEM图像

(b) AuNPs的DLS分析

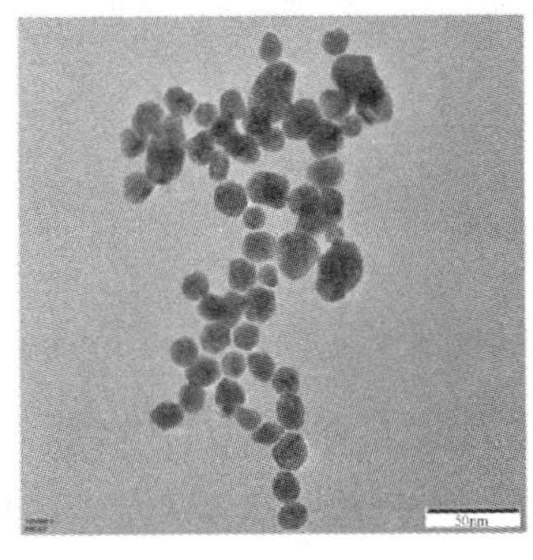

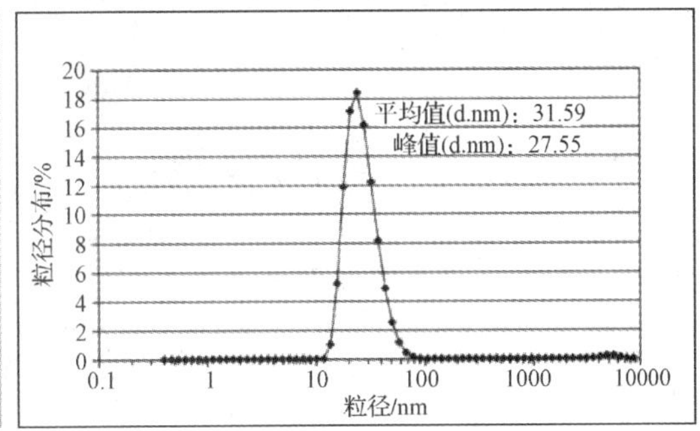

(c) CYS-AuNPs的TEM图像

(d) CYS-AuNPs的DLS分析

图6-12　AuNPs和CYS-AuNPs的TEM表征及DLS分析

2. $NiFe_2O_4$纳米流体浓度和浸染次数优化

$NiFe_2O_4$纳米粒子嵌入纸张的数量与$NiFe_2O_4$纳米流体的浓度和浸染纸张的次数有关。为了提高$NiFe_2O_4$/纸的灵敏度，需优化$NiFe_2O_4$纳米流体的浓度，如图6-13所示。浸染了不同浓度$NiFe_2O_4$纳米流体的$NiFe_2O_4$/纸尖端偏移如图 6－13(a)所示。当纸浸染 $NiFe_2O_4$ 纳米流体浓度为 25 wt%时，其偏转角明显大于 5 wt%和 15 wt%时的偏转角。测定了 $NiFe_2O_4$ 纳米流体浓度分别为 5 wt %、15 wt %和 25 wt %时，$NiFe_2O_4$ 纳米粒子在 $NiFe_2O_4$/纸中的质量百分比分别为 38.89%、47.62%和 52.17%。当 $NiFe_2O_4$ 纳米流体浓度从 5 wt%增加到 25 wt%时，$NiFe_2O_4$/纸尖端周围的磁场强度持续增加，如图 6－13(b)所示。结果表明，当 $NiFe_2O_4$ 纳米流体浓度为 25 wt%时，磁场强度响应最大约为 110.7 mT。由于制备更高浓度的 $NiFe_2O_4$ 纳米流体比较困难，因此选择 25 wt%作为最优的 $NiFe_2O_4$ 纳米流体浓度。

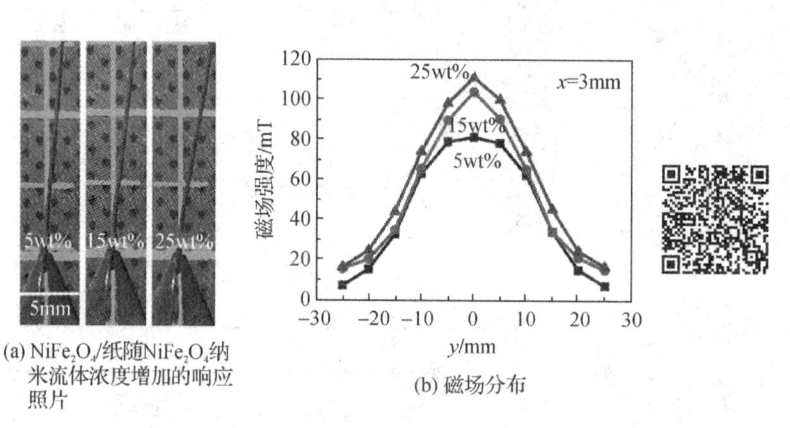

(a) $NiFe_2O_4$/纸随$NiFe_2O_4$纳米流体浓度增加的响应照片

(b) 磁场分布

图 6－13 $NiFe_2O_4$ 纳米流体浓度优化实验

其次，优化了 $NiFe_2O_4$ 纳米流体浸染纤维素纸的次数。分别用 $NiFe_2O_4$ 纳米流体浸染纸 1 次、3 次、5 次、7 次、9 次，每次时长均为 1 h。将纸从 $NiFe_2O_4$ 纳米流体中取出，在 70℃下干燥 10 min 后进行下一次浸染。图 6－14(a)为不同浸染次数下 $NiFe_2O_4$/纸的反应照片，可以清楚地看出，当磁场强度为 110 mT时，浸染 7 次后 $NiFe_2O_4$/纸的偏转最明显。当浸染次数从 1 增加到 9 时，$NiFe_2O_4$/纸的尖端偏转和 $NiFe_2O_4$ 纳米粒子的质量百分比都是先增大后减小的，如图 6－14(b)所示。结果表明，当浸染次数为 7 次时，尖端偏转位移和质量百分比最大，约为 9 mm、77.55%。由于随着浸渍次数的增加，纸张的吸附能力达到饱和，纳米粒子会随着浸染次数的增加而流失，浸渍 9 次后纸张的偏转位移和质量百分比都有所下降。因此，选择 7 次为最佳浸染次数。

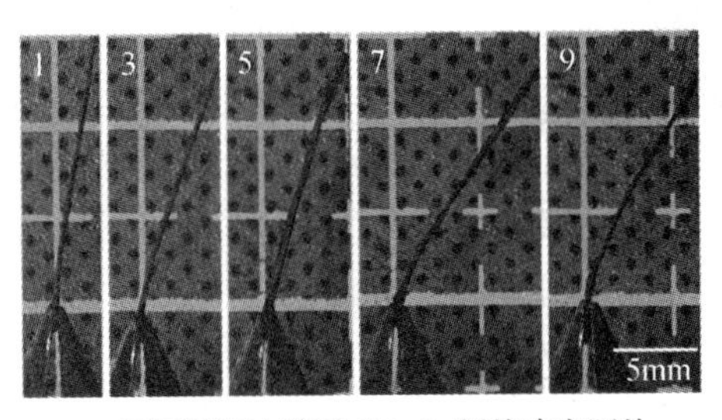

(a) 不同浸染次数下$NiFe_2O_4$/纸的响应照片

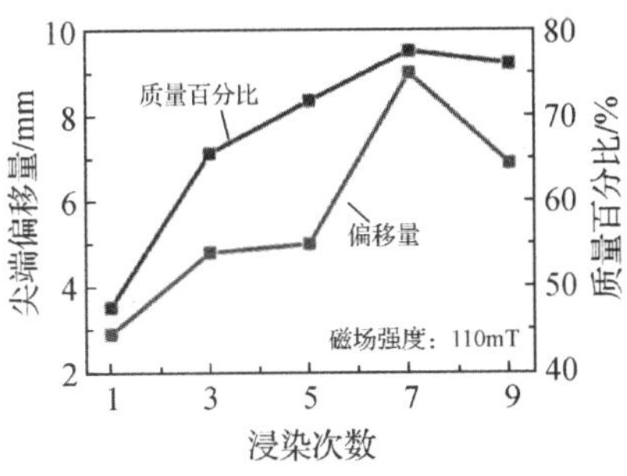

(b) 尖端偏移量和质量百分比作为浸渍次数的函数

图 6－14　$NiFe_2O_4$ 纳米流体浸染纤维素纸次数的优化实验

3. 纸和 $NiFe_2O_4$/纸基纳米复合材料的表征

利用扫描电子显微镜(SEM)对纸和 $NiFe_2O_4$/纸的表面形貌进行了表征。从图 6－15(a)所示的纸张的 SEM 图像中可以看出，纸张的纤维素纤维错综复杂地重叠在一起，形成了多孔的、封闭的纤维素纤维网络。此外，纤维的长径比相对较大，直径约 10 μm[211]。这说明纤维素纸的结构是稳定的，为 $NiFe_2O_4$ 提供了更多的附着位点。从纸的宏观结构图片(见图 6－15(b))中可以看出，纸张呈白色，表面光滑。从 $NiFe_2O_4$/纸的宏观结构图片(见图 6－15(d))可以看出，经过 $NiFe_2O_4$ 纳米流体浸染后，纸由白色变为棕色，且浸渍均匀。从 SEM 图像(见图 6－15(c))可以看出，$NiFe_2O_4$ 纳米粒子均匀分布在纤维素纤维表面，并扩散到纤维素纤维网络的多孔区域中。

使用傅里叶变换红外光谱仪(FTIR)对纸和 $NiFe_2O_4$/纸所含有的官能团和化学键进行了检测。从图 6－15(e)所示的 FTIR 谱图中可以看出，无论是在纸上还

是在 $NiFe_2O_4$/纸上都可以检测到属于纤维素的单键振动。位于 3300 cm^{-1}的键(1)，属于氢键的—OH 伸缩振动，这表明了纤维素纸具有亲水性。位于 2898 cm^{-1}的键(2)是属于脂肪族 C—H 的伸缩振动。位于 1642 cm^{-1}(3)、1426 cm^{-1}(4)、1364 cm^{-1}(5)、1158 cm^{-1}(6)和 1107 cm^{-1}(7)处的低强度的键分别属于—OH 吸水弯曲振动、CH_2 对称弯曲振动、CH 弯曲振动、C—O—C 伸缩振动和不同波段的弯曲振动[212]。位于 1027 cm^{-1} 的高强度的键(8)与 C—C、C—OH、C—H环和侧基振动有关，并归属于纤维素的非晶区。位于 894 cm^{-1}的低强度的键(9)属于 C—O—C、C—C—O、C—C—H 变形和伸缩振动[213]，该键表示糖基化的$^4C_1$ 环构象变形和纤维素中吡喃葡萄糖环之间的 β—糖苷键[214]。此外，位于 563 cm^{-1}(10)和 416 cm^{-1}(11)处的键属于金属氧化物四面体/八面体位置铁氧体结构的伸缩振动(Fe—O、Ni—O)[215]，表明 $NiFe_2O_4$ 纳米粒子成功固定在纤维素纤维上和纤维素纤维之间的多孔区域网络中。与纤维素和金属氧化物振动有关的红外波段信号见表 6-6。

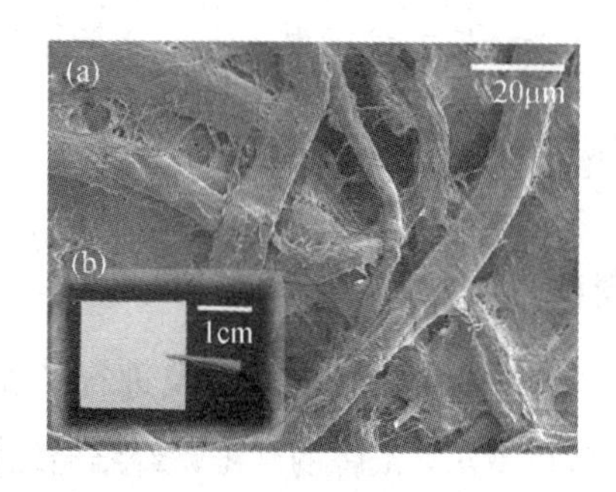

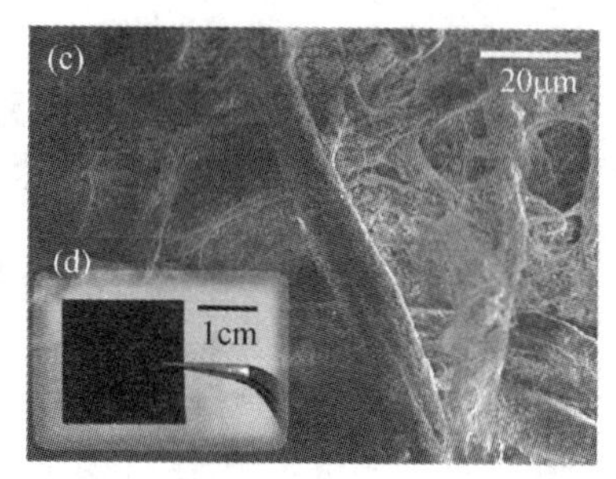

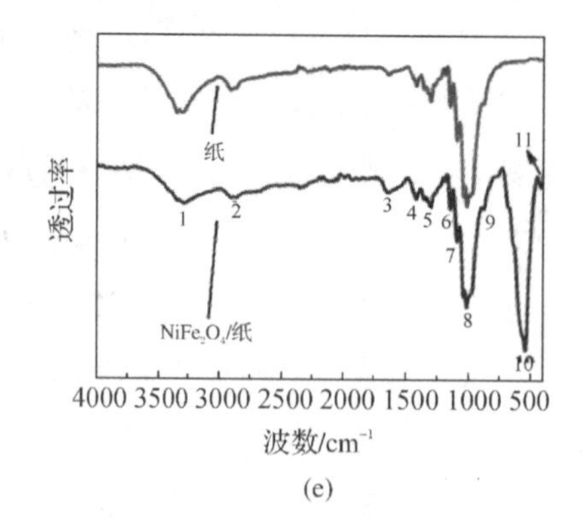

图 6-15　纸以及 $NiFe_2O_4$/纸基纳米复合材料的表征

表 6-6　红外波段分析

波段/cm^{-1}	官能团/化学键	序号
3500～3200	—OH 伸缩振动	1
3000～2835	C—H 伸缩振动	2
1652～1623	—OH 吸水弯曲振动	3
1470～1420	CH_2 对称弯曲振动	4
1391～1361	C—H 弯曲振动	5
1260～1150	C—O—C 伸缩振动	6
1111～1056	不同波段的弯曲振动	7
1046～994	C—C、C—OH、C—H 环和侧基振动	8
898～890	C—O—C、C—C—O、C—C—H 变形和伸缩振动	9
565～410	Fe—O、Ni—O 伸缩振动	10、11

4. 评估 $NiFe_2O_4$/纸基纳米复合材料的磁场强度

优化后的平面尺寸为 16 mm×1 mm 的 $NiFe_2O_4$/纸在可调磁场下的性能如图 6-16 所示。图 6-16(b)所示为利用高斯计测量的磁场分布。当磁铁与 $NiFe_2O_4$/纸之间的距离增加时，磁场强度随之降低。图 6-16(c)为 $NiFe_2O_4$/纸在逐步增大的磁场强度下的捕获照片。随着磁场的增大，$NiFe_2O_4$/纸的尖端偏转和弯曲角度均增大，在 9 mm 和 30°处达到峰值(此时外加磁场最大，为 110 mT)，如图 6-16(d)和(e)所示。随后，随着磁场逐渐减小到 0 mT，尖端偏转和弯曲角恢复到 0.3 mm 和 1.1°(接近初始值)。这种小的滞后效应可能是由于大的弯曲变形超过了 $NiFe_2O_4$/纸的弹性变形，造成不可逆的变形。

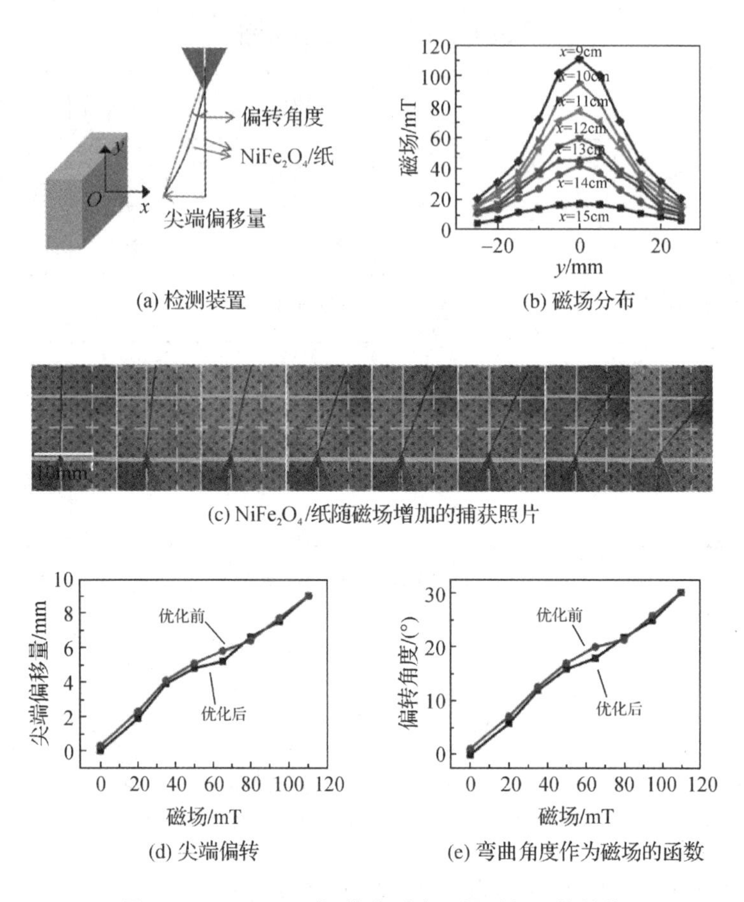

(a) 检测装置 (b) 磁场分布

(c) $NiFe_2O_4$/纸随磁场增加的捕获照片

(d) 尖端偏转 (e) 弯曲角度作为磁场的函数

图 6-16 $NiFe_2O_4$/纸优化后在可调磁场下的性能

5. 生物传感芯片制备过程的磁滞回线测量

$NiFe_2O_4$ 纳米粒子、$NiFe_2O_4$/纸和纸基磁弹性生物传感芯片的磁滞回线由图 6-17 显示。在外加磁场作用下，磁感应强度随磁场增大而增大，直至饱和。通过计算，三种材料在最大磁场强度下对应的磁导率分别为 $\mu_1=29.5$ H/m、$\mu_2=18.8$ H/m、$\mu_3=10.5$ H/m。其中，$NiFe_2O_4$ 纳米粒子的饱和磁感应强度最大。由于非磁性纸的混合，$NiFe_2O_4$/纸的饱和磁感应强度减小，相应的 μ 值也随之减小。抗体固定在 $NiFe_2O_4$/纸上后，μ 值会继续减小($\mu_3 < \mu_2 < \mu_1$)。因为抗体试图在纤维素纤维和纤维素网络中扩张，但由于受到限制，在传感芯片表面产

生压应力会导致磁导率 μ 减小。通过对磁滞回线的分析，可以看出 $NiFe_2O_4$/纸的制备和抗体的固定化是成功的。

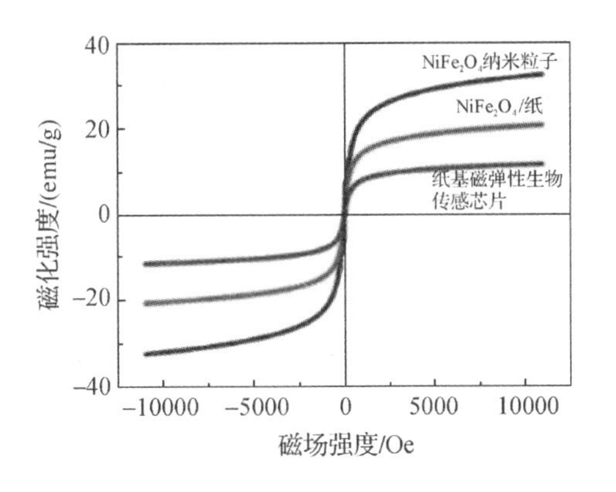

图6－17 $NiFe_2O_4$ 纳米粒子、$NiFe_2O_4$/纸和纸基磁弹性生物传感芯片(抗体/CYS－AuNPs/$NiFe_2O_4$/纸)的磁滞回线

6. HSA 检测

利用制备的纸基磁弹性生物传感芯片对不同浓度的 HSA 进行检测，如图6－18(a)所示为检测 HSA 浓度范围为 0～200 $\mu g \cdot mL^{-1}$的生物传感芯片的磁滞回线。抗体和生物大分子 HSA 的特异性结合导致生物传感芯片上的压应力增加，导致饱和磁感应强度降低。结果表明，随着 HSA 浓度从 10 $\mu g \cdot mL^{-1}$增加到 200 $\mu g \cdot mL^{-1}$，生物传感芯片的饱和磁感应强度随之逐渐减小，最大磁场强度对应的磁导率也从 9.4 H/m 减小到 3.5 H/m。将未检测 HSA 的生物传感芯片的磁导率(见图6－17中的 μ_3)与检测到不同浓度 HSA 的生物传感芯片的磁导率进行作差运算，可得到相应的磁导率变化$\Delta\mu$，如图6－18(b)所示。在空白对照实验中，用生物传感芯片检测 0 $\mu g \cdot mL^{-1}$的 HSA 以确认反应仅是由于 HSA 引起的。通过计算，最大磁场强度对应的 μ 为 10.39 H/m，并且$\Delta\mu$仅为 0.11 H/m。可以看到，噪声响远小于对应于 10 $\mu g \cdot mL^{-1}$ HSA 的$\Delta\mu$，因此在检测过程中可以忽略不计。图6－18(b)表明纸基磁弹性生物传感芯片的$\Delta\mu$在 HSA 浓度范围为 10～200 $\mu g \cdot mL^{-1}$时显示出良好的线性相关性，

线性方程为 $y=-0.03285x-0.55372$，相关系数为 0.982 73，检出限为 0.43 μg·mL^{-1}。实验结果表明，$NiFe_2O_4$/纸基磁弹性生物传感芯片可以对 HSA 实现低成本、准确而灵敏的检测。由于 $NiFe_2O_4$/纸的独特性能，对 HSA 的高灵敏检测证明了一种有效的磁弹性生物传感芯片的设计方法。

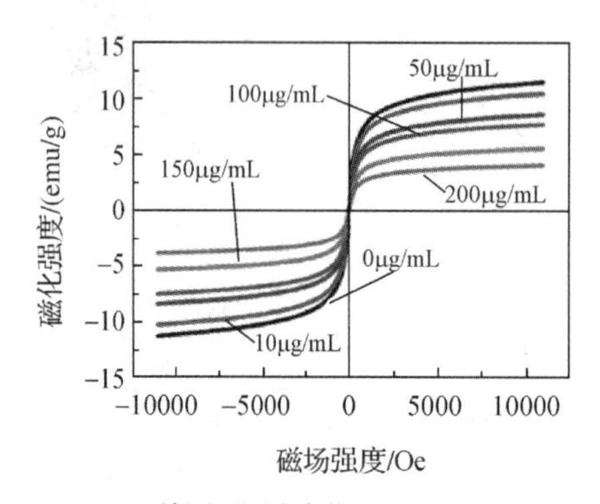

(a) 检测不同浓度范围从0~200μg·mL⁻¹ HSA的磁滞回线

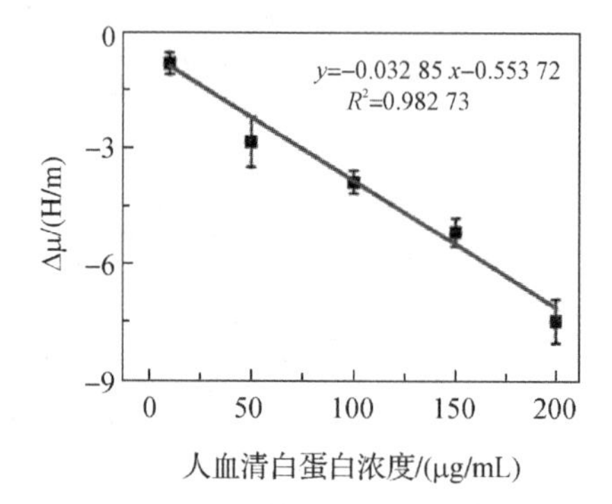

(b) 生物传感芯片的Δμ和HSA浓度之间的线性相关图

图 6-18 纸基磁弹性生物传感芯片对 HSA 检测结果图

7. 制备和检测过程的表征

利用能谱分析仪(EDS)评估制备和检测过程中传感芯片表面元素的变化情况。如图 6-19(a)所示，对未功能化的 $NiFe_2O_4$/纸进行 EDS 分析，只能检测到纤维素纸中的 C、O 元素以及 $NiFe_2O_4$ 纳米粒子中的 Fe、Ni 元素。在整个实验过程中，Fe 和 Ni 元素的量几乎没有减少，这证明由于重叠分布的纤维网状结构可以尽可能多地存储纳米材料，$NiFe_2O_4$ 纳米粒子牢固地附着在纸上并且几乎没有流失，如图 6-19 所示。在物理沉积 CYS-AuNPs 后的 $NiFe_2O_4$/纸中检测到与 Au 元素对应的峰，并且在 0.25～0.5 keV 范围内检测到 CYS 中 N 元素的峰，如图 6-19(b)所示。这表明 CYS-AuNPs 已成功沉积在 $NiFe_2O_4$/纸上。由于抗体和 HSA 属于蛋白质分子，因此它们都包含 C、O、N 元素。固定抗体后，C、O、N 元素的峰值大于纸基磁弹性传感芯片中 C、O、N

元素的峰值，如图6-19(c)所示。这说明抗HSA抗体的固定是有效的。当将固定有抗体的传感芯片暴露于100 $\mu g \cdot mL^{-1}$ HSA溶液中时，由于HSA被抗HSA抗体的特异性识别区成功捕获，C、O、N元素的峰值大大增加，如图6-19(d)所示。通过比较EDS分析图可以得出结论，纸基磁弹性生物传感芯片的制备和检测过程均是成功的。

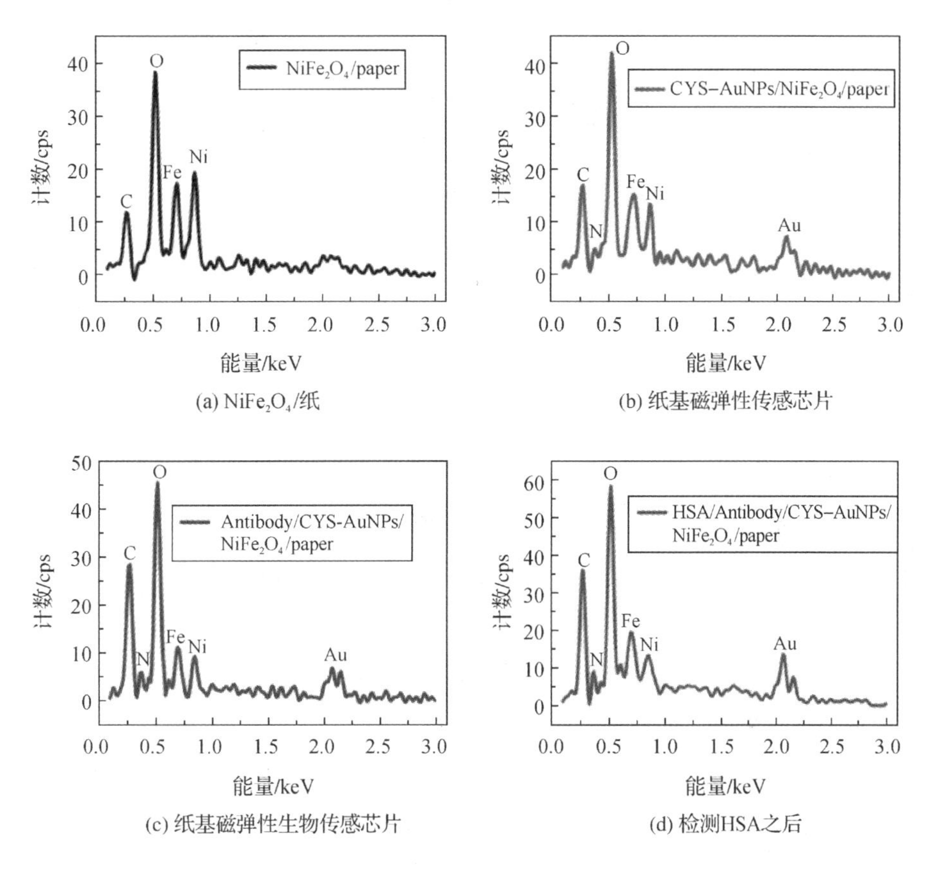

图6-19 EDS分析

8. 生物传感芯片的特异性研究

为了评估纸基磁弹性生物传感芯片的特异性，分别对照检测了浓度为200 $\mu g \cdot mL^{-1}$的尿酸(UA)、肌酐(CRE)、血红蛋白(HGB)、牛血清白蛋白(BSA)和癌胚抗原(CEA)五种干扰物。从图6-20中可以清楚地看到，由HSA

引起的$\Delta\mu$几乎是其他生物分子的四倍，说明该传感芯片对这些生物分子几乎没有响应，也证实了其对 HSA 的检测具有较高的特异性。

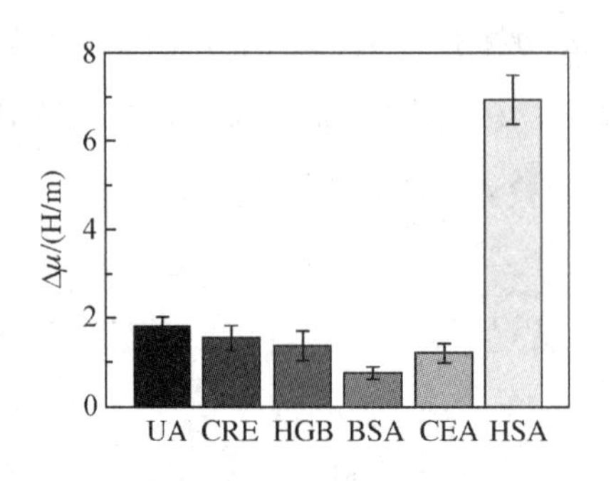

图 6-20 生物传感芯片的特异性检测

本 章 小 结

本章第一部分介绍了一种新型的用于人血清白蛋白检测的无线磁致伸缩免疫传感芯片，以磁致伸缩材料 Metglas alloy 2826 为基底，以抗体为捕获探针，基于抗体与抗原的特异性结合特性实现对 HSA 的检测。系统研究该免疫传感芯片对 HSA 的响应特性，并采用多种方式对其表面微观形貌进行表征分析，具体内容总结如下：

(1) 搭建基于矢量网络分析仪的共振频率检测系统，测得无任何修饰的传感芯片在空气中的共振频率为 451.15 kHz，与理论值吻合。

(2) 作为捕获探针的抗 HSA 抗体固定在镀金的磁致伸缩传感芯片表面，将 0.1% BSA 负载于传感芯片的表面可以避免静电吸附及抗体间的空间位阻效应。当抗体的修饰浓度优化为 25μg · mL^{-1}时传感芯片的灵敏度最高。通过拉曼光谱、XPS 和 AFM 的分析结果证实了抗体固定的有效性，成功固定抗 HSA 抗体使得传感芯片具有更高的性能。

(3) 共振频率的变化速率随着 HSA 浓度的增加而增大，并且较高的 HSA 浓度会引起较大的频移。该免疫传感芯片可以检测较宽范围的 HSA 浓度(0.01～200 μg · mL^{-1})，并且在 0.01～100 μg · mL^{-1}范围内呈现最佳的线性关系，相关系数为 0.986 67。此外，免疫传感芯片的灵敏度为 9.3 Hz/(μg · mL^{-1})，检测限为 0.01 μg · mL^{-1}。

磁致伸缩免疫传感芯片显示出对 HSA 的快速、准确、高灵敏度和高特异性的响应，并且传感芯片展现了良好的稳定性，为早期预防糖尿病肾病提供了有效的方法，从而减轻疑似患者的病痛及经济压力。

本章第二部分介绍了一种 $NiFe_2O_4$ 纳米粒子浸染的纸基磁弹性生物传感芯片，用于检测人血清白蛋白，并将纤维素纸引入磁弹性生物传感器领域，以 $NiFe_2O_4$/纸为基底，CYS - AuNPs 为功能化材料，抗 HSA 抗体为捕获探针，基于抗体-抗原特异性识别实现了对 HSA 的检测，还系统地介绍了该生物传感芯片对 HSA 的响应特性，并对其表面宏观和微观形貌进行表征分析，具体总结如下：

(1) 采用低成本的共混吸附法，结合 $NiFe_2O_4$ 的磁弹性效应和纸的机械性能制备 $NiFe_2O_4$/纸。通过 EDS、SEM 和 FTIR 分析证实了 $NiFe_2O_4$ 纳米粒子成功附着在纤维素纸的纤维上和封闭的纤维网络中。当 $NiFe_2O_4$ 纳米流体的掺杂浓度为 25wt%，$NiFe_2O_4$ 纳米流体浸染纸的次数为 7 次时，$NiFe_2O_4$/纸的灵敏度最高。

(2) 基于 $NiFe_2O_4$/纸的磁弹性效应以及抗体和抗原在传感芯片表面特异性结合所引起的表面应力改变，对不同浓度的 HSA 进行检测。抗原抗体复合物在生物传感芯片的表面产生压缩应力，从而导致生物传感芯片的磁导率降低，这与 HSA 浓度变化相对应。该传感芯片对 HSA 有较好的响应，并且随着 HSA 浓度的增加，传感芯片的磁导率变化量随之逐渐增大，在 10～200 μg · mL^{-1}范围内呈良好的线性关系，相关系数为 0.982 73。此外，检出限为 0.43 μg · mL^{-1}，符合健康诊断的标准。

$NiFe_2O_4$/纸基磁弹性生物传感芯片可以实现对 HSA 低成本、特异性和高灵敏的检测，为早期预防糖尿病肾病提供了有效的方法。同时，因为 $NiFe_2O_4$/纸的独特性能，由此提出了一种新颖、简单的纸基磁弹性生物传感芯片设计方法，并为纤维素纸在磁弹性生物传感器领域中的应用提供了新的思路。

第7章　磁弹性传感器在基因检测中的应用

7.1 引　言

诺贝尔生理学奖获得者利根进川博士表明，除了外伤，一切疾病都与基因有关。每个人与生俱来都携带患有某些疾病的“内因”。基因检测可以用于诊断疾病，也可以用于疾病风险的预测。疾病诊断是用基因检测技术检测出引起遗传性疾病的突变基因。目前应用最广泛的基因检测是新生儿遗传性疾病的检测、遗传疾病的诊断和某些常见病的辅助诊断。当前已有1000多种遗传性疾病可以通过基因检测技术做出诊断。预测性基因检测，即利用基因检测技术在疾病发生前就发现疾病发生的风险，提早预防或采取有效的干预措施。目前已经有20多种疾病可以用基因检测的方法进行预测。如果获得人类全部基因序列将有助于人类认识许多遗传疾病以及癌症的致病机制，为分子诊断、基因治疗等新治疗方法提供理论依据。在不远的将来，根据每个人DNA序列的差异，可以了解不同个体对疾病的抵抗力，依照每个人的基因特点对症下药，这便是个体化医学。更重要的是，通过基因治疗不但可预防当事人日后发生疾病，还可预防其后代发生同样的疾病。基因检测对生命科学的研究和生物产业的发展具有非常重要的意义，它给人类社会带来的巨大影响是不可估量的。

7.2 磁弹性DNA传感器检测β地中海贫血突变基因

β地中海贫血是一种发病率高的单基因遗传性疾病[216-217]。该病在全世界范围内流行，包括非洲、东南亚、印度次大陆、北欧、南北美洲、加勒比和澳大利亚，影响了全世界5%以上人口的健康[218-220]。β地中海贫血是由于β球蛋白基因的突变，会导致β株蛋白链减少或没有正常的合成。β链合成的缺陷会导致α和β球蛋白的失衡，导致无效红细胞的形成[221-222]。世界范围内已报道了超过200种造成β地中海贫血的突变，包括在β-globin编码区41/42位置的四碱基缺失(-TTCT)，这是最常见的致病突变[223]，它在本节中作为tDNA待测靶序列。当前β地中海贫血常见的筛选方法包括聚合酶链反应(PCR)测定[224]、全血细胞计数(CBC)[225]和DNA扩增后的等位基因特异性寡核苷酸(ASO)杂交[226]。然而，这些方法存在成本高、耗时多、操作困难等问题，因此迫切需要研发诊断β地中海贫血的新方法[227]。

基于5.3节中DNA作为适配体表现出的优异特异性和稳定性，本节拟验证DNA作为特异性识别探针的特性，结合DNA和磁弹性材料的独特优势，介绍了一种高灵敏的磁弹性DNA生物传感方法。基于特异性DNA杂交，与tDNA半互补的两条DNA链形成生物特异性识别层，且具有易于合成、高度稳定的特点。同时，sDNA-AuNPs具有化学稳定性高、生物相容性好、比表面积高等优点，被用作信号放大剂和直接信号指示剂。本节通过制备的磁弹性DNA生物传感器检测不同浓度的tDNA，并分析了磁弹性DNA生物传感器的特异性、稳定性、重复性。

7.2.1 制备工艺技术

1. 实验试剂与仪器

实验所用的材料和化学试剂的名称、规格与生产厂家如表7-1所示。

表 7-1 实验所用材料及化学试剂

名　称	规　格	生产厂家
磁致伸缩材料	Metglas alloy2826	美国 Honeywell 公司
6-巯基-1-己醇 (6-Mercapto-1-hexanol，MCH)	分析纯级	北京国药集团
乙二胺四乙酸(EDTA)	分析纯级	北京国药集团
氯金酸($HAuCl_4 \cdot 4H_2O$)	分析纯级	北京国药集团
三羟甲基氨基甲烷(Tris)		生工生物工程(上海) 股份有限公司
柠檬酸钠		天津博迪化工 股份有限公司
PBS 缓冲液	0.01 mol/L，pH=7.4	美国 Sigma 公司

实验中所用的 DNA 序列均由生工生物工程(上海)股份有限公司合成和纯化，其序列如表 7-2 所示。

表 7-2 实验中使用的 DNA 序列

DNA 序列名称	序　列
捕获探针(CP)	5′-AGTCCTTTGTTTTT-SH-3′
待检测突变序列(tDNA)	5′-CAAAGGACTCAACCTCTG-3′
用于修饰 AuNPs 的 sDNA	5′-SH-TTCAGAGGTTG-3′
单碱基错配 DNA(Mis-1-1)	5′-CAAAGGACTCAACCACTG-3′
单碱基错配 DNA(Mis-1-2)	5′-CAAACGACTCAACCTCTG-3′
三碱基错配 DNA(Mis-3)	5′-CAATGGACACAACGTCTG-3′
非互补 DNA(N-DNA)	5′-TACGGTCGACCTTCGTAA-3′

注：下画线标注的是错配碱基。

实验所用主要仪器及设备的名称、型号与制造厂商如表 7-3 所示。

表7-3 实验所用主要仪器及设备

名 称	型 号	制造厂商
紫外-可见分光光度计	UV-8000A	上海元析仪器有限公司
矢量网络分析仪	AV3620A	美国安捷伦公司
透射电子显微镜(TEM)	JEM 2010	日本 Electronics 公司
动态光散射分析仪(DLS)	ZS90	英国 Malvern 公司
扫描电子显微镜(SEM)	SU3500	日本 Hitachi 公司
原子力显微镜(AFM)	NX10	韩国 Park

2. AuNPs和sDNA-AuNPs的制备

首先，根据文献报道的方法制备AuNPs[228]，将25 mL、1 mmol/L 的 $HAuCl_4$ 溶液加热至沸腾；然后，在剧烈搅拌下加入柠檬酸三钠(2.5 mL、38.8 mmol/L)溶液。混合物的颜色在短时间内从浅黄色变成深红色，表明AuNPs形成；之后，将混合物加热回流30 min，确保其完全还原；最后，将混合物冷却至室温。

将制备的600 μL AuNPs溶液与巯基修饰的DNA(280 μL、6.6 μmol/L)混合，将混合物在室温下孵育45 h；然后，将NaCl水溶液(90 μL、1 mol/L)加入上述混合物中，再进一步老化28 h；接下来在10 000 r/min下离心30 min分离该溶液，收集沉淀物并洗涤三次；最后，将获得的AuNPs分散在PBS缓冲液中，用于以下应用。

3. 磁弹性DNA生物传感器的制备

磁弹性DNA生物传感器选用非晶合金Metglas 2826MB作为基底，该材料具有成本低、磁致伸缩率大和重量小等优点[229]。首先，将材料切割成尺寸为5 mm × 1 mm × 28 μm的条带作为生物传感器平台；然后，在传感器平台的两侧分别溅射100 nm的铬层和100 nm的金层，其中，铬层可以增强Metglas层和金层之间的黏合，还可以保护Metglas层免于腐蚀，金层提高了传感器平台的生物相容性，提供了适于DNA固定的表面；接下来将上述传感器平台分别在甲醇和去离子水中超声清洗并在200℃下热退火3 h，除去切割过程中残留的碎屑并消除表面的残余应力。

将上述镀金的生物传感器平台分别用丙酮、异丙醇、去离子水和无水乙醇超声清洗 5 min 后在氮气流中干燥。将 CP 溶液在含有 10 mmol/L TCEP 的 TE 缓冲溶液中稀释至最终浓度为 5 μmol/L，并在室温下温育 1 h，以避免形成二硫键。将清洗后的芯片浸没在 CP 溶液中，在室温下静置过夜 12 h。然后用去离子水冲洗芯片以除去表面未结合的 CP。将上述芯片浸没在 50 μL、1 mmol/L的 MCH 溶液中 1 h，以消除非特异性吸附。用去离子水对其进行洗涤后，用含有 10 mmol/L Tris－HCl、100 mmol/L NaCl、1.0 mmol/L $MgCl_2$ 的缓冲液配置各种浓度的 tDNA 溶液，将芯片浸没在配制好的待检测的 tDNA 溶液中，在室温下静置 1 h，通过 DNA 杂交将 tDNA 捕获到芯片上。用 Tris－HCl(pH＝7.4)溶液将芯片彻底洗涤后并用氮气干燥。

4. tDNA 的检测

使用矢量网络分析仪检测磁弹性 DNA 生物传感器的共振频率变化，矢量网络分析仪为线圈提供一个激励，线圈产生交变磁场，同时通过线圈来测量传感器的反馈信号。为了使磁弹性 DNA 生物传感器达到最大的振动幅度，采用条形磁铁产生一个直流偏置磁场。将制备好的磁弹性 DNA 生物传感器放入被线圈缠绕的玻璃管中，玻璃管中为上述制备好的 40 μL 的 sDNA－AuNPs 溶液，磁弹性 DNA 生物传感器与测试系统无线连接。当传感器和外加磁场发生共振时，磁能转化的机械能是最大的，对应矢量网络分析仪上 S_{11} 曲线中最低点的频率。

7.2.2 工作原理与特性

1. 传感器的传感机制

DNA 生物传感器通常具有很高的物理、化学稳定性，利用磁弹性材料作为传感平台具有成本低、体积小、灵敏度高、响应速度快以及无线传输等优点。本节制备了以磁弹性材料为基底的磁弹性 DNA 生物传感器，用于对引起

β地中海贫血中最常见的突变基因进行敏感性检测。如图7－1所示，首先，将与tDNA半互补的硫醇化DNA用作捕获探针(CP)，通过Au－S键修饰在金层覆盖的传感器表面。同时，MCH用来减少非特异性吸附的CP。然后，tDNA通过与CP杂交吸附在磁弹性传感器的表面。最后，基于AuNPs的高化学稳定性、良好的生物相容性和高比表面积的优势[230-233]，sDNA－AuNPs不仅被用作直接信号指示剂，实现了无标记检测，也被用于信号放大，提高了磁弹性DNA生物传感器的灵敏度和检测限。与tDNA半互补的CP、sDNA用于对tDNA的特异性识别，结合信号放大策略，使磁弹性DNA生物传感器的灵敏度大大提高，从而使其成为β地中海贫血检测的潜在工具之一。

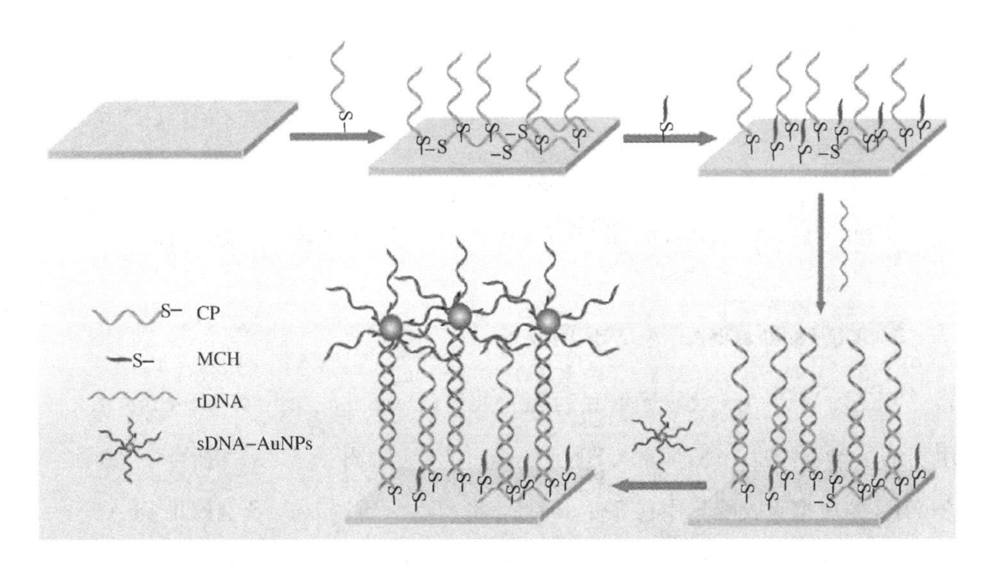

图7－1　磁弹性DNA生物传感器用于检测tDNA的示意图

2. 信号的放大

由式(1－8)可知，磁弹性DNA生物传感器的信号响应基于传感器表面质量的变化，而DNA分子本身的质量是比较小的，因此为了改善磁弹性DNA生物传感器的性能，信号放大操作是必要的。为此，采用sDNA－AuNPs建立了一种信号放大策略。sDNA－AuNPs作为直接的信号指示剂，与tDNA的特异性杂交使生物传感器的表面负载质量增加，共振频率降低。图 7 - 2 比较了存在 AuNPs 和不存在 AuNPs 的情况下检测相同浓度的 tDNA(10 nmo/L)时的共振频率偏移量。当使用 sDNA - AuNPs 对信号进行放大时，出现了约 863 Hz 的频移。然而，在只有 sDNA 与 tDNA 杂交引起磁弹性传感器的响应时，共振频率偏移量下降到 300 Hz。与只有 sDNA 相比，sDNA - AuNPs 对传感器响应信号的扩增效果明显，证明了 AuNPs 的信号放大作用。

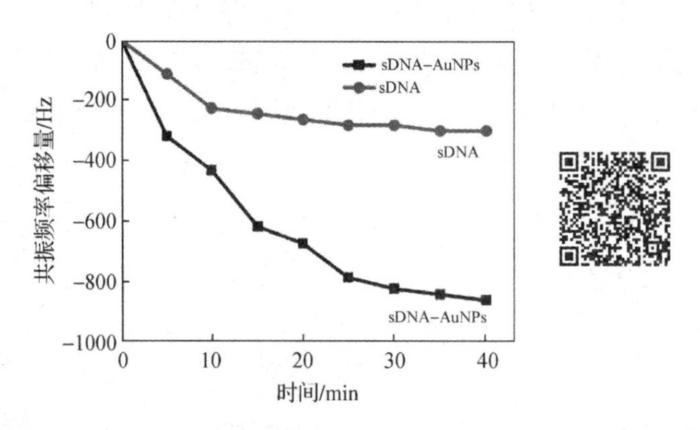

图 7 - 2　存在和不存在 AuNPs 的磁弹性 DNA 生物传感器的共振频率响应

3. AuNPs 和 sDNA - AuNPs 的表征

TEM、UV - vis 吸收光谱和动态光散射(Dynamic Light Scattering，DLS)用于表征合成的 AuNPs 和 sDNA - AuNPs，如图 7 - 3(a)所示。在图中 AuNPs 的典型吸收峰集中在 518 nm 处，将 sDNA 通过 Au—S 键修饰到 AuNPs 表面之后，由于颗粒间等离子体耦合，特征峰被红移至 522 nm，这与其他文献的报道一致[234-235]。此外，采用 TEM 直接观察 AuNPs 和 sDNA - AuNPs 的形貌，如图 7 - 3(b)和(c)所示。AuNPs 和 sDNA 修饰后的 AuNPs 都显示为球形，分布均匀。由 TEM 图可以看出，sDNA - AuNPs 比 AuNPs 的粒径大一些。为了进一步准确地测试 sDNA 修饰后的 AuNPs 的粒径变化，从而验证 sDNA - AuNPs 的成功制备，科研人员对两种纳米粒子进行了 DLS 测试。结果表明，DLS 数据与 TEM 图像大体一致，如图 7 - 3(d)所示。未修饰的 AuNPs 的直径大部分分布在 19.40 nm 左右，而在图 7 - 3(e) 中，sDNA - AuNPs 的直径增加至 24.07 nm 左右，表明 sDNA 有效地修饰在 AuNPs 的表面。TEM 图像、UV - vis 吸收光谱和 DLS 数据都证明 AuNPs 成功合成，并且 sDNA 成功地修饰在了 AuNPs 的表面。

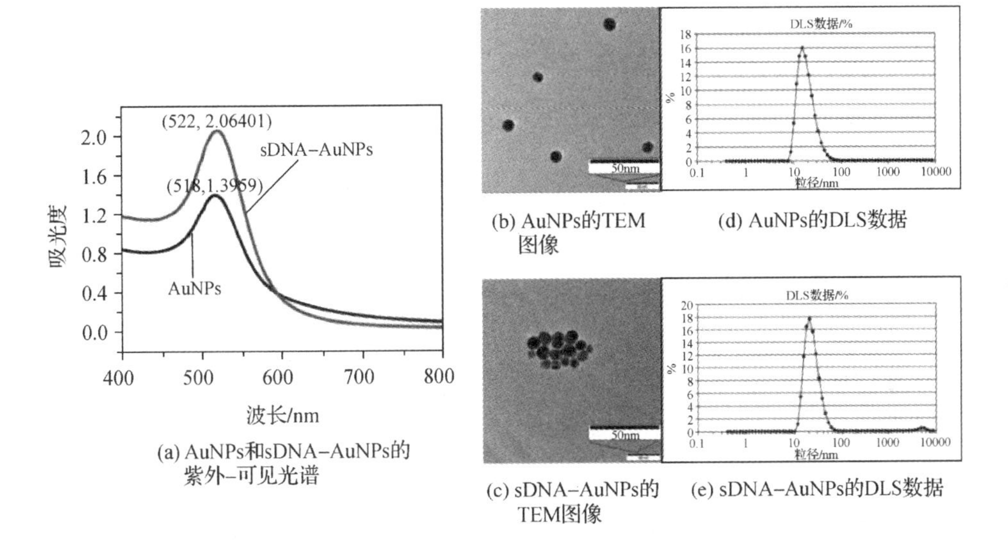

(a) AuNPs和sDNA–AuNPs的紫外–可见光谱　(b) AuNPs的TEM图像　(c) sDNA–AuNPs的TEM图像　(d) AuNPs的DLS数据　(e) sDNA–AuNPs的DLS数据

图 7 - 3　AuNPs 和 sDNA - AuNPs 的表征图

4. 磁弹性 DNA 生物传感器的表征

图 7 - 4 比较了制备和检测过程中磁弹性 DNA 生物传感器表面元素的 EDS 谱。在 MCH/CP/ME 芯片上测得的元素含量用黑色曲线表示。由图 7 - 4 可见，检测到了 DNA(C、N、O) 和 MCH (C、O) 中的元素。在检测到的元素中，N 元素为 DNA 中所特有的，它是 DNA 修饰的良好指标，这表明 CP 修饰成功。由于 tDNA 是通过与 CP 杂交诱导到传感器的表面的，所以浅灰色曲线中 C、N、O 的含量增加，这说明 tDNA 杂交成功。深灰色曲线显示了 sDNA - AuNPs 和 tDNA(1.0×10^{-8} mol/L) 杂交后的生物传感器表面的元素含量。由于 AuNPs 比表面积较大，因此，其表面可修饰多条 sDNA，导致元素含量显著增加，表明 sDNA - AuNPs 和 tDNA 能够成功杂交，sDNA - AuNPs 可用作直接

信号指示剂。通过以上分析可以得出结论：所制备的磁弹性 DNA 生物传感器能够成功地检测 tDNA。

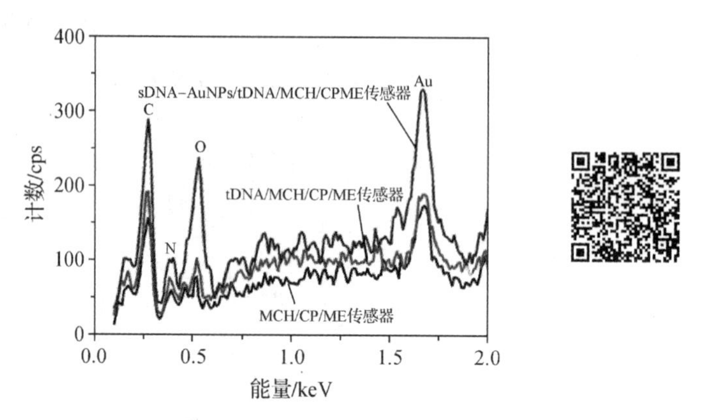

图 7-4 制备和检测过程中磁弹性 DNA 生物传感器表面元素分析的 EDS 谱

接下来使用荧光显微镜来评估磁弹性 DNA 生物传感器的修饰和检测过程。图 7-5(a)、(b)、(c)分别描绘了涂覆有 MCH/Cy3-labeled CP、Cy5-labeled tDNA/MCH/CP 和 6-AFM-labeled sDNA-AuNPs/tDNA/MCH/CP 的生物传感器的荧光显微镜图像。当浓度为 5 μmol/L 的 Cy3-labeled CP 通过 Au-S 键修饰到传感器表面后，如图 7-5(a)所示。从图中可以观察到红色荧光斑点在磁弹性 DNA 生物传感器表面，表明 CP 修饰成功。图 7-5(b)显示的是Cy5-labeled tDNA(1.0×10^{-8} Mol/L)通过与 CP 杂交而吸附在磁弹性 DNA 生物传感器表面后的荧光显微镜图像。由于在这一步中 CP 没有用荧光染料标记，因此观察到红色荧光斑点只来自 Cy5-labeled tDNA，这表明tDNA 与 CP 的杂交是成功的。带有绿色荧光的 6-AFM 基团标记的 sDNA-AuNPs 通过与 tDNA 杂交吸附到磁弹性 DNA 生物传感器的表面，如图 7-5(c)所示。在磁弹性 DNA 生物传感器的表面可观察到大量 6-AFM 标记的 sDNA-AuNPs的绿色荧光点，表明 sDNA-AuNPs 成功杂交。结果表明，该磁弹性 DNA 生物传感器表面实现了功能化修饰，可以用于 tDNA 检测。

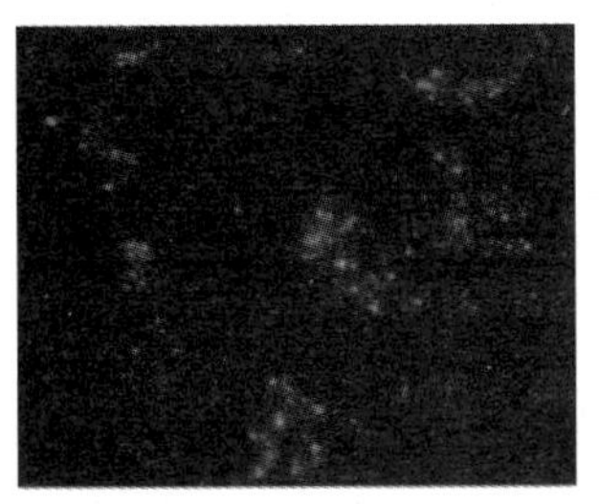

(a) 涂覆MCH/Cy3-labeled CP的荧光显微镜图像

(b) 涂覆Cy5-labeled tDNA/MCH/CP

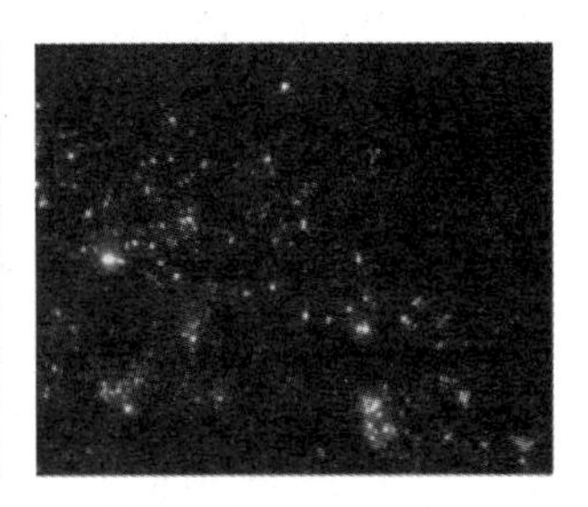

(c) 涂覆6-AFM-labeled sDNA-AuNPs/tDNA/MCH/CP的荧光显微镜图像

图 7-5　涂覆不同物质的生物传感器的荧光显微镜图像

为了更直观地证明检测过程中共振频率的变化是由于 sDNA-AuNPs 的特异性吸附引起的，使用 SEM 观察裸金和检测 tDNA 后的生物传感器表面，如图 7-6 所示。从图 7-6(a)中可以看出，裸金表面没有出现杂质。当生物传感器表面功能化并用于检测 tDNA 后(见图 7-6(b))，直径约为20 nm 的金纳米颗粒均匀分布在磁弹性 DNA 生物传感器的表面，表明 sDNA-AuNPs 与 tDNA 特异性结合。

(a) 裸金生物传感器表面的SEM图像

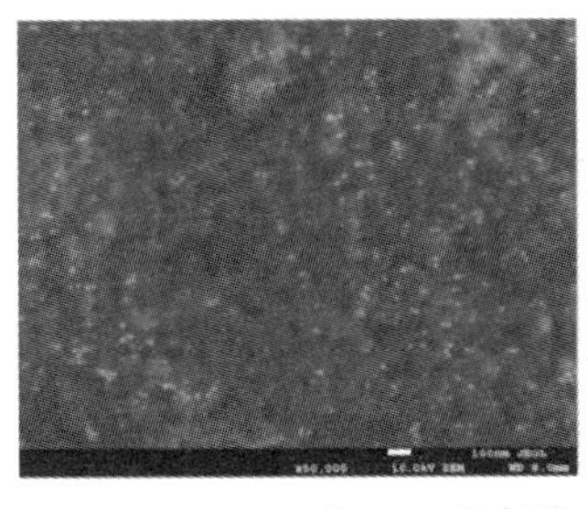

(b) sDNA-AuNPs与tDNA杂交后生物传感器表面的SEM图像

图 7-6　裸金和检测 tDNA 后的生物传感器表面的 SEM 图像

为了进一步证实磁弹性 DNA 生物传感器的表面功能化修饰效果，使用 AFM 对传感器表面进行形貌表征(见图 7-7)。图 7-7(a)为裸金表面，其粗糙度为 3.381 nm。图 7-7(b)为修饰后的 MCH/CP/ME chip 的混合层。与裸金表面相比，其表面高度明显增大，粗糙度增加到3.613 nm，说明CP修饰成功。tDNA通过与CP杂交吸附到生物传感器表面后，如图7-7(c)所示，传感器表面高度增加，粗糙度增加到5.267 nm，说明CP与tDNA成功杂交。图7-7(d)为使用所制备的磁弹性DNA生物传感器检测tDNA后(即sDNA-AuNPs与tDNA杂交后)的AFM图像。由图7-7(d)可知，生物传感器表面的高度更高，宽度更大，这是由于AuNPs的体积较大导致的，证明tDNA和sDNA-AuNPs的杂交是成功的。总的来说，AFM结果表明，磁弹性DNA生物传感器表面实现了特异性功能化修饰，并可用于检测tDNA。

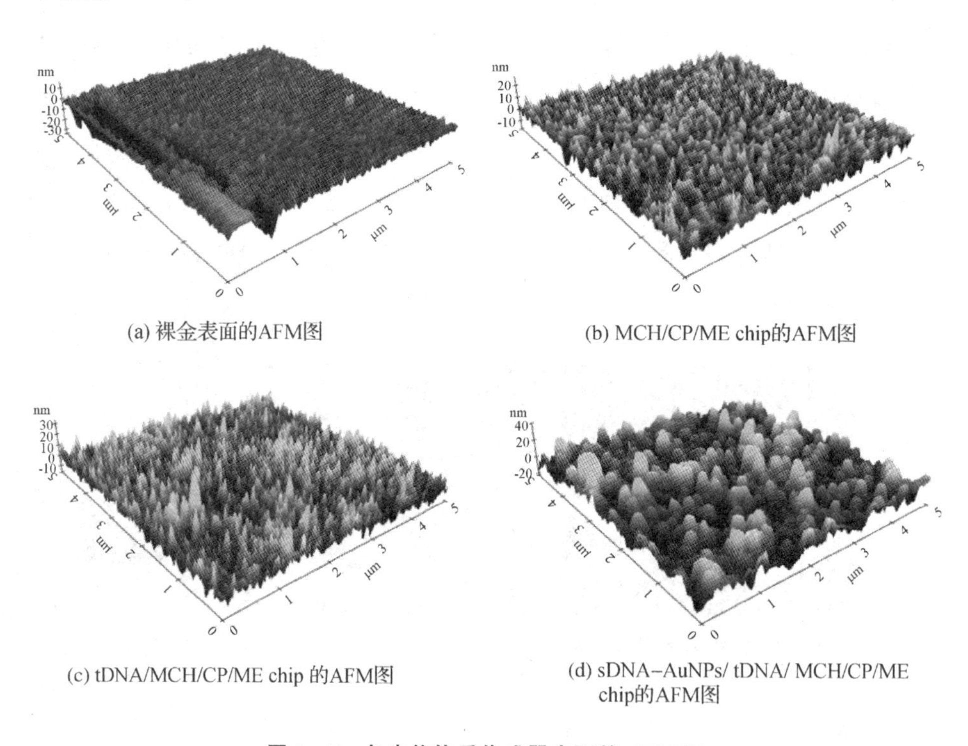

图7-7 各步修饰后传感器表面的AFM图

5. tDNA的检测

为了研究磁弹性DNA生物传感器的性能，研究人员分析了生物传感器对不同浓度 tDNA 的频率响应。当修饰不同浓度 tDNA 的磁弹性 DNA 生物传感器浸于 sDNA - AuNPs 溶液中时，sDNA - AuNPs 会通过与 tDNA 碱基互补配对吸附到生物传感器的表面，导致生物传感器表面的质量增加，共振频率减小。如图 7 - 8(a)所示。随着杂交时间的增加，共振频率随之越来越小，在 40 min左右达到稳定。此外，共振频率的变化量随着 tDNA 浓度的增加而增大。图7 - 8(a)中黑色曲线表示空白对照传感器(没有 tDNA 固定)对 sDNA - AuNPs 的响应，其检测信号约 19 Hz，表明可以忽略非特异性吸附。因此，可以通过磁弹性 DNA 生物传感器的共振频率偏移检测 tDNA 浓度，两者之间具有正比变化关系。

磁弹性 DNA 生物传感器用于检测 tDNA 的标准校准曲线显示在图 7 - 8(b)中。对于每种浓度，生物传感器在相同条件下进行了三次校准实验。由图可知，共振频率的偏移量与 tDNA 浓度的对数在 $1.0\times10^{-8}\sim1.0\times10^{-12}$ mol/L 范围内呈线性关系，其可以由 $\Delta f=-176.366\ 01\ \lg C-2252.443\ 64$ ($R^2=0.985\ 62$)来表示。此外，传感器的灵敏度为 72.7 Hz/(nmol/L)，LOD 为 0.571 pmol/L，表明所制备的磁弹性 DNA 生物传感器对 tDNA 具有良好的传感检测性能。

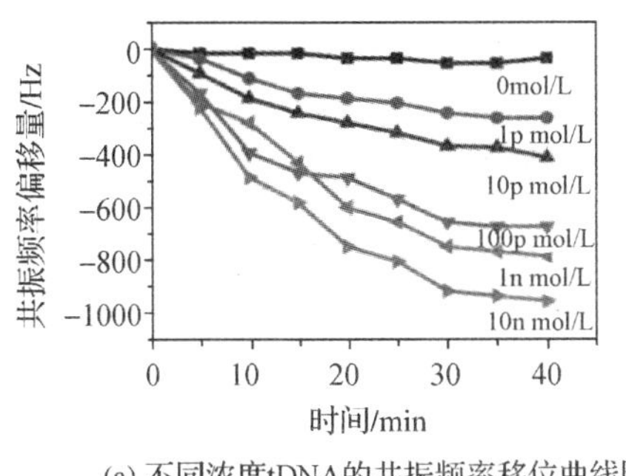

(a) 不同浓度tDNA的共振频率移位曲线图

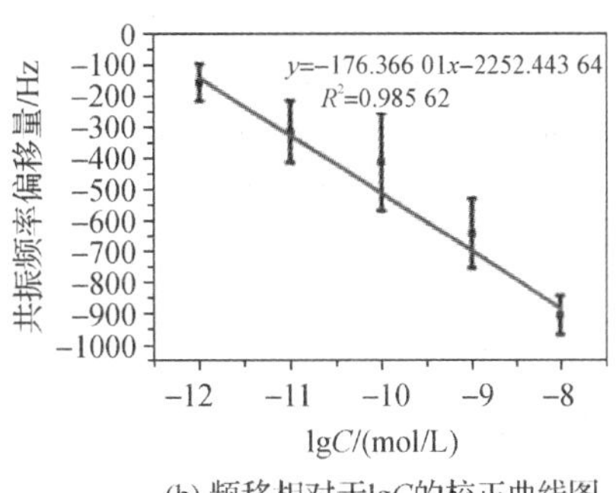

(b) 频移相对于lgC的校正曲线图

图 7 - 8　生物传感器对 tDNA 的检测结果

为了研究磁弹性 DNA 生物传感器对不同 DNA 序列的特异性，对比分析了生物传感器对 tDNA 和不同错配 DNA 序列的共振频率的响应情况，如图 7 - 9(a)所示。其中，Mis - 1 - 1 为单碱基错配序列并且位于 Mis - 1 - 1 序列中，其被用于修饰 AuNPs 的 sDNA 半互补的部分。当 tDNA 通过与 CP 杂交吸附到传感器的表面后，sDNA - AuNPs 由于错配无法结合到传感器的表面，因此不会产生响应信号；Mis - 1 - 2 的错配单碱基位于 Mis - 1 - 2 序列中，其被用于 CP 序列半互补的部分，因为 Mis - 1 - 2 序列不能结合到传感器的表面，后续的反应也不会发生，所以也不会产生共振频率的偏移；同理，三碱基错配序列(Mis - 3)和随机序列(Random)也不会产生信号响应，图 7 - 9(a)所示。tDNA 的共振频率的偏移量远大于错配序列的，这表明该生物传感器能够有效区分不同的 DNA 序列，并显示出优异的特异性。

图 7 - 9(b)显示出磁弹性 DNA 生物传感器对 tDNA 检测的稳定性。制备六个相同的磁弹性 DNA 生物传感器并在 4℃环境下储存，每隔一天测试其中一个浓度为 1 nmol/L 的 tDNA。计算所得 RSD 为 8.68%，表明制备的磁弹性 DNA 生物传感器具有较好的稳定性。

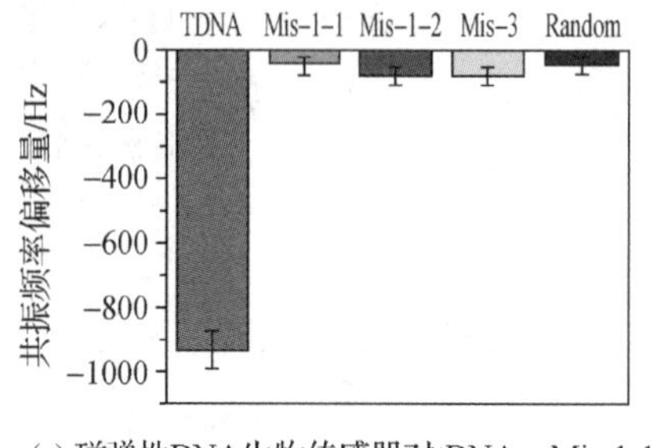

(a) 磁弹性DNA生物传感器对tDNA、Mis-1-1、Mis-1-2、Mis-3和随机序列的共振频率响应图

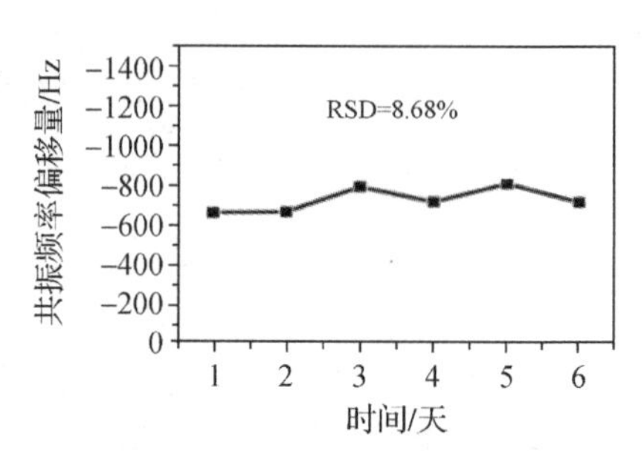

(b) 磁弹性DNA生物传感器的稳定性测试

图 7 - 9　生物传感检测 DNA 的特异性以及稳定性

7.3 磁弹性 DNA 传感器检测 VKORC1 基因

华法林是治疗脑卒中、深静脉血栓形成、肺栓塞和严重的冠状动脉血栓等

栓塞性疾病中使用最广泛的抗凝血药[236]。但华法林的用量指标比较狭窄，华法林浓度的微小变化可能导致药物不良反应或治疗失败[237-238]。因此，有必要针对个体差异准确地调整华法林的用量。个体之间的药物用量差异是由华法林的药物代谢酶的基因类型决定的[239]。VKORC1 是华法林的主要分子靶点，VKORC1 多态性对华法林用量有很大的影响，其中，$-1639G>A$ 多态性已被证明是预测华法林疗效的主要标志物[240]，它在本节中作为待检测的 tDNA。单核苷酸多态性由于其微妙的性质是最难以检测的遗传变异，而 $G>A$ 是最不容易识别的嘌呤-嘌呤突变。到目前为止，VKORC1 突变基因的检测主要依靠聚合酶链反应(PCR)和测序，即对 PCR 扩增目标序列后进行突变分析。现有的方法包括测序、凝胶迁移率检测和筛选/芯片结合检测，这些方法都需要消耗大量的试剂，此外还需要标记探针，因此会引入伪影。此外，这种方法需要 10～15 fmol 的高浓度 DNA 样品才能显示，因此分辨率和灵敏度较低。开发一种直接、高灵敏度的检测 VKORC1 基因的方法在生物医学上具有重要的意义。

本节介绍了一种磁弹性 DNA 生物传感器，使用 Metglas alloy2826 作为传感平台，构建一种三夹式结构来进行特异性修饰，用来检测 VKORC1 基因并指导华法林用量的调整。该磁弹性 DNA 生物传感器可以快速响应 DNA 结合并进行无线信号传输。特别是在目标识别层，磁弹性 DNA 生物传感器引入亲和素-生物素相互作用的系统，通过增加表面负载质量来放大信号，同时实现了对 tDNA 的无标记检测。本节通过制备的磁弹性 DNA 生物传感器检测不同浓度的 tDNA，分析了磁弹性 DNA 生物传感器的特异性、稳定性和重复性。

7.3.1　制备工艺技术

1. 实验试剂与仪器

实验所用的材料和化学试剂的名称、规格与生产厂家如表 7－4 所示。

表 7-4 实验所用材料及化学试剂

名 称	规 格	生产厂家
磁致伸缩材料	Metglas alloy2826	美国 Honeywell 公司
6-巯基-1-己醇 (6-Mercapto-1-hexanol，MCH)	分析纯级	北京国药集团
乙二胺四乙酸(EDTA)	分析纯级	北京国药集团
三(2-羧基)膦(TCEP)	分析纯级	北京国药集团
三羟甲基氨基甲烷(Tris)		生工生物工程(上海)股份有限公司
亲和素		生工生物工程(上海)股份有限公司
柠檬酸钠		天津博迪化工股份有限公司
碳二亚胺(EDC)		美国 Sigma 公司
N-羟基丁二酰亚胺(NHS)		美国 Sigma 公司
PBS 缓冲液	0.01 mol/L，pH=7.4	美国 Sigma 公司

实验中所用的寡核苷酸均由生工生物工程(上海)股份有限公司合成和修饰，其序列信息如表 7-5 所示。

表 7-5 实验中使用的寡核苷酸

DNA 序列名称	序 列
捕获探针(CP)	5′-GTTGAGGGCTTAGTGTTTTT-SH-3′
Biotin-DNA	5′-Biotin-TTGTCAGCCTGGCTTGG-3′
待检测突变序列(tDNA)	5′-CACTAAGCCCTCAACCCAAGCCAGGCTGAC-3′
单碱基错配 DNA(Mis-1-1)	5′-CACTCAGCCCTCAACCCAAGCCAGGCTGAC-3′
单碱基错配 DNA(Mis-1-2)	5′-CACTAAGCCCTCAACCCAAGCCAGGGTGAC-3′
双碱基错配 DNA(Mis-2)	5′-CACTCAGCCCTCAACCCAAGCCAGGGTGAC-3′
非互补 DNA(N-DNA)	5′-CTACGTAACCTGGCTAAGCCTAAGGCATGC-3′

实验所用主要仪器及设备的名称、型号与制造厂商如表 7-6 所示。

表 7-6　实验所用主要仪器及设备

名　称	型　号	制造厂商
矢量网络分析仪	AV3620A	美国安捷伦公司
扫描电子显微镜(SEM)	SU3500	日本 Hitachi 公司
原子力显微镜(AFM)	NX10	韩国 Park

实验中使用的缓冲溶液如表 7-7 所示。

表 7-7　实验中使用的缓冲溶液

分子名称	缓冲溶液	pH
CP	10 mmol/L Tris-HCl，1.0 mmol/L EDTA，1.0 mmol/L TCEP	7.4
tDNA	10 mmol/L Tris-HCl，1.0 mmol/L EDTA	7.4
Biotin-DNA	PBS buffer	7.4
Avidin	Ultrapure water	7.0

2. 生物传感器的制备

采用激光切割机将磁弹性材料切割成尺寸为 5 mm×1 mm 的长方形。将切割后的磁弹性材料先后在丙酮和乙醇中均超声清洗 15 min，以清除残余碎片，然后将其在氮气流中干燥。在磁弹性材料的上下表面采用磁控溅射的方法均溅射一层金属铬，厚度约为 100 nm，它作为黏合剂增强磁致伸缩材料和金层的黏附性，还可以对富含铁元素的基底材料形成保护层。在铬的表面再各溅射一层金，厚度约为 100 nm。金层为生物识别分子提供了具有生物活性的附着层，另外还可以避免盐溶液腐蚀传感器。制备的传感器平台在 220℃ 的真空炉中退火2 h，消除平台中的残余应力，以便提高生物传感器的性能。

分别用丙酮、异丙醇、去离子水和无水乙醇超声清洗上述制备好的传感器平台各5 min，最后用氮气吹干。将制备好的传感器浸泡在浓度为 5 μmol/L 的与 tDNA 半互补的 CP 溶液中静置过夜 12 h。TCEP 是一种高效的二硫键还原剂，可以保持 CP 中的游离巯基的稳定性。取出浸泡好的芯片，用去离子水洗涤并用氮气进行干燥。然后，将传感器浸泡在 MCH 溶液中静置 1 h 以除去非特异性吸附，然后用去离子水洗涤，并使用氮气干燥。将待测的t-DNA浓度稀释为 10 pmol/L、1 pmol/L、100 fmol/L、10 fmol/L、1 fmol/L、0.1 fmol/L和 0 fmol/L。将生物传感器浸泡在上述 7 种浓度的 tDNA 溶液中，在 37℃下温育 1 h，然后用氮气干燥。将修饰好 tDNA 的生物传感器浸入与 tDNA 半互补的 Bio－DNA(50 μL、100 μmol/L)溶液中，静置 1 h 以便与tDNA进行杂交。然后用 Tris－HCl 缓冲液对其进行洗涤，再用氮气干燥。至此，基于三夹式结构功能化的生物传感器制备完成，准备用于后续的检测。

3. tDNA 的检测

在配置好的浓度为 100 μmol/L 的亲和素溶液中加入 NHS(40 mmol/L)和 EDC(20 mmol/L)溶液进行活化，并在室温下温育 30 min。最后一步中，亲和素通过与生物素的特异性结合吸附到生物传感器的表面，导致传感器表面的质量发生变化，从而引起其共振频率的变化。可以使用矢量网络分析仪进行共振频率测试。将直径为 0.202 mm 的漆包线缠绕在直径为 8 mm 的玻璃试管上制成线圈，线圈将矢量网络分析仪提供的一个交流信号转变为交变磁场，为了提高磁弹性材料应变的幅度，使用一块条形磁铁提供直流偏置磁场。将上述制备的生物传感器放置在玻璃管中，并在玻璃管中加入活化后的亲和素溶液。当生物传感器的振动频率和交变磁场一致时会发生共振，此时，将磁能转换为机械能的转换幅度最大，输出的信号值最小，即所监测的 S_{11} 点。当传感器表面发生特异性反应并且质量发生变化时，S_{11} 点会随之改变。输出信号也由线圈输出，实现了传感器和检测系统的无线连接。

7.3.2 工作原理与特性

1. 传感器的传感机制

尽管 Metglas 合金具有诸多优点，但在生物医学领域的应用仍存在一定的局限性。一方面，铁基合金耐蚀性差，生物相容性差；另一方面，基于传感器表面质量变化的传感过程需要一个高稳定、信号放大能力强的平台。因此，采用了铬保护层来提高生物传感器的耐腐蚀性，金保护层来提高生物传感器的生物相容性，并引入了生物素-亲和素相互作用系统来放大信号，提高生物传感器的灵敏度。DNA末端修饰的小分子生物素(分子量244.31 g/mol)不会引起空间位阻,也不会占据反应位点。生物素与亲和素相互作用的亲和度很高(K_a,1×10^{-15} mol/L)[241],并且生物素-亲和素相互作用系统能抵抗极端温度、较高的pH值、有机溶剂和常见的变性剂[242]。此外,分子量为66 kD的亲和素增加了表面质量的变化率,极大地放大了信号。本节介绍了一种磁弹性DNA生物传感器用以无线检测VKORC1基因,以此来指导华法林用量的合理调整(见图7-10)。具体来说,硫醇化的捕获探针(CP)共价固定于镀金Metglas alloy2826的表面,形成对tDNA的第一特定识别层。用6-巯基-1-己醇(MCH)去除表面的游离CP。在tDNA通过与CP杂交吸附到传感器的表面后,生物素化的DNA(biotin-DNA)进一步与tDNA杂交形成对tDNA的第二特定识别层,至此,基于三夹式结构的功能化修饰已经完成。最后,将制备好的磁弹性DNA生物传感器浸入亲和素溶液中,亲和素通过与生物素的特异性结合导致表面负载质量增加,传感器共振频率降低,通过测量共振频率的偏移量实现对tDNA实时和无标记检测。

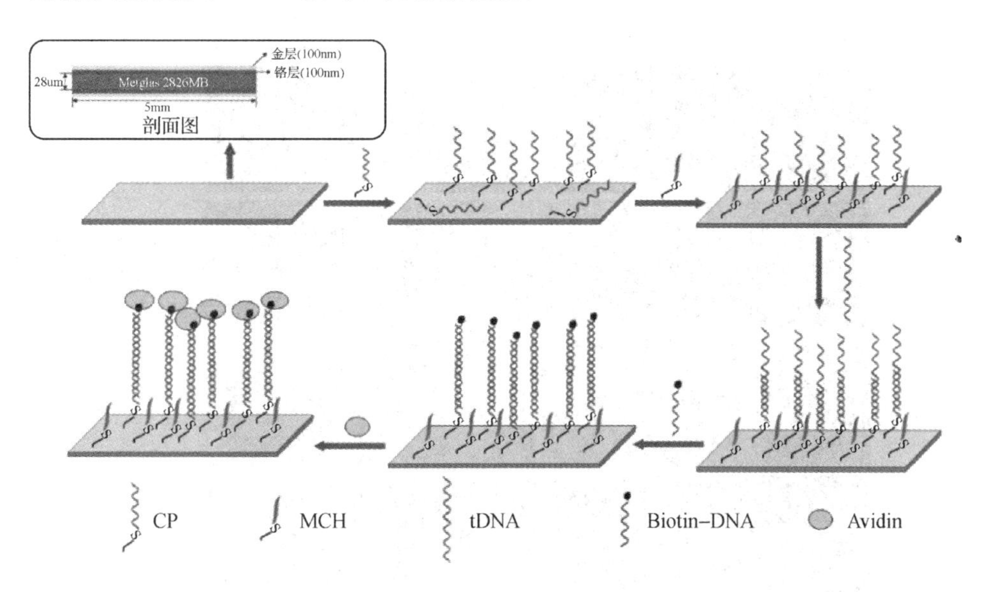

图7-10 基于磁弹性DNA生物传感器平台的设计与实现

2. 传感器的表征

用X射线能谱分析(EDS)分析生物传感器修饰和检测过程中表面组成元素的类型和含量，如图7-11所示。第Ⅰ列为修饰完CP和MCH的表面元素分布图，其中N和P元素唯一来自DNA，是DNA修饰的可靠指标。由图可以看出，N和P元素分布均匀，表明CP通过Au—S键成功修饰在传感器的表面，且表面覆盖率较高。当tDNA通过与CP杂交被引入传感器表面后，由第Ⅱ列可以看出，C、N、O和P元素含量均有增加，这表明与tDNA杂交成功。然后，第Ⅲ列中各元素的含量进一步提高，这表明与tDNA半互补的Biotin-DNA杂交成功。最后，在完成检测tDNA后的传感器表面(第Ⅳ列)，可以看出元素含量更加明显增加。这是由于亲和素是一种蛋白质，C、N、O和P元素含量都较高，证明亲和素和生物素特异性结合。总之，EDS分析证明传感器表面实现了功能化修饰，并且三夹式结构可被用于检测tDNA。

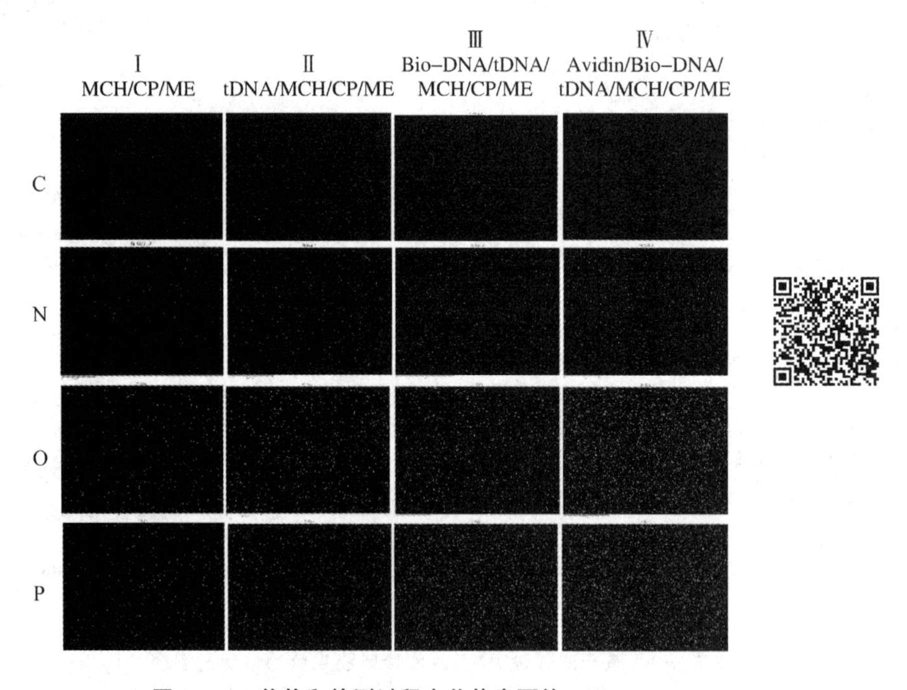

图7-11 修饰和检测过程中芯片表面的EDS

此外，通过 AFM 来观测传感器制备和检测过程中的三维形貌图，如图7－12所示。金涂层的表面如图 7－12(a)所示，可以看到均匀的纳米金颗粒的突起，表面粗糙度为 4.260 nm。CP 和 MCH 通过 Au—S 键修饰在传感器表面后，如图 7－12(b)所示。表面高度增加且粗糙度增加为 6.539 nm，证明了 CP 修饰成功。图 7－12(c)为传感器表面特异性识别 tDNA 后的表面三维形貌图，粗糙度改变为 4.684 nm，证明 tDNA 与 CP 杂交成功。然后，当与 tDNA 半互补的 Biotin－DNA 被吸附到生物传感器表面后(见图 7－12(d))，表面高度增加且粗糙度为 3.803 nm，证明与 Biotin－DNA 杂交成功。图 7－12(e)是捕获亲和素后得到的表面形貌，表面突起高度增加，粗糙度增加为 18.458 nm。综上所述，AFM 形貌图进一步证明磁弹性 DNA 生物传感器的制备和检测过程有效。

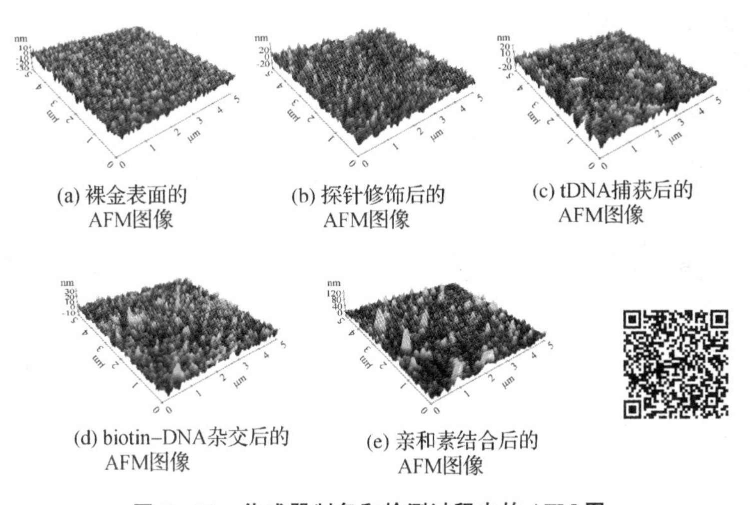

图 7－12　传感器制备和检测过程中的 AFM 图

3. tDNA 的检测

在相同环境下，磁弹性 DNA 生物传感器对不同浓度 tDNA 的共振频率响应如图 7－13(a)所示。亲和素与生物素特异性结合后被吸附到生物传感器的表面，导致表面质量增加，共振频率减小，在 35 min 左右达到稳定状态。由图 7－13(a)可以看出，tDNA 浓度越大，其共振频率的偏移量越大。为了验证共振频率的偏移来自生物素和亲和素的特异性反应，将浓度为 0 mol/L 的tDNA

用于对照实验，结果显示磁弹性 DNA 生物传感器的共振频率几乎没有偏移，如图 7-13(a)中深蓝色线所示。这证明传感器的非特异性吸附可以忽略。

图 7-13(b)为磁弹性 DNA 生物传感器共振频率偏移量对 tDNA 浓度对数函数的校准曲线。将每种浓度的 tDNA 在相同条件下测试三次。由图 7-13(b)可知，磁弹性 DNA 生物传感器的频率响应与 tDNA 浓度的对数在 $1.0\times10^{-11}\sim1.0\times10^{-16}$ mol/L之间呈线性关系，灵敏度为 45.7 Hz/(pmol/L)。拟合回归方程为 $\Delta f=-92.07\ \lg C-1721.19$ ($R^2=0.9954$)。LOD 计算为 0.00389 fmol/L($S/N=3$)。实验结果表明，磁弹性 DNA 生物传感器对 tDNA 检测具有较高的灵敏度和良好的线性相关性。

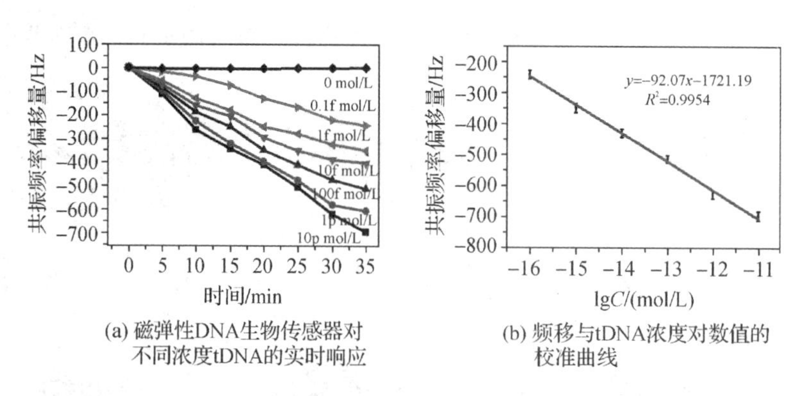

(a) 磁弹性DNA生物传感器对不同浓度tDNA的实时响应

(b) 频移与tDNA浓度对数值的校准曲线

图 7-13 传感器检测 tDNA

为了检测磁弹性 DNA 生物传感器对不同 DNA 序列的特异性，分别检测了磁弹性 DNA 生物传感器对错配碱基序列(10 pmol/L)和 tDNA(1 pmol/L)的频率响应，如图 7-14(a)所示。其中，单碱基错配序列(Mis-1-1，Mis-1-2)的错配碱基分别位于 tDNA 与 CP、Biotin-DNA 半互补的部分。由于 Mis-1-1不能与修饰在传感器表面的 CP 特异性识别层杂交，因此无法被引入传感器表面，后续的频率信号也无法产生。当 Mis-1-2 与 CP 杂交吸附到传感器的表面后，Biotin-DNA 特异性识别层无法与 tDNA 杂交而不能产生频率信号。同样，双碱基错配序列(Mis-2)和随机序列(N-DNA)产生的频率响应信号更为微弱。结果表明，三夹式结构中的两层特异性识别层可以有效地识别错配碱基序列，证明磁弹性 DNA 生物传感器的高特异性。

通过分别检测 7 片磁弹性 DNA 生物传感器对 tDNA 的频率信号响应来研究传感器的稳定性。在相同条件下，一次性制备 7 片修饰了浓度为 100 fmol/L tDNA 的磁弹性 DNA 生物传感器，每隔一天测试其中一片对亲和素的频率响应，如图 7－14(b)所示。磁弹性 DNA 传感器在 7 天内的共振频率变化基本保持一致，RSD 为 2.1％，说明磁弹性 DNA 传感器具有较好的稳定性。

此外，测试了相同条件下制备的三个磁弹性 DNA 生物传感器对浓度为 1 f mol/L tDNA 的频率响应来评估磁弹性 DNA 生物传感器的重复性，获得了 9.81％的 RSD，表明磁弹性 DNA 生物传感器的良好再现性。

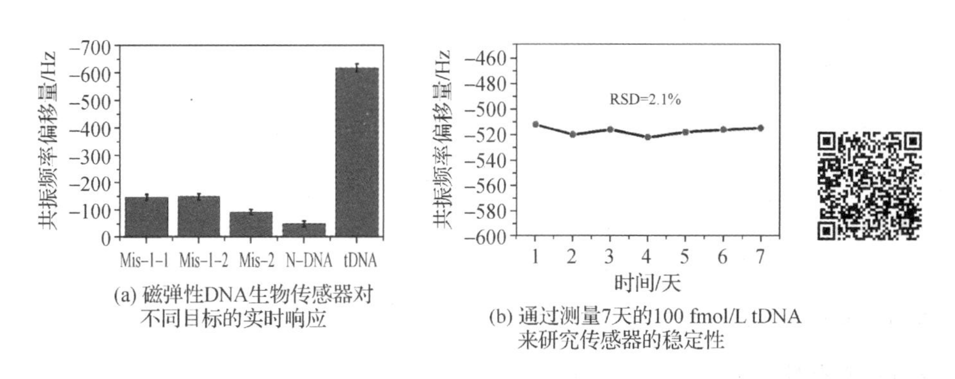

图 7－14　磁弹性生物传感器检测 DNA 序列的特异性及稳定性

本 章 小 结

对于基因相关疾病，在实际样本检测过程中仍面临着巨大挑战。比如，在实际样本中相关基因的含量很低，同时还含有大量干扰物质，这就要求检测技术必须具备一些关键性质，如低检测限和高特异性。

本章第一部分针对造成 β 地中海贫血最常见的突变，即在 β－globin 编码区 41/42 位置的四碱基缺失(—TTCT)，介绍了一种磁弹性 DNA 生物传感器，实现了一种更准确、更灵敏、更便宜的检测方法。具体内容总结如下：

(1) 磁弹性 DNA 生物传感器以磁弹性材料 Metglas alloy 2826 为平台，两段与靶序列半互补的 DNA 链作为特异性识别元件，sDNA－AuNPs 被用于信号放大并作为直接信号指示剂，可以实现无线检测。磁弹性 DNA 生物传感器无标签，不需要标记过程或外部指示。生物传感器的共振频率偏移与靶 DNA 浓度的对数呈线性相关，检测范围为 $1.0\times10^{-8}\sim1.0\times10^{-12}$ mol/L，检出限为 0.571 pmol/L。该磁弹性 DNA 生物传感器具有区分靶 DNA 序列与错配 DNA 序列的能力和良好的稳定性，可作为β地中海贫血测定的潜在工具之一。

(2) sDNA－AuNPs 对响应信号的扩增效果提高 2.8 倍，证明了 AuNPs 的信号放大作用。

(3) 磁弹性 DNA 生物传感器具有良好的特异性，具有区分靶 DNA 序列与错配 DNA 序列的能力，证明了与 tDNA 半互补的两段 DNA(CP 和 sDNA) 作为特异性识别层的可行性。

本章第二部分介绍了一种用于检测影响华法林用药的 VKORC1 基因的磁弹性 DNA 生物传感器，它可以快速响应 DNA 结合和无线传输信号。具体内容总结如下：

(1) CP、tDNA 和 sDNA 形成三夹式结构，与 tDNA 半互补的两段 DNA 作为特异性识别层，可以有效地识别错配碱基序列，满足对 VKORC1 基因单核苷酸多态性的检测要求。

(2) 在三夹式结构的最后一段 DNA 中修饰了生物素，根据生物素和亲和素的高特异性，引入亲和素作为直接信号指示剂。大分子的亲和素相比于 DNA，有效地放大了信号，提高了磁弹性 DNA 生物传感器的灵敏度，同时也可以实现对 tDNA 的无标记检测。

(3) 磁弹性 DNA 生物传感器的共振频率偏移量与 tDNA 浓度的对数在 0.1 fmol/L～10 pmol/L范围内呈线性相关，LOD 为 0.00389 fmol/L($S/N=3$)，灵敏度为 45.7 Hz/(pmol/L)。

基于磁弹性材料的 DNA 生物传感器体积小，携带方便，不需要使用任何光学标签，在核酸生物医学诊断中具有很大的应用潜力。

参 考 文 献

[1] WANG P, LIU Q. Biomedical sensors and measurement [M]. HANGZHOU: Zhejiang University Press, 2011.

[2] UNIVERSITY T, Tianjin. Recent development of biomedical sensors [J]. Chinese Journal of Biomedical Engineering, 2005.

[3] ENGIN M, DEMIREL A, ENGIN E Z, et al. Recent developments and trends in biomedical sensors [J]. Measurement, 2005, 37(2): 173 - 188.

[4] 王隆太.先进制造技术[M]. 北京：机械工业出版社，2017：106.

[5] CLARK J L, LYONS C. Electrode systems for continuous monitoring in cardiovascular surgery [J]. Annals of the New York Academy of Sciences, 2010, 102(1): 29 - 45.

[6] 崔大付，刘长春，陈翔. 生化传感器发展的新特点[J]. 测控技术，2004，23(3)：1 - 4.

[7] 武宝利，张国梅，高春光，等. 生物传感器的应用研究进展[J]. 中国生物工程杂志，2004，24(7)：65 - 69.

[8] 夏西泉，曹毅. 生物医学传感器的发展与应用综述[J]. 重庆电子工程职业学院学报，2008，17(1)：149 - 152.

[9] 于波. 基于功能化膜层的微纳光纤生物化学传感器研究[D]. 广州：暨南大学，2017.

[10] ERICKSON B E. Research profile: universal biosensor [J]. Analytical Chemistry, 2004, 76(5).

[11] LUONG J H, MALE K B, GLENNON J D. Biosensor technology: technology push versus market pull [J]. Biotechnology Advances, 2008, 26(5): 492 - 500.

[12] PRIEN R D. The future of chemical in situ sensors [J]. Marine Chemistry, 2007, 107(3): 422 - 432.

[13] MURRAY R W. Chemical sensors and microinstrumentation [M]. American Chemical Society, 1989.

[14] CAMMAROTO C, DILIBERTO L, FERRALIS M, et al. Use of carbonic anhydrase in electrochemical biosensors for dissolved CO_2[J]. Sens Actuators, 1998, 48(1 - 3): 439 - 447.

[15] LIU S, YU J, JU H. Renewable phenol biosensor based on a tyrosinase-colloidal gold

modified carbon paste electrode[J]. J Electroanal Chem., 2003, 540(2):61-67.

[16] LETH S, MALTONI S, SIMKUS R, et al. Engineered bacteria based biosensors for monitoring bioavailable heavy metals [J]. Electroanalysis: An International Journal Devoted to Fundamental and Practical Aspects of Electroanalysis, 2002, 14 (1): 35-42.

[17] 韩恩，潘超，曹晓梅，等. 基于酪氨酸酶抑制作用的莠去津农药残留电化学快速检测[J]. 食品科技，2015 (5): 344-347.

[18] ANDREESCUER S, AVRAMESCU A, BALA C, et al. Detection of organophosphorus insecticides with immobilized acetylcholinesterase-comparative study of two enzyme sensors [J]. Analytical and bioanalytical chemistry, 2002, 374(1): 39-45.

[19] 李花子，施汉昌，张悦，等. 以酵母菌作为敏感材料的 BOD 生物传感器研究[J]. 中国环境检测，2002, 18(4): 14-16.

[20] SURIYAWATTANAKUL L, SURAREUNGCHAI W, SRITONGKAM P, et al. The use of co-immobilization of Trichosporon cutaneum and Bacillus licheniformis for a BOD sensor [J]. Applied Microbiology & Biotechnology, 2002, 59(1): 40-4.

[21] FREIRE R S, THONGNGAMDEE S, DURÁN N, et al. Mixed enzyme (laccase/tyrosinase)-based remote electrochemical biosensor for monitoring phenolic compounds [J]. Analyst, 2002, 127(2): 258-261.

[22] 胡杰，梁媛，莫胜兰，等. 活猪携带猪瘟病毒检测方法比较[J]. 动物医学进展，2013, 34(1): 66-71.

[23] 马超英. 4 种猪瘟病毒抗体检测方法的比较[D]. 杨凌：西北农林科技大学，2012.

[24] WU H, WANG J, KANG X, et al. Glucose biosensor based on immobilization of glucose oxidase in platinum nanoparticles/graphene/chitosan nanocomposite film[J]. Talanta, 2010, 80(1):403-406.

[25] MUSTAFA K S, ERHAN D. Direct determination of sulfite in food samples by a biosensor based on plant tissue homogenate[J]. Talanta, 65(4): 998-1002.

[26] XIONG X, SHI X, LIU Y, et al. An aptamer-based electrochemical biosensor for simple and sensitive detection of staphylococcal enterotoxin B in milk [J]. Anal Methods, 2018, 10: 365-370.

[27] TANG H, CHEN J, NIE L, et al. A label-free electrochemical immunoassay for

carcinoembryonic antigen (CEA) based on gold nanoparticles (AuNPs) and nonconductive polymer film [J]. Biosensors and Bioelectronics, 2007, 22(6): 1061 - 1067.

[28] 彭图治，程琼. TPD 修饰电化学生物传感器测定 DNA 片段序列[J]. 化学学报，2008，59(7)：1125 - 1129.

[29] 刘芳，刘仲明，李家洲. DNA 生物传感器在乙型肝炎基因诊断中的应用[J]. 广东医学，2002，23(12)：1246 - 1247.

[30] BAEUMNER A J, SCHLESINGER N A, SLUTZKI N S, et al. Biosensor for dengue virus detection: sensitive, rapid, and serotype specific [J]. Analytical chemistry, 2002, 74(6): 1442 - 1448.

[31] MODZELEWSKI C, SAVAGE H, KABACOFF L, et al. Magnetomechanical coupling and permeability in transversely annealed Metglas 2605 alloys [J]. IEEE Transactions on Magnetics, 1981, 17(6): 2837 - 2839.

[32] GRIMES C A, CAI Q, ONG K G, et al. Environmental monitoring using magnetoelastic sensors [C]//Complex Mediums. International Society for Optics and Photonics, 2000, 4097: 123 - 134.

[33] 程鹏. 磁致伸缩材料共振特性研究以及在液体黏度和重金属离子检测的应用[D]. 太原：太原理工大学，2015.

[34] GRIMES C, MUNGLE C, ZENG K, et al. Wireless magnetoelastic resonance sensors: A critical review [J]. Sensors, 2002, 2(7): 294 - 313.

[35] RUAN C, ZENG K, VARGHESE O K, et al. A magnetoelastic bioaffinity-based sensor for avidin [J]. Biosensors and Bioelectronics, 2004, 19(12): 1695 - 1701.

[36] HUBER T, BERGMAIR B, VOGLER C, et al. Magnetoelastic resonance sensor for remote strain measurements [J]. Applied Physics Letters, 2012, 101(4): 042402.

[37] GRIMES C A, STOYANOV P G, KOUZOUDIS D, et al. Remote query pressure measurement using magnetoelastic sensors [J]. Review of Scientific Instruments, 1999, 70(12): 4711 - 4714.

[38] LOISELLE K T, GRIMES C A. Viscosity measurements of viscous liquids using magnetoelastic thick-film sensors [J]. Review of Scientific Instruments, 2000, 71(3): 1441 - 1446.

[39] GRIMES C A, KOUZOUDIS D, MUNGLE C. Simultaneous measurement of liquid density and viscosity using remote query magnetoelastic sensors [J]. Review of Scientific Instruments, 2000, 71(10): 3822 - 3824.

[40] KOUZOUDIS D, GRIMES C A. Remote query fluid-flow velocity measurement using magnetoelastic thick-film sensors [J]. Journal of Applied Physics, 2000, 87(9): 6301 - 6303.

[41] ZHANG R, TEJEDOR M I, ANDERSON M A, et al. Ethylene detection using nanoporous Pt-TiO_2 coatings applied to magnetoelastic thick films [J]. Sensors, 2002, 2(8): 331 - 338.

[42] CAI Q Y, CAMMERS-GOODWIN A, GRIMES C A. A wireless, remote query magnetoelastic CO_2 sensor [J]. Journal of Environmental Monitoring, 2000, 2(6): 556 - 560.

[43] CAI Q Y, JAIN M K, GRIMES C A. A wireless, remote query ammonia sensor [J]. Sensors and Actuators B: Chemical, 2001, 77(3): 614 - 619.

[44] CAI Q Y, GRIMES C A. A remote query magnetoelastic pH sensor [J]. Sensors and Actuators B: Chemical, 2000, 71(1 - 2): 112 - 117.

[45] RUAN C, ZENG K, GRIMES C A. A mass-sensitive pH sensor based on a stimuli-responsive polymer [J]. Analytica Chimica Acta, 2003, 497(1 - 2): 123 - 131.

[46] CAI Q Y, GRIMES C A. A salt-independent pH sensor [J]. Sensors and Actuators B: Chemical, 2001, 79(2 - 3): 144 - 149.

[47] CAI Q, ZENG K, RUAN C, et al. A wireless, remote query glucose biosensor based on a pH-sensitive polymer [J]. Analytical Chemistry, 2004, 76(14): 4038 - 4043.

[48] GAO X, YANG W, PANG P, et al. A wireless magnetoelastic biosensor for rapid detection of glucose concentrations in urine samples [J]. Sensors and Actuators B: Chemical, 2007, 128(1): 161 - 167.

[49] PANG P, ZHANG Y, GE S, et al. Determination of glucose using bienzyme layered assembly magnetoelastic sensing device [J]. Sensors and Actuators B: Chemical, 2009, 136(2): 310 - 314.

[50] RUAN C, ZENG K, VARGHESE O K, et al. Magnetoelastic immunosensors: amplified mass immunosorbent assay for detection of escherichia coli O157:H7 [J].

Analytical Chemistry，2003，75(23)：6494 - 6498.

[51] LIN H，LU Q，GE S，et al. Detection of pathogen E. coli O157:H7 with a wireless magnetoelastic-sensing device amplified by using Chitosan-modified Fe_3O_4 nanoparticles [J]. Sens. Actuat. B Chem. 2010，147：343 - 349.

[52] FENG X，ROY S C，MOR G K，et al. A wireless magnetoelastic biosensor for the selective detection of low density lipoprotein (LDL) particles [J]. Sensor Letters，2008，6(3)：359 - 362.

[53] PANG P，HUANG S，CAI Q，et al. Detection of Pseudomonas aeruginosa using a wireless magnetoelastic sensing device [J]. Biosensors and Bioelectronics，2007，23(2)：295 - 299.

[54] RUAN C，VARGHESE K O，GRIMES C A，et al. A magnetoelastic ricin immunosensor [J]. Sensor Letters，2004，2(2)：138 - 144.

[55] RUAN C，ZENG K，VARGHESE O K，et al. A staphylococcal enterotoxin B magnetoelastic immunosensor [J]. Biosensors and Bioelectronics，2004，20(3)：585 - 591.

[56] HUANG S J，WANG Y J，FANG J D，et al. Detection of Staphylococcus aureus in different liquid mediums using wireless magnetoelastic sensor [J]. Chinese Journal of Analytical Chemistry，2010，38(1)：105 - 108.

[57] PANG P，CAI Q，YAO S，et al. The detection of Mycobacterium tuberculosis in sputum sample based on a wireless magnetoelastic-sensing device [J]. Talanta，2008，76(2)：360 - 364.

[58] GE S，HUANG S，ZHANG F，et al. Detection of Micrococcus Luteus using a wireless magnetoelastic sensing device [J]. Sensor Letters，2009，7(1)：79 - 83.

[59] WU S，ZHU Y，CAI Q，et al. A wireless magnetoelastic α - amylase sensor [J]. Sensors and Actuators B：Chemical，2007，121(2)：476 - 481.

[60] 周寿增，高学绪. 磁致伸缩材料[M]. 北京：冶金工业出版社，2017.

[61] 张克维. 磁致伸缩生物传感器系统理论和技术[M]. 北京：机械工业出版社，2019.

[62] CHEN C. Magnetism and metallurgy of soft magnetic materials [M]. North-Holland Publishing Company. Amsterdam，New York：Oxford，1972.

[63] 李国栋. 物质磁性认识的发展[J]. 大自然探索，1985(2)：131.

[64] ZHANG K W, ZHANG L, FU L L, et al. Magnetostrictive resonators as sensors and actuators[J]. Sensors and Actuators A: Physical, 2013, 200(1): 2-10.

[65] 严密，彭晓领. 磁学基础与磁性材料[M]. 杭州：浙江大学出版社，2006.

[66] KIRCHMAYR H R, POLDY C. Magnetic properties of intermetallic compounds of rare eatth metals [J]. Elsevier North-Holland, Inc., Handbook on the Physics and Chemistry of Rare Earths, 1979, 2: 55-230.

[67] 王家礼，朱满座，路宏敏. 电磁场与电磁波[M]. 西安：西安电子科技大学出版社，2013.

[68] LI J H, GAO X X, XIE J X, et al. Recrystallization behavior and magnetostriction under precompressive stress of Fe-Ga-B sheets [J]. Intermetallics, 2012, 26: 66-71.

[69] CULLEN J R, CLARK A E, FOGLE M W, et al. Magnetoelasticity of Fe-Ga and Fe-Al alloys [J]. Journal of Magnetic & Magnetic Materials, 2001, 226-230: 948-949.

[70] 魏秀娟. 基于磁致伸缩材料的生物传感器灵敏度特性研究[D]. 太原：太原理工大学，2013.

[71] LI Q, ZHANG Y L, YUAN R Z, et al. Growth of $Tb_{0.27}DY_{0.73}Fe_2$ magnetostrictive single crystals [J]. Journal of Crystal Growth, 1993, 128(1-4): 1092-1094.

[72] OSTER J, WIEHL L, ADRIAN H, et al. Magnetic and magnetoelastic properties of epitaxial (211)-oriented RFe_2 (R=Dy, Tb) thin films [J]. Journal of Magnetism and Magnetic Materials, 2005, 292: 164-177.

[73] CARABIAS I, MARTINEZ A, GARCIA M A, et al. Magnetostrictive thin films prepared by RF sputtering [J]. Journal of Magnetism and Magnetic Materials, 2005, 290: 823-825.

[74] CHOI Y S, LEE S R, HAN S H, et al. The magnetic properties of Tb-Fe-(B) thin films fabricated by rf magnetron sputtering [J]. Journal of Alloys and Compounds, 1997, 258(1-2): 155-162.

[75] BIASI R S, D'ALMEIDA F M R. Ferromagnetic resonance study of crystallization in the amorphous alloy $Fe_{40}Ni_{38}Mo_4B_{18}$ (Metglas 2826MB) [J]. Journal of Materials Science Letters, 1992, 11(24): 1696-1697.

[76] O'HANDLEY R C. Modern magnetic materials: principles and applications [M]. Wiley, 2000.

[77] 周寿增. 稀土永磁材料及其应用[M]. 北京：冶金工业出版社，1990.

[78] DEL MORAL A，ALGARABEL P A，ARNAUDAS J I，et al. Magnetostriction effects [J]. Journal of magnetism and magnetic materials，2002，242：788 - 796.

[79] 田民波. 磁性材料[M]. 北京：清华大学出版社，2001.

[80] 钟文定. 铁磁学[M]. 北京：科学出版社，2000.

[81] 宛德福，马兴隆. 磁性物理学[M]. 成都：电子科技大学出版社，1994.

[82] LACHEISSERIE E D T D. Magnetostriction：theory and applications of magnetoelasticity [M]. CRC press，1993.

[83] BUTLER S C. A 2.5 kHz magnetostrictive tonpilz sonar transducer design [J]. The Journal of the Acoustical Society of America，2001，109(5)：2459 - 2459.

[84] ALBACH T S，HORN P，SUTOR A，et al. Sound generation using a magnetostrictive microactuator [J]. Journal of Applied Physics，2011，109(7)：07E510.

[85] DUAN Y F，OR S W. Self-sensing tunable vibration absorber incorporating piezoelectric ceramic-magnetostrictive composite sensoriactuator [J]. Smart Materials and Structures，2011，20(8)：085007.

[86] PARK J S，OH O K，PARK Y W，et al. A novel concept and proof of magnetostrictive motor [J]. IEEE Transactions on Magnetics，2013，49(7)：3379 - 3382.

[87] 王博文. 超磁致伸缩材料制备与器件设计[M]. 北京：冶金工业出版社，2003.

[88] 王博文，曹淑瑛，黄文美. 磁致伸缩材料与器件[M]. 北京：冶金工业出版社，2008.

[89] PERELES B D，DEROUIN A J，ONG K G. Partially loaded magnetoelastic sensors with customizable sensitivities for large force measurements [J]. IEEE Sensors Journal，2015，15(1)：591 - 597.

[90] CULLITY B,GRAHAM C. An Introduction to Magnetic Materials [M]. Introduction to Magnetic Materials，Addison Wesley，1972.

[91] GURUSWAMY S，SRISUKHUMBOWORNCHAI N，CLARK A E，et al. Stong ductile and low-field-magnetostrictrictive aiioys based on Fe - Ga [J]. Scripta Materialia，2000，43(3)：239 - 244.

[92] 王丽江，陈松月，刘清君，等. 纳米技术在生物传感器及检测中的应用[J]. 传感技术

学报，2006，19(3)：581 - 587.

[93] RUAN C，ZENG K，VARGHESE O K，et al. Magnetoelastic immunosensors：amplified mass immunosorbent assay for detection of escherichia coli O157：H7 [J]. Analytical Chemistry，2003，75(23)：6494 - 6498.

[94] SHEN W，MATHISON L C，PETRENKO V A，et al. Design and characterization of a magnetoelastic sensor for the detection of biological agents [J]. Journal of Physics D：Applied Physics，2010，43(1)：015004.

[95] 陈世桢. 纳米材料的制备及其在电化学生物传感器中的应用[D]. 武汉：华中师范大学，2011.

[96] 苗智颖. 溶胶-凝胶分子印迹聚合物和金属纳米材料的制备及其在传感器中的应用研究[D]. 天津：南开大学，2014.

[97] DU D，CHEN S，CAI J，et al. Immobilization of acetylcholinesterase on gold nanoparticles embedded in sol-gel film for amperometric detection of organophosphorous insecticide [J]. Biosensors & Bioelectronics，2008，23(1)：130 - 134.

[98] YUAN J，OLIVER R，LI J，et al. Sensitivity enhancement of SPR assay of progesterone based on mixed，self-assembled monolayers using nanogold particles [J]. Biosensors & Bioelectronics，2008，23(1)：144 - 148.

[99] 郝晓亮. 磁控溅射镀膜的原理与故障分析[J]. 电子工业专用设备，2013(6)：57 - 60.

[100] NA S M，FLATAU A B. Global goss grain growth and grain boundary characteristics in magnetostrictive Galfenol sheets [J]. Smart Materials and Structures，2013，22(12)：125026.

[101] LI S，HORIKAWA S，PARK M，et al. Amorphous metallic glass biosensors [J]. Intermetallics，2012，30：80 - 85.

[102] 陈守文. 酶工程[M]. 北京：科学出版社，2008.

[103] LIANG C. Development of bulk-scale and thin film magnetostrictive sensor [J]. Dissertations & Theses - Gradworks，2007.

[104] 王新胜. 几种新型生物传感界面的功能化修饰及其性能研究[D]. 天津：南开大学，2011.

[105] RUAN C，ZENG K，VARGHESE O K，et al. A magnetoelastic bioaffinity-based

sensor for avidin [J]. Biosensors & Bioelectronics, 2004, 19(12): 1695 - 1701.

[106] WALCARIUS A, MINTEER S D, WANG J, et al. Nanomaterials for bio-functionalized electrodes: recent trends [J]. Journal of Materials Chemistry B, 2013, 1(38): 4878 - 4908.

[107] SILVA M M S, CAVALCANTI I T, BARROSO M F, et al. Gold electrode modified by self-assembled monolayers of thiols to determine DNA sequences hybridization [J]. Journal of Chemical Sciences, 2010, 122(6): 911 - 917.

[108] ZENG K, ONG K G, MUNGLE C, et al. Time domain characterization of oscillating sensors: Application of frequency counting to resonance frequency determination [J]. Review of Scientific Instruments, 2002, 73(12): 4375 - 4380.

[109] ZENG K, PAULOSE M, ONG K G, et al. Frequency-domain characterization of magnetoelastic sensors: a microcontroller-based instrument for spectrum analysis using a threshold-crossing counting technique [J]. Sensors and Actuators A: Physical, 2005, 121(1): 66 - 71.

[110] ZENG K, ONG K G, YANG X, et al. Board level integrated microsystem design and associated technique for impedance analysis of resonator sensors [J]. Sensor Letters, 2006, 4(4): 388 - 397.

[111] CHEN L, LI J, THANHTHUY T T, et al. A wireless and sensitive detection of octachlorostyrene using modified AuNPs as signal-amplifying tags [J]. Biosensors and Bioelectronics, 2014, 52: 427 - 432.

[112] BANNON D I, CHISOLM J J. Anodic stripping voltammetry compared with graphite furnace atomic absorption spectrophotometry for blood lead analysis [J]. Clinical Chemistry, 2001, 47(9): 1703 - 1704.

[113] YANG W, CHOW E, WILLETT G D, et al. Exploring the use of the tripeptide Gly-Gly-His as a selective recognition element for the fabrication of electrochemical copper sensors [J]. Analyst, 2003, 128(6): 712 - 718.

[114] HE Q, MILLER E W, WONG A P, et al. A selective fluorescent sensor for detecting lead in living cells [J]. Journal of the American Chemical Society, 2006, 128(29): 9316 - 9317.

[115] FORZANI E S, ZHANG H, CHEN W, et al. Detection of heavy metal ions in

drinking water using a high-resolution differential surface plasmon resonance sensor [J]. Environmental Science & Technology, 2005, 39(5): 1257 - 1262.

[116] KIM Y, JOHNSON R C, HUPP J T. Gold nanoparticle-based sensing of 'spectroscopically silent' heavy metal ions [J]. Nano Letters, 2001, 1(4): 165 - 167.

[117] 袁亚仙，马君银，王梅，等. 基于表面增强拉曼光谱的重金属离子检测[J]. 高等学校化学学报，2006, 27(11): 2140 - 2143.

[118] SANG S, GAO S, GUO X, et al. The detection of Pb^{2+} in solution using bare magnetoelastic resonator [J]. Applied Physics Letters, 2016, 108(5): 054102.

[119] 吴柳，豆小文，孔维军，等. 阿特拉津残留快速检测技术研究进展[J]. 分析科学学报，2017(6): 879 - 884.

[120] 柳明，祁军，刘磊，等. SPR免疫传感技术检测水中阿特拉津除草剂[J]. 解放军预防医学杂志，2013, 31(4): 299 - 301.

[121] ARIAS - ESTÉVEZ M, LÓPEZ - PERIAGO E, MARTÍNEZ - CARBALLO E, et al. The mobility and degradation of pesticides in soils and the pollution of groundwater resources [J]. Agriculture Ecosystems & Environment, 2008, 123(4): 247 - 260.

[122] ALI I, ALOTHMAN Z A, AL - WARTHAN A. Sorption, kinetics and thermodynamics studies of atrazine herbicide removal from water using iron nano-composite material [J]. International Journal of Environmental Science & Technology, 2016, 13(2): 733 - 742.

[123] PRASAD K, PRATHISH K P, GLADIS J M, et al. Molecularly imprinted polymer (biomimetic) based potentiometric sensor for atrazine [J]. Sensors & Actuators B Chemical, 2007, 123(1): 65 - 70.

[124] ACKERMAN F. The economics of atrazine [J]. International Journal of Occupational & Environmental Health, 2007, 13(4): 437 - 445.

[125] HYER K E, HORNBERGER G M, HERMAN J S. Processes controlling the episodic streamwater transport of atrazine and other agrichemicals in an agricultural watershed [J]. Journal of Hydrology, 2001, 254(1): 47 - 66.

[126] PICHETSURNTHORN P, VATTIPALLI K, PRASAD S. Nanoporous

impedemetric biosensor for detection of trace atrazine from water samples [J]. Biosensors & Bioelectronics, 2012, 32(1): 155 - 162.

[127] BARANOWSKA I, BARCHANSKA H, ABUKNESHA R A, et al. ELISA and HPLC methods for atrazine and simazine determination in trophic chains samples [J]. Ecotoxicology & Environmental Safety, 2008, 70(2): 341 - 348.

[128] MATSUI J, TAKAYOSE M, AKAMATSU K, et al. Molecularly imprinted nanocomposites for highly sensitive SPR detection of a non-aqueous atrazine sample [J]. Analyst, 2008, 134(1): 80 - 86.

[129] MALEKI N, ABSALAN G, SAFAVI A, et al. Ultra trace adsorptive stripping voltammetric determination of atrazine in soil and water using mercury film electrode [J]. Analytica Chimica Acta, 2007, 581(1): 37 - 41.

[130] BICHON E, DUPUIS M, BIZEC B L, et al. LC-ESI-MS/MS determination of phenylurea and triazine herbicides and their dealkylated degradation products in oysters [J]. Journal of Chromatography B, 2006, 838(2): 96 - 106.

[131] YUAN Y, CAI Y, XIE Q, et al. Piezoelectric quartz crystal impedance study of the Pb^{2+} - induced precipitation of bovine serum albumin and its dissolution with EDTA in an aqueous solution [J]. Analytical Sciences, 2002, 18(7): 767 - 771.

[132] YIN J, WEI W, LIU X, et al. Immobilization of bovine serum albumin as a sensitive biosensor for the detection of trace lead ion in solution by piezoelectric quartz crystal impedance [J]. Analytical Biochemistry, 2007, 360(1): 99 - 104.

[133] CAI Y, XIE Q, ZHOU A, et al. A piezoelectric quartz crystal impedance study on Cu^{2+} - induced precipitation of bovine serum albumin in aqueous solution [J]. Journal of Biochemical and Biophysical Methods, 2001, 47(3): 209 - 219.

[134] ZHANG Y, WANG C. Micropatterning of proteins on 3D porous polymer film fabricated by using the breath-figure method [J]. Advanced Materials, 2007, 19(7): 913 - 916.

[135] KREITZ S, PENACHE C, THOMAS M, et al. Patterned DBD treatment for area-selective metallization of polymers-plasma printing [J]. Surface and Coatings Technology, 2005, 200(1 - 4): 676 - 679.

[136] LADEMANN J, RICHTER H, KNORR F, et al. Triggered release of model drug

from AuNP-doped BSA nanocarriers in hair follicles using IRA radiation [J]. Acta Biomaterialia, 2016, 30: 388 - 396.

[137] KOPAC T, BOZGEYIK K, YENER J. Effect of pH and temperature on the adsorption of bovine serum albumin onto titanium dioxide [J]. Colloids and Surfaces A: Physicochemical and Engineering Aspects, 2008, 322(1 - 3): 19 - 28.

[138] PAIK S Y, NGUYEN H H, RYU J, et al. Robust size control of bovine serum albumin (BSA) nanoparticles by intermittent addition of a desolvating agent and the particle formation mechanism [J]. Food Chemistry, 2013, 141(2): 695 - 701.

[139] JUN J Y, NGUYEN H H, SYR P, et al. Preparation of size-controlled bovine serum albumin (BSA) nanoparticles by a modified desolvation method [J]. Food Chemistry, 2011, 127(4): 1892 - 1898.

[140] KRULL I, SWARTZ M. Determining limits of detection and quantitation [J]. LC GC, 1998, 16(10): 922 - 924.

[141] LIU Y, ZHANG L, LIU R, et al. Spectroscopic identification of interactions of Pb^{2+} with bovine serum albumin [J]. Journal of Fluorescence, 2012, 22(1): 239 - 245.

[142] ZHAO D, GUO X, WANG T, et al. Simultaneous detection of heavy metals by anodic stripping voltammetry using carbon nanotube thread [J]. Electroanalysis, 2014, 26(3): 488 - 496.

[143] SUN Y F, ZHAO L J, JIANG T J, et al. Sensitive and selective electrochemical detection of heavy metal ions using amino-functionalized carbon microspheres [J]. Journal of Electroanalytical Chemistry, 2016, 760: 143 - 150.

[144] TRILLING A K, BEEKWILDER J, ZUILHOF H. Antibody orientation on biosensor surfaces: a minireview [J]. Analyst, 2013, 138(6): 1619 - 1627.

[145] CECCHET F, DUWEZ A S, GABRIEL S, et al. Atomic force microscopy investigation of the morphology and the biological activity of protein-modified surfaces for bio- and immunosensors [J]. Analytical Chemistry, 2007, 79(17): 6488 - 95.

[146] LIU L, SHAN D, ZHOU X, et al. TriPleX™ waveguide-based fluorescence biosensor for multichannel environmental contaminants detection [J]. Biosensors and Bioelectronics, 2018, 106: 117 - 121.

[147] ZHOU X H, SONG B D, SHI H C, et al. An evanescent wave multi-channel immunosensor system for the highly sensitive detection of small analytes in water samples [J]. Sensors and Actuators B: Chemical, 2014, 198: 150 - 156.

[148] WELLER M G, ZECK A, EIKENBERG A, et al. Development of a direct competitive microcystin immunoassay of broad specificity [J]. Analytical sciences, 2001, 17(12): 1445 - 1448.

[149] CAO C, KIM J P, KIM B W, et al. A strategy for sensitivity and specificity enhancements in prostate specific antigen-alpha1-antichymotrypsin detection based on surface plasmon resonance [J]. Biosensors & Bioelectronics, 2006, 21(11): 2106 - 2113.

[150] PŘIBYL J, HEPEL M, HALÁMEK J, et al. Development of piezoelectric immunosensors for competitive and direct determination of atrazine [J]. Sensors & Actuators B Chemical, 2003, 91(1): 333 - 341.

[151] LIM T, OYAMA M, IKEBUKURO K, et al. Detection of atrazine based on the SPR determination of P450 mRNA levels in Saccharomyces cerevisiae [J]. Analytical Chemistry, 2000, 72(13): 2856 - 60.

[152] SINHA R, ANDERSON D E, MCDONALD S S, et al. Cancer risk and diet in India. [J]. Journal of Postgraduate Medicine, 2003, 49(3): 222.

[153] DANAEI G, VANDER H S, LOPEZ A D, et al. Causes of cancer in the world: comparative risk assessment of nine behavioural and environmental risk factors [J]. Lancet, 2005, 366(9499): 1784 - 1793.

[154] 杨柯君. 全球癌症状况最新数据更新 [J]. 上海医药, 2014(2): 5 - 5.

[155] SIEGEL R L, MILLER K D, FEDEWA S A, et al. Colorectal cancer statistics [J]. CA: A Cancer Journal for Clinicians, 2017, 67(3): 177 - 193.

[156] GANDOMANI H S, YOUSEFI S M, AGHAJANI M, et al. Colorectal cancer in the world: incidence, mortality and risk factors [J]. Biomedical Research and Therapy, 2017, 4(10): 1656.

[157] WAGENAAR K P, BOER M R D, LUCE D, et al. Time trends in educational differences in lung and upper aero digestive tract cancer mortality in France between 1990 and 2007 [J]. Cancer Epidemiology, 2012, 36(4): 329 - 334.

[158] FLETCHER R H. Carcinoembryonic antigen [J]. Annals of Internal Medicine, 1986, 104(5): 66-73.

[159] BECERRA A Z, PROBST C P, TEJANI M A, et al. Evaluating the prognostic role of elevated preoperative carcinoembryonic antigen levels in colon cancer patients: results from the National Cancer Database [J]. Annals of Surgical Oncology, 2016, 23(5): 1554-1561.

[160] BENCHIMOL S, FUKS A, JOTHY S, et al. Carcinoembryonic antigen, a human tumor marker, functions as an intercellular adhesion molecule [J]. Cell, 1989, 57(2): 327-334.

[161] URVA S R, YANG V C, BALTHASAR J P. Development and validation of an enzyme linked immunosorbent assay for the quantification of carcinoembryonic antigen in mouse plasma [J]. Journal of Immunoassay, 2009, 30(4): 418-427.

[162] MIAO H, WANG L, ZHUO Y, et al. Label-free fluorimetric detection of CEA using carbon dots derived from tomato juice [J]. Biosensors & Bioelectronics, 2016, 86: 83-89.

[163] LI N L, JIA L P, MA R N, et al. A novel sandwiched electrochemiluminescence immunosensor for the detection of carcinoembryonic antigen based on carbon quantum dots and signal amplification [J]. Biosensors & Bioelectronics, 2016, 89(Pt 1): 453-460.

[164] YANG X, YAN Z, ZHU S, et al. Selectively assaying CEA based on a creative strategy of gold nanoparticles enhancing silver nanoclusters' fluorescence [J]. Biosensors & Bioelectronics, 2015, 64: 345-351.

[165] LIU Z, MA Z. Fabrication of an ultrasensitive electrochemical immunosensor for CEA based on conducting long-chain polythiols [J]. Biosensors & Bioelectronics, 2013, 46(8): 1-7.

[166] FU Z, YAN F, LIU H, et al. Channel-resolved multianalyte immunosensing system for flow-through chemiluminescent detection of alpha-fetoprotein and carcinoembryonic antigen [J]. Biosensors & Bioelectronics, 2008, 23(7): 1063-1069.

[167] LEE S X, LIM H N, IBRAHIM I, et al. Horseradish peroxidase-labeled silver/reduced graphene oxide thin film-modified screen-printed electrode for detection of

carcinoembryonic antigen [J]. Biosensors and Bioelectronics, 2017, 89: 673 - 680.

[168] PAN J, YANG Q. Antibody-functionalized magnetic nanoparticles for the detection of carcinoembryonic antigen using a flow-injection electrochemical device [J]. Analytical and Bioanalytical Chemistry, 2007, 388(1): 279 - 286.

[169] LI R, FENG F, CHEN Z Z, et al. Sensitive detection of carcinoembryonic antigen using surface plasmon resonance biosensor with gold nanoparticles signal amplification [J]. Talanta, 2015, 140: 143 - 149.

[170] WANG K, HE M Q, ZHAI F H, et al. A label-free and enzyme-free ratiometric fluorescence biosensor for sensitive detection of carcinoembryonic antigen based on target-aptamer complex recycling amplification [J]. Sensors and Actuators B: Chemical, 2017, 253: 893 - 899.

[171] ZHANG X, YADAVALLI V K. Surface immobilization of DNA aptamers for biosensing and protein interaction analysis[J]. Biosens Bioelectron, 2011, 26(7): 3142 - 3147.

[172] LUO C, WEN W, LIN F, et al. Simplified aptamer-based colorimetric method using unmodified gold nanoparticles for the detection of carcinoma embryonic antigen[J]. RSC Adv., 2015, 5(15): 10994 - 10999.

[173] GAO Z F, GAO J B, ZHOU L Y, et al. Rapid assembly of ssDNA on gold electrode surfaces at low pH and high salt concentration conditions[J]. RSC Adv., 2013, 3 (30): 12334 - 12340.

[174] HUANG S, YANG H, LAKSHMANAN R S, et al. Sequential detection of Salmonella typhimurium and Bacillus anthracis spores using magnetoelastic biosensors [J]. Biosens Bioelectron, 2009, 24(6): 1730 - 1736.

[175] CHEN F, TU J, LIANG C, et al. Fluorescent drug screening based on aggregation of DNA - templated silver nanoclusters, and its application to iridium (III) derived anticancer drugs[J]. Microchim Acta., 2016, 183(5): 1571 - 1577.

[176] WATTS J F. High resolution XPS of organic polymers: the scienta ESCA 300 database. G. Beamson and D. Briggs. John Wiley & Sons, Chichester, (1992)[J]. Surf. Interface Anal., 1993, 20(3): 267 - 267.

[177] PETROVYKH D Y, KIMURA - SUDA H, WHITMAN L J, et al. Quantitative

analysis and characterization of DNA immobilized on gold[J]. J. Am. Chem. Soc., 2003, 125(17): 5219 - 5226.

[178] CHENG P, GAO S, ZHANG W, et al. Resonance modes of freestanding magnetoelastic resonator and the application in viscosity measurement[J]. Smart Mater Struct, 2015, 24(4): 045029.

[179] HONG Z, CHEN G, YU S, et al. A potentiometric aptasensor for carcinoembryonic antigen (CEA) on graphene oxide nanosheets using catalytic recycling of DNase I with signal amplification[J]. Anal Methods, 2018, 10(45): 5364 - 5371.

[180] ZHAO L, CHENG M, LIU G, et al. A fluorescent biosensor based on molybdenum disulfide nanosheets and protein aptamer for sensitive detection of carcinoembryonic antigen[J]. Sens Actuators, B, 2018, 273: 185 - 190.

[181] ZOU M, WANG S. An aptamer-based self-catalytic colorimetric assay for carcinoembryonic antigen[J]. Bull. Korean Chem., 2017, 38(10): 1143 - 1148.

[182] LEVIN A, STEVENS P E, BILOUS R W, et al. Kidney disease: Improving global outcomes (KDIGO) CKD work group. KDIGO 2012 clinical practice guideline for the evaluation and management of chronic kidney disease[J]. Kidney Int. Suppl., 2013, 3(1): 1 - 150.

[183] FRIEDMAN A N, FADEM S Z. Reassessment of albumin as a nutritional marker in kidney disease[J]. J. Am. Soc. Nephrol., 2010, 21(2): 223 - 230.

[184] QASEEM A, WILT T, DENBERG T D. Screening, monitoring, and treatment of stage 1 to 3 chronic kidney disease[J]. Ann. Intern. Med., 2014, 161(1): 82.

[185] KRAGH H U, CHUANG V T, OTAGIRI M. Practical aspects of the ligand-binding and enzymatic properties of human serum albumin[J]. Biol. Pharm. Bull., 2002, 25(6): 695 - 704.

[186] MACIAŻEK - JURCZYK M, SZKUDLAREK A, CHUDZIK M, et al. Alteration of human serum albumin binding properties induced by modifications: A review[J]. Spectroc. Acta Pt. A - Molec. Biomolec. Spectr., 2018, 188: 675 - 683.

[187] LI P, WANG Y, ZHANG S, et al. An ultrasensitive rapid-response fluorescent probe for highly selective detection of HSA[J]. Tetrahedron Lett., 2018, 59(14): 1390 - 1393.

[188] GAMA-AXELSSON T, HEIMBURGER O, STENVINKEL P, et al. Serum Albumin as Predictor of Nutritional Status in Patients with ESRD[J]. Clin. J. Am. Soc. Nephrol., 2012, 7(9): 1446-1453.

[189] BACHMANN L M, GORAN N, BRUNS D E, et al. State of the art for measurement of urine albumin: comparison of routine measurement procedures to isotope dilution tandem mass spectrometry[J]. Clin. Chem., 2014, 60(3): 471-480.

[190] GUO B, LI L, LI H, et al. Application of an improved biuret method to the determination of total protein in urine and cerebrospinal fluid without concentration step by use of Hitachi 7170 auto-analyzer[J]. J. Clin. Lab. Anal., 2001, 15(4): 161-164.

[191] MONDINO A, BONGIOVANNI G, FUMERO S, et al. An improved method of plasma deproteination with sulfosalicylic acid for determining amino acids and related compounds[J]. J. Chromatogr. A, 1973, 74(2): 255-263.

[192] SABER R, MUTLU S, PISKIN E. Glow-discharge treated piezoelectric quartz crystals as immunosensors for HSA detection[J]. Biosens. Bioelectron., 2002, 17(9): 727-734.

[193] BURENIN A G, URUSOV A E, BETIN A V, et al. Direct immunosensing by spectral correlation interferometry: assay characteristics versus antibody immobilization chemistry[J]. Anal. Bioanal. Chem., 2015, 407(14): 3955-3964.

[194] LU L, HE H Z, ZHONG H J, et al. Luminescent detection of human serum albumin in aqueous solution using a cyclometallated iridium(III) complex[J]. Sens. Actuator B-Chem., 2014, 201: 177-184.

[195] MAKHNEVA E, MANAKHOV A, SKLÁDAL P, et al. Development of effective QCM biosensors by cyclopropylamine plasma polymerization and antibody immobilization using cross-linking reactions[J]. Surf. Coat. Technol., 2016, 290: 116-123.

[196] TU M C, CHANG Y T, KANG Y T, et al. A quantum dot-based optical immunosensor for human serum albumin detection[J]. Biosens. Bioelectron., 2012, 34(1): 286-290.

[197] BOHLI N, CHAMMEM H, MEILHAC O, et al. Electrochemical Impedance

Spectroscopy on Interdigitated Gold Microelectrodes for Glycosylated Human Serum Albumin Characterization[J]. IEEE Trans. Nanobiosci., 2017, 16(8): 676-681.

[198] MENTI C, HENRIQUES J A P, MISSELL F P, et al. Antibody-based magneto-elastic biosensors: potential devices for detection of pathogens and associated toxins [J]. Appl. Microbiol. Biotechnol., 2016, 100(14): 6149-6163.

[199] MICHOTA A, KUDELSKI A, BUKOWSKA J. Molecular structure of cysteamine monolayers on silver and gold substrates: Comparative studies by surface-enhanced Raman scattering[J]. Surf. Sci., 2002, 502-503: 214-218.

[200] PHILIPPIDIS A, PAPLIAKA Z E, ANGLOS D. Surface Enhanced Raman and 2D-Fluorescence spectroscopy for the investigation of amino acids and egg proteins[J]. Microchem J., 2016, 126: 230-236.

[201] DEB A K S, PAHAN S, DASGUPTA K, et al. Carbon nano tubes functionalized with novel functional group-amido-amine for sorption of actinides[J]. J. Hazard. Mater., 2017, 345: 63-75.

[202] SHI Q, HUANG J, SUN Y, et al. Utilization of a lateral flow colloidal gold immunoassay strip based on surface-enhanced Raman spectroscopy for ultrasensitive detection of antibiotics in milk[J]. Spectroc. Acta. Pt. A-Molec. Biomolec., 2017, 197.

[203] CHEN D, MEI Y, HU W, et al. Electrochemically enhanced antibody immobilization on polydopamine thin film for sensitive surface plasmon resonance immunoassay[J]. Talanta., 2018, 182: 470.

[204] CABALLERO D, MARTINEZ E, BAUSELLS J, et al. Impedimetric immunosensor for human serum albumin detection on a direct aldehyde-functionalized silicon nitride surface[J]. Anal. Chim. Acta., 2012, 720: 43-48.

[205] LAI L J, YANG Y W, LIN Y K, et al. Surface characterization of immunosensor conjugated with gold nanoparticles based on cyclic voltammetry and X-ray photoelectron spectroscopy[J]. Colloid Surf. B-Biointerfaces, 2009, 68(2): 130-135.

[206] OSAJIMA T, SUZUKI M, NEYA S, et al. Computational and statistical study on the molecular interaction between antigen and antibody[J]. J. Mol. Graph., 2014, 53: 128-139.

[207] MENTI C, BELTRAMI M, POZZA M D, et al. Influence of antibody

immobilization strategies on the analytical performance of a magneto-elastic immunosensor for Staphylococcus aureus detection[J]. Mater. Sci. Eng., 2017, 76: 1232-1239.

[208] SANG S, WANG Y, FENG Q, et al. Progress of new label-free techniques for biosensors: A review[J]. Crit. Rev. Biotechnol., 2015, 36(3): 1-17.

[209] HSU C K, HUANG H Y, CHEN W R, et al. Paper-Based ELISA for the Detection of Autoimmune Antibodies in Body Fluid: The Case of Bullous Pemphigoid[J]. Anal. Chem., 2014, 86(9): 4605-4610.

[210] TAN K W, HEO S K, FOO M L. An insight into nanocellulose as soft condensed matter: Challenge and future prospective toward environmental sustainability[J]. Sci. Total Environ., 2018, 650.

[211] VARAPRASAD K, RAGHAVENDRA G M, JAYARAMUDU T, et al. Nano zinc oxide-sodium alginate antibacterial cellulose fibres[J]. Carbohydr. Polym., 2016, 135: 349-355.

[212] HU Z H, OMER A M, OUYANG X, et al. Fabrication of carboxylated cellulose nanocrystal/sodium alginate hydrogel beads for adsorption of Pb(II) from aqueous solution[J]. Int. J. Biol. Macromol., 2018, 108: 149-157.

[213] DEEPA T, LATHA M S, KURIEN T K, et al. Synthesis and in vitro evaluation of alginate-cellulose nanocrystal hybrid nanoparticles for the controlled oral delivery of rifampicin[J]. J. Drug Deliv. Sci. Technol., 2018, 46: 392-399.

[214] KUMAR A, LEE Y, KIM D, et al. Effect of crosslinking functionality on microstructure, mechanical properties, and in vitro cytocompatibility of cellulose nanocrystals reinforced poly (vinyl alcohol)/sodium alginate hybrid scaffolds[J]. Int. J. Biol. Macromol., 2017, 95: 962-973.

[215] NITHYAYINI K N, HARISH M N K, NAGASHREE K L. Electrochemical detection of nitrite at $NiFe_2O_4$ nanoparticles synthesised by solvent deficient method [J]. Electrochim. Acta, 2019, 317: 701-710.

[216] ZHOU Z M, FENG Z, ZHOU J, et al. Quantum dot-modified aptamer probe for chemiluminescence detection of carcino-embryonic antigen using capillary electrophoresis[J]. Sens. Actuators, B, 2015, 210: 158-164.

[217] ERDEM A Y, YENIGÜRBÜZ F D, PEKPAK E, et al. Refugee children with beta-thalassemia in Turkey: Overview of demographic, socioeconomic, and medical characteristics[J]. Pediatr Blood Cancer, 2019, 66(5): e27636.

[218] KHANDROS E, KWIATKOWSKI J L. Beta thalassemia: monitoring and new treatment approaches[J]. N. Engl. J. Med., 2019, 33(3): 339 - 353.

[219] WEATHERALL D J, CLEGG J B. Thalassemia: a global public health problem[J]. Nat. Med., 1996, 2(8): 847 - 849.

[220] DI W, CLEGG J B. The Thalassemia Syndromes[J]. Oxford: Blackwell Scientific, 1981, 198(1): 156 - 191.

[221] THEIN S L. The molecular basis of β - thalassemia[J]. CSH Perspect Med., 2013, 3(5): a011700.

[222] THEIN S L. Molecular basis of β thalassemia and potential therapeutic targets[J]. Blood Cell Mol. Disc., 2018, 70: 54 - 65.

[223] ZHOU X C, HUANG L Q, LI S F Y. Microgravimetric DNA sensor based on quartz crystal microbalance: comparison of oligonucleotide immobilization methods and the application in genetic diagnosis[J]. Biosens Bioelectron, 2001, 16(1 - 2): 85 - 95.

[224] DIAZ M H, WINCHELL J M. Detection of Mycoplasma pneumoniae and Chlamydophila pneumoniae directly from respiratory clinical specimens using a rapid real-time polymerase chain reaction assay[J]. Diagn. Microb. Infect. Dis., 2012, 73(3): 278 - 280.

[225] RISOLUTI R, MATERAZZI S, SORRENTINO F, et al. Update on thalassemia diagnosis: new insights and methods[J]. Talanta, 2018, 183: 216 - 222.

[226] TAN J, TAY J S H, KHAM S, et al. Molecular characterization of/3-thalassaemia in Singaporean Chinese: Application to prenatal diagnosis[J]. J. Paediatr Child Health, 1993, 29(6): 461 - 463.

[227] THONG M K, LAW H Y, Ng I S. Molecular heterogeneity of beta-thalassaemia in Malaysia: a practical approach to diagnosis[J]. Ann Acad Med Singapore, 1996, 25(1): 79 - 83.

[228] AOMORI T, YAMAMOTO K, OGUCHI - KATAYAMA A, et al. Rapid single-

nucleotide polymorphism detection of cytochrome P450 (CYP2C9) and vitamin K epoxide reductase (VKORC1) genes for the warfarin dose adjustment by the SMart-amplification process version 2[J]. Clin. Chem., 2009, 55(4): 804 - 812.

[229] KING C R, PORCHE - SORBET R M, GAGE B F, et al. Performance of commercial platforms for rapid genotyping of polymorphisms affecting warfarin dose [J]. Am. J. Clin. Pathol., 2008, 129(6): 876 - 883.

[230] KWON A, JO S H, IM H J, et al. Pharmacogenetic distribution of warfarin and its clinical significance in Korean patients during initial anticoagulation therapy[J]. J. Thromb Thrombolys, 2011, 32(4): 467.

[231] SCOTT S A, EDELMANN L, KORNREICH R, et al. Warfarin pharmacogenetics: CYP2C9 and VKORC1 genotypes predict different sensitivity and resistance frequencies in the Ashkenazi and Sephardi Jewish populations[J]. Am. J. Hum. Genet, 2008, 82(2): 495 - 500.

[232] LI T, CHANG C Y, JIN D Y, et al. Identification of the gene for vitamin K epoxide reductase[J]. Nature (London), 2004, 427(6974):541 - 544.

[233] ZHAO W, GAO Y, KANDADAI S A, et al. DNA polymerization on gold nanoparticles through rolling circle amplification: towards novel scaffolds for three-dimensional periodic nanoassemblies [J]. Angew Chem., 2006, 45 (15): 2409 - 2413.

[234] LAKSHMANAN R S, GUNTUPALLI R, HU J, et al. Phage immobilized magnetoelastic sensor for the detection of Salmonella typhimurium[J]. J. Microbiol Methods, 2007, 71(1): 55 - 60.

[235] LIU X, ZHANG J, LIU S, et al. Gold nanoparticle encapsulated-tubular TiO_2 nanocluster as a scaffold for development of thiolated enzyme biosensors[J]. Anal: Chem., 2013, 85(9): 4350 - 4356.

[236] WANG Y, LI X, CAO W, et al. Ultrasensitive sandwich-type electrochemical immunosensor based on a novel signal amplification strategy using highly loaded toluidine blue/gold nanoparticles decorated KIT - 6/carboxymethyl chitosan/ionic liquids as signal labels[J]. Biosens Bioelectron, 2014, 61: 618 - 624.

[237] LU J, LIU S, GE S, et al. Ultrasensitive electrochemical immunosensor based on

Au nanoparticles dotted carbon nanotube-graphene composite and functionalized mesoporous materials[J]. Biosens Bioelectron，2012，33(1)：29－35.

[238] HUANG H，BAI W，DONG C，et al. An ultrasensitive electrochemical DNA biosensor based on graphene/Au nanorod/polythionine for human papillomavirus DNA detection[J]. Biosens Bioelectron，2015，68：442－446.

[239] HE X，SU J，WANG Y，et al. A sensitive signal-on electrochemical assay for MTase activity using AuNPs amplification[J]. Biosens Bioelectron，2011，28(1)：298－303.

[240] ZHANG K，TAN T，FU J J，et al. A novel aptamer-based competition strategy for ultrasensitive electrochemical detection of leukemia cells[J]. Analyst，2013，138(21)：6323－6330.

[241] RASHID J I A，YUSOF N A. The strategies of DNA immobilization and hybridization detection mechanism in the construction of electrochemical DNA sensor：A review[J]. Sensing and bio-sensing research，2017，16：19－31.

[242] PIVIDORI M I，MERKOCI A，ALEGRET S. Electrochemical genosensor design：immobilisation of oligonucleotides onto transducer surfaces and detection methods[J]. Biosens Bioelectron，2000，15(5－6)：291－303.